中央大学社会科学研究所研究叢書……37

グローバル・エコロジー

星　野　　智　編著

中央大学出版部

まえがき

本書は，中央大学社会科学研究所で2014年から2016年までの3年間にわたり行った「グローバル・エコロジー」チームの研究の成果である。本チームは，法学，政治学，経済学などさまざまな社会科学の分野から，国内の環境問題および地球環境問題を取り上げ，研究を積み重ねてきた。今日，気候変動，オゾン層破壊，森林破壊，海洋生態系の破壊，資源の枯渇，エネルギー分野における化石燃料から再生可能エネルギーへの転換など，さまざまな問題が顕在化し，地球生態系（グローバル・エコシステム）そのものの存続が危ぶまれている。本書は，こうした危機意識を背景に，現在の国内の環境問題や地球環境問題の現状の一端を検討するとともに，将来的にこれらの環境問題をどのように克服することが可能なのかという問題意識から，一定の方向性を模索しようという試みである。

本書の内容について要約すれば，以下のとおりである。

第1章「グローバル・エコロジーと生態系サービス」（星野智）は，自然が与えてくれるさまざまな恩恵ということを意味する生態系サービスというキーワードを中心に，現代のグローバルな生態系危機と，現在展開されているその回復への試みの可能性について検討するものである。生態系サービスは貨幣に換算すると莫大な額になり，その破壊は大きな経済的な損失でもある。

第2章「環境問題としての人口・エネルギー問題——人間活動が自然環境に与える負荷——」（滝田賢治）は，自然環境の悪化が国内・国際いずれの領域においても人間活動の結果であるという認識に立って，人間の欲望や生産性の向上を背景とした人口の増加と，この人口増による経済活動やエネルギー資源の大量消費などの人間活動の活性化が，環境悪化や生態系悪化をもたらし，逆にこの環境悪化と生態系の乱れが人間の生命・健康や人間社会そのものを脅かすことになる点を明らかにしている。

第3章「地球の環境破壊と軍事活動——沖縄の軍事基地をめぐって——」（臼

井久和）は，軍事活動とそれに要する過大な軍事費は資源のロスであり，資源の持続可能性を超えて天然資源を枯渇させているという観点から，その資源の民生転用こそ重要であるとして，21 世紀を「平和の世紀」にするためには，「環境の世紀」にしなければならず，そうしなければ人類が共存できる格差のない持続可能な社会を展望することはできないとする。

第 4 章「集約から分散へ——電力自由化，エネルギーデモクラシー，エネルギーハーベスティング——」（鈴木洋一）は，再生可能エネルギーの活用に世界が取り組んでいるなかで，発電体系の変遷に関わる 3 つの潮流，すなわち電力の自由化，エネルギーデモクラシー，そして技術進歩によりこれら 2 つの潮流を超越するアプローチとなり得る可能性をもつエネルギーハーベスティング（energy-harvesting）を考察する。

第 5 章「日本とヨーロッパのエネルギー問題——日本と EU のエネルギー政策からの一考察——」（上原史子）は，ヨーロッパでは最近浮上している「エネルギー同盟」の構築というプランを検討することで，このエネルギー同盟が実現した場合に世界の資源・エネルギー問題にどのようなインパクトを与えることになるのかについて，エネルギーの歴史と日・欧のエネルギーをめぐる政策を紐解きながら検討しようとしている。

第 6 章「持続可能な国際的循環型社会の構築に向けて」（松波淳也）は，従来の「国内」循環型社会の概念を拡張した「国際的循環型社会」の概念を検討し，さらにまた，その「国際的循環型社会」が成立するための諸条件を明示し，その政策的実現に向けた課題について検討する。

第 7 章「中国の気候変動政策に関する研究」（飯嶋佑美）は，近年の中国の気候変動政治を取り上げるもので，気候変動への取り組みを特に外交に焦点を当てながらこれまでの研究について取り上げている。2015 年にパリ協定という新たな気候変動制度が誕生するが，このパリ協定の採択及び発効を促した勢力として中国に注目が集まっており，さらにはアメリカがパリ協定を離脱しようとする状況下において，中国はパリ協定を支持し，国際的な気候変動への取り組みを推進しようとする立場を堅持している。こうした点を問題にしている。

第 8 章「放射性物質汚染廃棄物処理の現状と課題」（齋藤俊明）は，2011 年 3 月 11 日の福島第一原子力発電所の事故にともなう諸問題，すなわち置き去りにされつつある，放射性物質によって汚染された廃棄物の問題を取り上げている。事例として，放射性物質汚染対処特措法にもとづいて「汚染状況重点調査地域」に指定された岩手県一関市を取り上げている。

本書の刊行にあたっては，中央大学社会科学研究所および中央大学出版部に大変お世話になった。心より感謝申し上げたい。

2018 年 9 月 25 日

編著者　星　野　智

目　　次

第 1 章
グローバル・エコロジーと生態系サービス

星野　智

はじめに

今日ほど地球生態系の攪乱と危機が叫ばれている時代はないといってよい。気候変動は，海面上昇，台風やハリケーンの巨大化，海洋の酸性化，サンゴ礁の白化など，地球的な規模でさまざまな影響を与えている。これらの現象はもとより，人間活動とは切り離された単なる自然現象として捉えることはできず，人間活動が自然環境を変容させた代表的な事例として考えるべきものである。

地球の歴史のなかで，シアノバクテリアが光合成によって地球上の大気に酸素を供給し始めてから，大気の組成が変化して酸素の割合が増加し，その後オゾン層が形成されて地上での生物の活動が可能となった。オゾン層が形成されると，紫外線を遮断できるようになったために，海洋生物は陸地に進出し，植物，動物，バクテリアという現在の陸上生態系を作り上げ，それらを主要なアクターとする地球生態系が形成された。地球の歴史のなかで比較的新しく登場した動物である人類は，現在，地球生態系の頂点に位置しているといってよい。

しかし，人類の文明が発展し，さまざまな人間活動が自然を搾取するにしたがって，このような生態系を変容させ，人間活動が介在した「人間–自然」生態系を形成するようになった。人類の文明が発展した当初は，人間の人口も活動も限定されていたために，自然を大きく変容させるまでには至らなかった。しかし，近代以降，人間による自然の変容の進展はそれまで以上に加速され，現在ではグローバルな生態系の危機という事態を招いている。

地球生態系は，歴史上，人間活動にとって多くの恵み（サービス）をもたらしてきた。人間活動はこの自然のサービスによって維持されてきたといってもよい。しかし，今日，人間活動が自然を破壊することによって，自然の恵み（サービス）自体の供給を著しく低下させているのである。ここでは，生態系サービスというキーワードを中心にして現代のグローバルな生態系危機と，現在展開されているその回復への試みの可能性について検討してみたい。

1．人間社会と「人間-自然」生態系

人類の歴史は，人間社会と自然環境との相互作用の歴史であり，人間社会は生活のために自然環境の資源を利用してそれを変容させる一方，その反射的な影響を受けて変容された自然環境によって人間社会も変容を余儀なくされてきた。この場合，自然環境といっても一般的な理解では人間あるいは人間社会以外のすべての要素を含むことから，さしあたり自然生態システムという言葉で表現しておきたい。しかし，この際，重要なのは，人間社会が自然環境における資源やエネルギーといった生態系サービスによって成立しているかぎりにおいては，人間社会と自然環境は切り離して考察することはできず，むしろ人間社会と自然環境を「生態的統一性」において把握することであろう[1)]。

人類の歴史をみるとき，時代が降るにつれて自然的条件による人間生活の直接的な拘束が緩くなってきたことがわかる。人間社会の初期の形態である採取経済よりも農業経済の方が，農業経済よりも商工業経済の方が自然的所与の条件によって直接的に影響を受けるところが少ない。人間社会が進化するにつれて，人間は生活技術・産業技術を目的意識的に盛んにすることによって，自己の生活を自然的諸条件から相対的に解き放してきた[2)]。

しかし，いうまでもなく産業社会においても自然的諸条件の制約を完全に免れているわけではなく，生態学的な諸条件によって制約されている。この点について，廣松は以下のように説明している。

「狩猟・採集はもとより，牧畜や農業が生態学的な諸条件によって非常に強く規制されていることは，誰しも容易に認めることであろう。ところが，工業という段になると，生態学的な環境条件による制約ということをわれわれはとかく軽視しがちである。工業の場合，生態学的条件による規制が牧畜や農業ほど直接的はないことは確かである。わけても，専ら鉱物的資源を用いる現代的工業の場合には，有機界的自然条件からの制約を脱している。しかしながら，産業資本主義確立期の大工業たる繊維産業（羊毛・綿糸）をも含めて，嘗ての"工業"は，原料や燃料を動植物に仰いでいたのであり，人類の工業史が生物的環境自然によって大いに規制されていたことは否めない。」[3)]

こうして人間社会と生態学的自然はもとより，切り離されて自存する存在ではなく，関係的な統一体として捉えられねばならない。人間と自然環境との相互作用が所与の環境的条件を変容せしめ，他方において変容された環境的自然が人間社会そのものを変容させるということが，これまでの人間社会の歴史的過程であった。およそ文明の衰退は，このような「人間-自然」生態系の変化のなかで生じたものであるということができる。

さて，今日の資本主義世界経済としての世界システムと地球生態システムを考えるとき，「人間-自然」生態系はどのように捉えられるのだろうか。近代の資本主義世界経済は，高度に発展した商工業段階の人間社会であり，かつ自然環境的な制約を免れているわけではなく，むしろ「万物の商品化」という原理に示されているように，自然資源および自然資源（鉱物的資源）を加工した工業製品を商品化することで収益を上げることで成り立っている。

このように複雑な社会生態学的なシステムを，世界システムと地球システムの統合という観点から理論化した試みとして，J・デリングの理論モデルがある[4)]。かれはこの理論図式で，人間社会，生態系，自然的強制という3つの構成要素の相互作用を描き出している。ここでの人間社会は，現代においては，資本主義的世界経済としての世界システムとして捉えることができ，人口，経済，科学技術，文化を構成要素とし，生態システムは，生物地球化学的な過程，資源，そして生態システムのサービスと財を構成要素とし，そして自然的制約

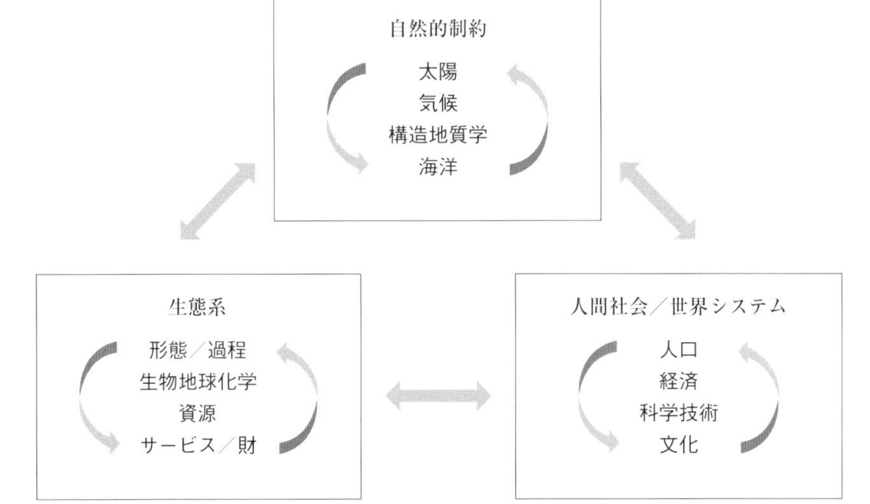

出所：J. A. Dearing, Integration of World and Earth Systems: Heritage and Foresight, in: A. Hornborg and C. Crumley (eds.), *The World System and the Earth System*, Left Coast Press, 2007, p.41. 尚，図の内容に関しては多少修正している。

とは，太陽，気候，構造地質学（地震や噴火），海洋という人間の力が及ばないものを構成要素としている。過去の地球の歴史をみると，太陽の黒点の活動，氷期や関氷期，地震，噴火など，人間活動が直接的に作用せず，むしろそれに左右される自然的な制約もあり，「人間-自然」生態系は，当然のこととしてこれらの影響も受けているということができる（図 1-1 参照）。

人間社会が自然を変容させるという場合，われわれは，生態系における生物と環境の間での物質循環あるいは栄養循環のあり方を変えている。光合成によって無機物を有機物に変換する植物は，生態系においては生産者の役割を果たし，動物は植物を食することによって消費者の役割を果たしており，この栄養循環の過程で化学エネルギーもまた循環している。しかし，人間社会が草原や森林を破壊して砂漠化した場合，この栄養循環あるいは生物地球化学的な循環は停止する。このことによって人間社会は，「人間-自然」生態系という有機的統一体の重要な構成要素である生態系を喪失し，その存続を停止することになろう。また人間社会による過度の森林伐採あるいは砂漠化は，水循環を停止させ，生態系を破壊することで人間社会そのものの存続を終焉させること，すなわち文明の衰退につながるということができる[5)]。

森林伐採に関しては，古代文明から近代文明に至るまで，人間社会による森林伐採が文明衰退の大きな要因であった点は多くの研究によって解明されている[6)]。古代メソポタミアでは，ユーフラテス川とチグリス川，カルン川およびその支流で大量の木材が伐採されはじめると，上流の塩分や沈泥も下流に流れ始めると同時に，浸食が急速に進み，大量の土がメソポタミア一帯の河川流域に流れ込むようになった。この影響で，シュメールのほとんどの都市は消滅するか，寒村化するしかなく，塩害による食糧生産の減退がシュメール文明の崩壊に拍車をかけたのである[7)]。

その後のギリシア，ローマ，ヴェネチアの各文明をみても，生活形態やエネルギーの面で極度に木材に依存しているところでは，木材資源の枯渇が文明衰退の大きな要因となったことは容易にみてとれる。イギリスに関しては，エリザベス朝の時代になると，英国海軍の軍艦建造のために国内の森林が伐採され，英国海軍の4つの艦船を修理するだけでも1,740本のナラの巨木，つまり2,000トンを必要とした。しかも，これに使用されたナラ材は樹齢が最低でも100年はある巨木でなければならなかったために，造船の増大で膨大な量の木材が伐採された。さらに，銅や鉛の精錬業とならんでイギリスの森を破壊したのは製鉄業であった。イギリスの南部では，1549年から1577年にかけて製鉄工場の数が約53から100以上に増え，膨大な木材が消費された。

こうしてエリザベス朝を維持していくためには，「航海用の木材の消費，家屋の建設，溶鉱炉，大樽，荷車，荷馬車，馬車，鉄と鉛とガラスの製造，レンガやタイルの焼成」が必要で，16世紀後半から17世紀後半にかけて，森林の破壊と荒廃はイギリス史上例をみない規模で進んだ[8)]。イギリスで他のヨーロッパ諸国と比較していち早く産業革命が進展した理由として，国内の木材資源の枯渇が挙げられる。イギリスでは17世紀後半までに国内の木材資源が枯渇したために，木材から石炭へのエネルギー転換が進んだとされており，このことが海外植民地の獲得や三角貿易による資本蓄積とならんで産業革命の大きな要因の1つとされている[9)]。このことは人間活動による自然の変容が逆に，技術革新や社会的な転換をもたらしたのであり，したがって，「人間–自然」生態系は，人間活動と自然とのダイナミックな相互作用のなかで変容しているということができよう。

2．近代世界システムと生態系サービスの破壊

人類の文明が成立して以来続いてきた森林破壊は近代以降に急速に進み，現代においてもまさに進行中である。それに加えて，近代の産業革命以後，木材資源の他に化石燃料としての石炭と石油が大量に利用されるようになり，大気中の二酸化炭素をはじめとする温室効果ガスが排出され，地球的規模での気候変動を引き起こしている。森林破壊は，二酸化炭素を吸収する能力を減少させ，それによって温暖化を加速させている。今日，エチオピアやケニアなどの北アフリカ地域，インドネシアやマレーシアなどの東南アジア諸国の熱帯雨林，そしてアマゾンを抱える南アメリカにおける森林破壊は，回復不可能なほどに進展している。

地球的レベルでみると，1950年代以降，熱帯雨林は60％以上減少したとされており，それ以上喪失した地域も存在する。1960年から1990年にかけて，ブラジルの大西洋岸の熱帯林では，過去3世紀に喪失したものとほぼ同じくらいの熱帯林が失われた。その結果，元々存在していた120万㎢のうちの7％以下しか残っていない[10)]。またアマゾンの熱帯林は，1970年以降，20％以上の森林が伐採され，その多くは放牧地として利用されている。国際環境NGOのWWF（世界自然保護基金）は，森林破壊と気候変動によって2030年までにアマゾンの熱帯雨林の最大60％が消滅または破壊され，世界各地に連鎖的に影響を及ぼすと警告する報告書を発表している。

そして地球生態系を変えつつある温暖化は，北極と南極の氷，ヨーロッパや

ヒマラヤの氷河を溶かし，大規模な海面上昇を引き起こす大きな要因となっている。また二酸化炭素の増加あるいはそれによる温暖化は海水温を上昇させるだけでなく，海洋の酸性化を引き起こし[11]，サンゴ礁の白化をもたらしている。今後も海洋の酸性化と無計画な漁業が続くならば，魚介類などの漁業資源の減少ひいては生物多様性の喪失が過度に進行することは明らかである。

このように森林破壊や気候変動は地球生態系を大きく変化させている。地球生態系という場合，その下位分類としていくつかのサブシステムに分けることができる。ここでは，国連ミレニアム生態系評価にしたがって[12]，10のサブシステムあるいはカテゴリーに分けて考えたい。その10のサブシステムとは，①海洋システム，②沿岸システム，③島嶼システム，④都市システム，⑤乾燥地システム，⑥極地システム，⑦森林システム，⑧農耕地システム，⑨陸水システム，⑩山岳地システム，である。

これらのサブシステムは，これまでみてきた「人間–自然」生態系というメタシステムの下位分類として有効である。というのは，これらの下位分類は，人間と自然を分離して考える従来の二分法に基づいているのではなくて，都市システムや農耕地システムなど人間活動が介在している部分も広い意味での生態系に含めているからである。グローバルな「人間–自然」生態系の変容という場合，これらの個々のサブシステムにおける具体的な変容を考察することが有効であろう。

まず，①海洋システムは，水深50m以上の世界の海洋を指している[13]。世界の海洋は，約30億人の人々に海洋漁業資源を提供し，これによってそれらの人々に必要な動物蛋白の15%を補っている[14]。しかし，これらの漁業や他の生態系サービス（リクリエーションなど）の恩恵は，過剰な漁業，海水温の上昇，酸性化，低酸素化によって脅かされており，とりわけ気候変動は世界の漁獲高に影響を与えることが想定される。

②沿岸システムとは，「海洋と陸地が接する場所に位置し，海側は大陸棚の中程まで，陸側は海洋の直接的な影響を受けるすべての場所」であり，「平均海水面からの水深が50m未満の海域から，満潮時の海水面からの標高50mもしく

は渚線からの距離100kmまでの陸域」を指している。沿岸システムは，「サンゴ礁・潮間帯，河口域・沿岸の水産養殖地・海藻群集」を含んでいる。

③島嶼システムは，「水によって囲まれた陸地のことであり，後背陸地にくらべて海岸部の比率が高い」場所であり，最大の島はグリーンランドである。「島嶼国家・地域が持つ排他的経済水域は世界の海洋の40%を占め」，「島嶼システムは攪乱に対して脆弱で，記録されている生物の絶滅の大部分は島嶼システムで生じている。」[15)]

④都市システムは，「人口密度が高い人工環境のこと」であり，「ミレニアム生態系評価では5,000人以上の既知の居住地」を指す。国連のデータによると，世界の都市人口と農村人口の割合をみると，1950年には農村人口は都市人口の2倍であったのに対して，2007年には都市人口が上回り，それ以後都市人口の割合が多く推移し，2014年の世界の都市人口の割合は54%で，2050年までに農村人口が34%，都市人口が66%となり，都市人口は農村人口の2倍になるという予想も出ている[16)]。

⑤乾燥地システムは，「植物の成長が利用可能な水によって制限される土地」のことであり，人間は主に，牧畜などを通じて大型草食哺乳類を利用し，耕作地として用いている。また「乾燥地システムには耕作地，低木林，草原，サバンナ，半砂漠，砂漠」が含まれ，「乾燥地システムは地球の陸上面積の42%を占め，世界の人口の約1/3の20億人以上が居住している。」「乾燥地システムに住む人々の90%は発展途上国で暮らしており，その人々が置かれている社会経済的状況は，他の地域よりも悪い。利用できる淡水の量は，2000年には1人当たり年1,300㎥であった。これは最低限の人間の福利と持続的発展のために必要とされる閾値2,000㎥をすでに下回っており，利用できる淡水量は今後さらに減少すると予測されている。」[17)]

⑥極地システムとは，「1年のほとんどの期間，凍結している高緯度地域のこと」であり，「氷冠，永久凍土に覆われた地域，ツンドラ，極地砂漠，極地沿岸域を含む。」「極地システムの平均気温は，過去400年間において現在が最も高い。その結果，永久凍土層が広範囲にわたって溶解し，海氷も減少している。」[18)]

⑦森林システムとは，「高木性樹林が優先する土地」のことであり，「植生の上層の少なくとも40%が5mよりも高い樹木で覆われている地域」を示している。すでに触れたように，世界の森林面積は減少の一途を辿っており，世界の森林システムの面積は過去30年間に2分の1に減少した。「約46億人が森林システムから供給される水に完全にあるいは部分的に依存している。」[19]

⑧農耕地システムとは，「栽培・家畜化された種が優先している土地」のことを示し，「穀物の生産やアグロファクトリー，水産養殖に使用され，それらによって大きく改変されたシステム」である。「農耕地システムには，農地，焼畑，放牧でない小規模な家畜生産，淡水養殖場が含まれ，陸上面積の約24%を占める。過去20年間の間に農地が拡大した地域は，東南アジア，南アジアの一部，東アフリカ大湖地域，アマゾン川流域，アメリカ合衆国のグレートプレーンである。」[20]

⑨陸水システムとは，「沿岸域や内陸に存在する永続的な水域を中心としたシステム」のことであり，「河川，湖沼，氾濫原，貯水施設，湿地，また塩水湖などの内陸の塩性システムを含む。」「陸水システムの生物多様性は，すべてのシステムの中で最も悪い状態にあると推測される。それは，湿地面積の減少と，水質劣化の両方の要因による。世界の陸水面積の50%が消失したと推測されている。」[21]

⑩山岳地システムとは，「急峻で標高の高い土地」を指し，そこでは世界の人口の20%余りが居住している。世界人口の半数以上に当たる40億人は，使用する水のすべて，あるいは一部を山岳地システムから得られる資源（主に水）に直接あるいは間接的に依存している。

このように「人間‒自然」生態系のサブシステムとしてのこれら10のシステムは，もちろん独立したシステムとして存在するのではなくて，有機的な連関性をもちながらそれぞれの機能的な役割を果たしている。しかし，問題なのは，人間活動によってこれらのサブシステムの生態的な機能が全体的に劣化あるいは悪化していることである。国連ミレニアム生態系評価は，人間活動によるこれらの生態系の深刻な改変を以下のように記している。

「人間の行為による，世界規模での生態系とバイオームの最も深刻な改変は，海洋生態系，淡水生態系，温帯広葉樹林，温帯草原，硬葉樹林，熱帯乾性林で起きている。海洋システムにおいては，食料と家畜飼料の需要の高まりを反映して過去50年にわたり漁獲が上昇している。そのため，世界の多くの海域において，漁獲対象種および付随的に捕獲される非対称種の生息量は，水産業が始まる以前の10分の1に減少してしまった。漁業の衰退によって，世界的な事実として，栄養段階の高い魚種の資源量が減少し，資源価値の低い低栄養段階の魚種の捕獲が増加している。

淡水生態系は，ダムの建設と人による取水によって改変されている。ダムやその他の構造物の建設は，世界の大河川のおよそ60%に中程度もしくは強い影響を及ぼしている。取水によって，ナイル川，黄河，コロラド川などの多くの主要河川で流量が減少しており，水流が海に到達しなくなる極端なケースもある。水流が減少するだけでなく，堆積物の流出も減少している。堆積物は，河口付近の生態系の維持に重要な栄養塩の供給源である。世界的にみると，人為活動は河川における堆積物の流量を20%増加させてきたが，堆積物の海洋への流入は，河川水の貯水と取水によって30%減少している。その結果，河川付近に供給される堆積物はおよそ10%減少している。」[22]

とりわけ海洋生態系，森林システム，淡水生態系などでの環境悪化は，気候変動や生物多様性の喪失とも密接に関連しているだけに，その影響は計り知れないものがある。このような「人間-自然」生態系の破壊は，突き詰めていえば，現在の市場経済社会においては，自然生態系におけるさまざまな資源の商品化と利潤の獲得が行動原理の中心に置かれ，人間生態学的な視座から配慮が欠けていることにその原因を求めることができるが，問題なのは，「効用と利潤の市場経済的な原理の前に，人間生態学的価値規範は忘失されてしまった[23]」という点であろう。

3．生態系サービスの形態とその機能

生態系サービスという概念は，1990年代以降，従来の社会科学と自然科学における環境関連の専門化された学問的な領域を超えて拡大してきた。その概念の重要な転換点の1つになったのは，1992年の生物多様性条約の成立によって生態系サービスというアプローチが理論から政策へとつながっていった一連の動きである。その後，生態系サービスの分析のための最初の包括的な枠組が公刊されたが，その最初のものはG・デイリーが編集した『自然のサービス』[24]であり，その後，生態系サービスの証明と分類のための枠組と方法が発展した[25]。デイリーは生態系サービスに関して，以下のような定義を与えている。

「生態系サービスは，自然の生態系，そしてそれらを構成する種が人間生活を維持し充足する条件と過程である。生態系サービスは，生物多様性を維持し，また海産食物，飼料，木材，バイオマス燃料，自然繊維，そして多くの薬種，工業製品，それらの先駆物質といった生態系の財の生産を維持している。これらの財の収穫と交換は，人間経済の重要でよく知られている部分である。財の生産に加えて，生態系サービスは，浄化，リサイクル，再生といった実際的な生命維持機能であり，同様に多くの無形の審美的で文化的な便益を与えている。」[26]

このデイリーの定義にみられるように，生態系サービスとは，従来語られてきた「自然の恵み」あるいは「自然の恩恵」といわれるものであり，清浄な空気，河川の水資源，森林の生物や木材などは，われわれが日常的に利用しているものである。一般的に，財とサービスは，両者が人間的欲求を充足させるものであるという点では共通しているとはいえ，前者が食糧や木材などの有形物であり，後者が教育や医療などの無形物であるという点で区別されている。生態系サービスという場合，人間が直接的あるいは間接的に生態系の機能から引き出した恩恵を示しており，簡単にいえば，生態系の財とサービスをまとめて生態系サービスと呼んでいる[27]。デイリーは，生態系サービスに関して，以下の13項目を挙げている。

・水と大気の浄化
・洪水と旱魃の緩和
・廃棄物の解毒と分解
・土壌と肥沃度の生成と再生
・作物と自然草木の受粉
・大多数の潜在的な農業における害虫の抑制
・種子の分散と栄養分の移転
・生物多様性の維持
・太陽の有害紫外線の保護
・気候の部分的安定化
・極端な温度，風力，波力の緩和
・多様な人間文化の維持
・人間的な精神を高める審美的な美と知的刺激の提供

他方，R・コンスタンザたちは，『ネイチャー』に掲載した論文「生態系サービスと自然資本の価値」（1997年）のなかで[28]，「生態系の機能は，生息地，生態系の生物学的あるいはシステム特性または過程」にかかわっており，「生態系の財（食料）とサービス（廃棄物同化）は，人間が直接的あるいは間接的に生態系の機能から引き出した恩恵を示している」としている。そして，生態系サービスの価値を分析するために，コンスタンザたちは，生態系サービスを17の主要なカテゴリーに分類した（表1-1参照）。

コンスタンザたちのこれらの生態系サービスの分類においては，再生可能な生態系サービスだけが含められ，非再生可能な燃料や鉱物そして大気を除外されている。そしてかれらが強調している重要な点は，「多くの生態系機能の相互依存的な性格」である。デイリーとコンスタンザたちの生態系サービスの項目を比較したのが，表1-2である。

国連ミレニアム評価によれば，これらの生態系サービスにはさらに，大きく分けて，供給サービス，調整サービス，文化的サービス，基盤サービスという4つのサービス機能が存在する[29]。

表 1-1　生態系のサービスと機能

	生態系サービス	生態系の機能	事例
1	大気の調整	大気の化学的構成の調整	CO_2/O_2 の均衡，オゾン保護のための O_3，SOx のレベル
2	気候調整	地球気温の調整，降水，生物学的に媒介された地球的あるいは地方的レベルでの気候過程	温室効果ガスの調整，雲の形成に影響を与える DMS の生産
3	攪乱調整	静電容量，環境の変動に対応した生態系の制動と健全化	暴風雨の保護，洪水管理，旱魃の回復，主に植生構造によって制御される環境の可変性への生息地の対応という他の側面
4	水調整	水文学的なフローの調整	農業（灌漑）や産業過程（製粉）及び輸送のための水の供給
5	水供給	水不足と水の保持	分水界，貯水池，帯水層による水の供給
6	浸食管理と堆積物の定着	生態系内部の土壌の保持	風，流去水，他の移動過程による土壌喪失の防止，湖と湿地における支柱の貯蔵
7	土壌形成	土壌形成過程	岩の風化，有機物質の蓄積
8	養分循環	養分の貯蔵，内部循環，加工，獲得	窒素の固定，N，P，他の基本的な循環あるいは養分循環
9	廃棄物処理	移動する養分の回復，過度の養分や混合物の回復と崩壊	廃棄物処理，汚染管理，無毒化
10	受粉	花の生殖体の動き	植物種の再生産のための花粉の提供
11	生物学的管理	種の栄養動態的な調整	捕食種の中枢種捕食者の管理，頂点捕食者による草食の減少
12	レフュジア	定着種と移動種のための生息地	移動種のための環境と生息地，地方で収穫される種のための地域的生息地あるいは越冬地
13	食料生産	食料として抽出できる主要な生産の割合	狩猟，採集による魚，鳥類，穀物，果物の生産，農業や漁業による生活
14	原料	第一次産品から抽出される主要な生産の割合	材木，燃料，飼料の生産
15	遺伝資源	独特の生物学的な物質と産物の源泉	薬，材料科学のための生産物，病原体の移入と作物の害虫への抵抗のための遺伝子，観賞用種（ペット，さまざまな園芸用植物）
16	リクリエーション	リクリエーション活動のための機会の提供	エコツーリズム，スポーツフィッシング，他のアウトドアリクリエーション活動
17	文化	非商業的な利用の機会の提供	生態系の審美的，芸術的，教育的，精神的，あるいは科学的な価値

出所：R. Constanza et al., The Value of the world' ecosystem services and natural capital, in: *Nature*, Vol.387, 15, 1997, p.254.

表 1-2　Daily と Constanza 他による生態系サービス

Daily（1997）の生態系サービス	Constanza 他（1997）の生態系サービス
・水と大気の浄化	・大気の調整
・洪水と旱魃の緩和	・気候調整
・廃棄物の解毒と分解	・擾乱調整
・土壌と肥沃度の生成と再生	・水調整
・作物と自然草木の受粉	・水供給
・大多数の潜在的な農業における害虫の抑制	・浸食の抑制と堆積物の定着
・種子の分散と栄養分の移転	・土壌の生成
・生物多様性の維持	・養分の循環
・太陽の有害紫外線からの保護	・廃棄物処理
・気候の部分的安定化	・受粉
・極端な温度，風力，波力の緩和	・生物学的管理
・多様な人間文化の維持	・レフュジア
・人間的な精神を高める審美的な美と知的刺激の提供	・食料生産
	・原料
	・遺伝資源
	・リクリエーション
	・文化

出所：J. B. Ruhl, Steven E. Kraft, Christopher L. Lant, *The Law and policy of Ecosystem Services*, Islandpress,2007, p.25.

まず供給サービスは生態系から得られた生産物であり，食糧，繊維，燃料，遺伝子資源，生化学物質，装飾品の素材，淡水などがそれに該当する。調整サービスは，生態系プロセスの調整から得られた便益であり，以下のようなものを含んでいる。すなわち，大気質の調整，気候の調整，水の調整，土壌侵食の抑制，水の浄化と廃棄物の処理，疾病の予防，病害虫の抑制，花粉媒介，自然災害の防護である。

文化的サービスは，精神的な質の向上・知的な発達・内省・娯楽・審美的経験を通して，人々が生態系から得る非物質的な便益であり，文化的多様性，精神的・宗教的価値，知識体系，教育的価値，インスピレーション，審美的価値，社会的関係，場所の感覚，文化的遺産価値，娯楽とエコツーリズムである。基盤的サービスは，他のすべての生態系サービスに必要なものであり，土壌形成，光合成，一次生産，栄養塩循環，水循環を含んでいる。

国連ミレニアム評価の調査では，これら生態系サービスのうち，約60%で悪化しているか，持続不可能な状態で利用されているということである。供給サービスに関しては，「人間によって利用されている食料や水，木材のように供給にかかわる生態系サービスの量は，20世紀後半に急速に増加し」，現在も増加し続けている。供給サービスの利用の持続可能性は，場所によって異なっているとはいえ，世界全体にみても持続不可能である[30)]。

調整サービスに関しては，「人間はまず，大気中の二酸化炭素やメタン，亜酸化窒素のような温室効果ガスの増加の一因となる土地利用の変化によって，生態系の気候調整サービスを大幅に変えてきた。」また，「生態系が持つ廃棄物処理能力には限界がある。たとえば，地球規模で起こる窒素負荷は平均して80%が，水域生態系によって『浄化』されるが，この自浄能力は大きく変化し，湿地帯の喪失によって減少している。」[31)]

文化サービスの利用に関しては，増え続けてきているが，「文化的便益を供給するための生態系の能力は，過去100年に著しく衰退している。」[32)] これには，世界的なレベルでの開発によって，文化的に貴重な生態系や景観の急速な低下という問題が背景にある。

「食糧・水・木材・その他の供給サービスは，地域的な資源枯渇や資源利用の関するさまざまな制限にもかかわらず，多くの場合，20世紀に世界的に増大した」が，「これらの選択肢は少なくなりつつある。」[33)] これらの生態系サービスが今後かなり制約される点ついては，海洋漁業資源や木材資源において明確である。

ところで，1990年代には，生態系サービスについての経済的な評価すなわち価格化について研究が登場した。それは自然資本としての生態系サービスを貨幣によって評価するものである。その代表的な研究の1つが，『ネイチャー』に掲載された前掲のコンスタンザたちの研究である[34)]。コンスタンザたちの研究は，現在の推定の地球表面地域に沿った主要な各生物群，17の生態系サービスの推定の価値の平均，そして生物群による生態系の全価値をリストアップしている。

それによると，生態系は毎年少なくとも 33 兆ドルの価値のサービスを提供しているという[35]。生態系サービスの価値の大部分は，市場システムの外部にあり，そのサービスの内容は，大気調整が 1.3 兆ドル，擾乱調整が 1.8 兆ドル，廃棄物処理が 2.3 兆ドル，養分循環が 17 兆ドルである。これら推定された価値全体の約 63%は，海洋システムによって供給されており，その価値は毎年 20.9 兆ドルである。このほとんどは，沿岸システムからのものであり，その価値は 10.6 兆ドルである。推定される価値の 38%は陸上システムからのものであり，主に森林の 4.7 兆ドルと湿地の 4.9 兆ドルである。

生態系サービスの毎年の価値が 33 兆ドルということは，2016 年のアメリカ（18 兆ドル），中国（11 兆ドル），日本（5 兆ドル）の GDP の合計とほぼ同じということなり，人間の経済活動に対する生態系サービスの貢献度がいかに高いのかが理解できる。

4．グローバル・エコロジーと「人間‒自然」生態系の回復

地球上の生態系サービスの「価値」が貨幣換算で 33 兆ドルということは，かりに生態系サービスがまったく存在しないものであるとすれば，人間の現在の経済活動のコストは 33 兆ドル上乗せした額となろう。というよりも，生態系サービスが提供されなければ，そもそも人間だけでなく生物そのものの存在すら成立しないということである。その意味では，生態学的にみて地球規模でオーバーシュート（過剰収奪）している状況のなかで[36]，「人間‒自然」生態系の回復が現在の緊急の課題となっている。1972 年にローマ・クラブの報告書『成長の限界』が資源枯渇と人口爆発を警告してから半世紀近くが経過したが，ローマ・クラブが警告を発した危機の構造は，今日においても依然として存在している。

歴史的に成立してから 500 年以上経過する近代世界システムとしての資本主義世界経済は，グローバルな拡大と深化を遂げるとともに，環境面においても

グローバルな環境破壊を進めてきた。その場合，問題の所在は，資本主義世界経済の担い手としての企業活動が環境破壊のコストを外部化し，それに対する支払いをしてこなかったこと，そしてその行動原理に置かれている「飽くなき資本蓄積」が地球生態系全体の視座からみた「実質的なシステム合理性」を損なってきた点にある[37]。

グローバルな環境問題に対する取り組みは，1980年代以降にオゾン層保護のための条約など世界的に実施され，1990年代に入ってからも気候変動枠組条約や生物多様性条約など国際環境法を通じて実施されてきた。また京都議定書においては，排出権取引やクリーン開発メカニズムなど，環境政策の経済的な手段も利用されてきた。最初の国際的な排出権取引は，1997年にヨーロッパで設立された。2005年に京都議定書が発効したとき，排出権取引は他国にも拡大し，2010年には1,420億ドルの市場を作り上げた[38]。排出権取引は削減した炭素の量を価格化して市場で取引きするメカニズムであり，価格メカニズムを環境問題の対策に拡大する事例である。

これまで環境保全に対しては，2つのアプローチが採られてきた[39]。第1のアプローチは，ピグー的な解決すなわちピグー税であり，公的介入として国家による税制と補助金による正負の外部性に対する対処において指導的な役割を果たすものである。地球温暖化対策としての化石燃料に対する環境税や炭素税は，その消費とそれが原因の環境破壊を減少させることができ，ひいては気候の調整という生態系サービスを回復するうえで大きな貢献をなすことができる。

第2のアプローチは，コース的な解決すなわちコースの定理であり，そこでは生態系サービスの所有権（個人，自治体，会社，政府機関など）を確立することによって，つまり生態系サービスが自由に売買される市場を形成することによって対処されるとするものである。この考え方の基礎となっている「コモンズの悲劇」は，公共の自然資源はだれでも利用できるために枯渇するので，それに所有権を与えて保護するという前提に基づいている。つまり，生態系サービスの所有権を確立することによって，「外部性」に影響を受ける人々とそれを引き起こしている人々との間での取引が可能となるというものである。自然環境や生態系サービスを維持するために，一定の土地を買い取り保護するナショナル・トラストは，一定の市民や住民が所有権者となるので自然保護につながるといえようが，一定の企業が買い取った場合，その企業は資源の開発を進める可能性もあるので，必ずしも生態系サービスを保護する行動に出るとはかぎらないだろう。

しかしながら，生態系サービスへの支払い（PES）という考え方の場合には事情が異なるだろう[40]。生態系サービスへの支払いは，生態系サービスの提供についての一般的で実際的な経済的なアプローチである。この考え方はまだ新しく明確に理論化されているわけではないが，少なくとも合意されていることは，少なくとも部分的に生態系サービスに対して，あるいは生態系サービスを提供するものと考えられる活動に対して一定の支払いがなされるということである。その際の支払いは，履行あるいは活動に基づくもので，植林などの活動や損害を与える活動の抑制でもありうる[41]。

生態系サービスへの支払い（PES）は，明確な生態系サービスの少なくともある提供者ともう一人の受益者のあいだの条件づけられた自発的な取引として定義される[42]。その基礎的な原理は，生態系サービスの受益者は，生態系サービスを維持しあるいは保護している管理者（steward）に補償するべきであるというものである[43]。生態系サービスへの支払いの基本的な形態は，たとえば，1930年代のアメリカにおいて政府が土壌侵食に対する措置を採用した農民への支払いを促進したことにみられ，1950年代には，都市の拡大から農地を保護するための同様のメカニズムが確立された[44]。

コスタリカは全国レベルで最初にPES制度を導入した国である。21世紀になって環境保護において成功を収めたといわれているコスタリカは，世界の0.04%以下の国土面積しかないにもかかわらず，世界の生物多様性の5%を有するという国である。1966年に制定された画期的な法律「森林法第7575号」によって，特定の地域で樹木を伐採しないことに同意したコスタリカの数千人の土地所有者たちに対して，自分たちが管理し，復元する森林が毎年もたらす「生態系サービス」への見返りとして，毎年1エーカー当たり20ドルが支払われることになったのである[45)]。土地所有者たちへの支払いの原資となっているのが，化石燃料に対して課された環境税であった。

このようなコスタリカにおける森林保護の成功例はレアケースであり，この事例を他の途上国にそのまま当てはめることはできないだろう。というのも，途上国で熱帯林が伐採される背景には，人口増加や貧困のための土地とエネルギーの確保という問題が存在し，また政府の支援により放牧地，巨大な大豆やパーム油のプランテーションなどに利用するところもあり，政府が森林保護のために環境税の徴収によって財源を確保することは財政的にも不可能に近いからである。

こうした状況が存在するので，財政的に困難な途上国自体に森林保護を任せておくのではなく，先進諸国が管理人（stewardship）となって熱帯林を保護する方法として有効なものの1つは，環境スワップという国際的な取り組みであろう。環境スワップの参加国は，保護林の管理人として位置づけられ，海外支援や債務救済と引き換えに森林管理をおこなっている。また同様の対策として環境保護権があり，それは政府や民間の保護団体が，自然資源保全に同意した国に対して報酬を支払うという仕組みである[46)]。これらの方法も，広い意味では，生態系サービスに対する支払いということができよう。

おわりに

環境保護と開発による環境破壊の問題は，先進諸国と開発途上国とのあいだの根源的な対立関係を基礎にしているだけに，両者の妥協の産物として「持続可能な開発」という用語が用いられ，結果的には開発に歯止めをかけることができない状況が続いている。こうしたなかで地球環境保護に市場原理が持ち込まれるようになるのは，1990年代の地球温暖化対策であり，その象徴的なものは京都議定書の京都メカニズムといわれる排出権取引である。また生態系サービスを価格化とそれに対する支払いを前提とする経済的なアプローチも，市場での取引ということが主要な課題となれば，生態系の保護という本来の目標から大きく逸脱する可能性も出てくる。というのは，自然資本や生態系サービスという概念が，人間と自然の関係を効用や交換という観点から捉えられ，それによって利益計算の経済的合理性を生態系や生物多様性の領域に拡大する可能性が高いからである。

確かに，グローバル経済を牽引する私的企業による効用と利潤という市場経済的な原理の優越の前に，環境保護運動における人間生態学的価値規範の原理は忘失されてしまった感があることは否めない。それだけに，経済的なアプローチだけではなく，生態系保護のためのグローバルな価値と実質的合理に基づく国際法と国際的な支援による伝統的なアプローチの再評価も必要であろう。2050年までに現在の種の半分が消滅するという予想もあり，そうなれば現在の生態系サービスも大幅に減少することになろう。グローバルなレベルでの経済的・社会的な生産と生活の様式の抜本的な変革なくしては，人類は遠からぬ将来において，破局的な危機に直面することは確実である。その意味でも，経済的なアプローチに加えて，純粋公共財としての地球生態系の保護を基本的な価値原理とするグローバルな立憲主義の体制を作り上げることが喫緊の課題であろう。

地球の「過剰収奪」を意味している「オーバーシュート」（W・キャトン）という言葉は，こうした現在の状況を示唆している。地球生態系の回復はもはや不可能という出口のない状況のなかにあって，それでもなお持続可能性という神話にこだわる必要があるのは，われわれはいまだ，人間活動が生み出した状況を変えるのは人間活動であるという期待感を払拭できないからであろう。

1）廣松渉『生態史観と唯物史観』（『廣松渉著作集』第11巻，岩波書店，1997年所収），71頁。廣松はマルクス・エンゲルスを援用しつつ，人間と自然の関係を以下のように記している。「人が，これら一連の基礎的概念を既成観念の埒に押し込むかぎり，これは尤もな疑義を認めうる。だが，マルクス・エンゲルスは，<人間-自然>態系を『歴史』として総括し，人間および自然という項を措定するとはいえ，それはあくまで，謂うなれば函数的関係態の『項』なのであって，実体的に自存化されてはいない。乃ち，人間と自然との相互媒介的過程を『生産』と謂うとき，それは，人間と自然という2つの実体の偶有的な一関係なのではなく，まさに当該両項を da-und-so-sein せしめる根源的な関係態なのである。」(77 頁)［以下，廣松（1997)］

2）廣松（1997)，82 頁。

3）廣松（1997)，123 頁。

4）J. A. Dearing, Integration of World and Earth Systems: Heritage and Foresight, in: A. Hornborg and C. Crumley（eds.), *The World System and the Earth System*, Left Coast Press, 2007, pp.38–55.

5）もっとも現代においては，資本主義的な商品経済がバーチャル・ウォーターという形で水資源のない地域にも水資源を移転させているために，たとえ砂漠化が過度に進んでも直ちにその地域の人間社会を崩壊させることはない。この点については，星野智『ハイドロポリティクス』中央大学出版部，2017 年を参照されたい。

6）J・パーリン『森と文明』安田喜憲・鶴見精二訳，晶文社，1994 年。Williams, *Deforesting the Earth: From Prehistory to Global Crisis*, Chicago University Press, 2003.

7）パーリン（1994)，38–39 頁。

8）パーリン（1994)，208–10 頁。

9）この点については，廣松（1997）126–129 頁を参照。

10）N. Langston, Global Forest, in: J. R. McNeill and E. S. Mauldin, *A Companion to Global Environmental History*, Willy Blackwell, 2012, p.274.

11）M. Luke et al., The economic impact of ocean acidification, in: P. A. D. Nunes et al.（eds.), *Handbook on the Economics of Ecosystem Services and Biodiversity,* Edward Elger, 2014, pp.78–92.［以下 Nunes et al.（2014)］

12）Millennium Ecosystem Asessment, *Ecosystems and Human Well-being*, Island Press, 2003. 国連ミレニアムエコシステム評価編『生態系サービスと人類の将来』横浜国立大学 21 世紀 COE 翻訳委員会・責任翻訳，オーム社，2007 年。［以下，国連ミレニアム評価（2007 年)］

13）国連ミレニアム評価（2007 年)，50–51 頁。

14）U. Rashid Sumaila, William W. L. Cheng and Vicky W. Y. Lam, Climate Change effects on the economics and management of marine fisheries, in: Nunes et al.（2014), p.61.

15）国連ミレニアム評価（2007 年)，51 頁。

16）*World Urbanization Prospects The 2014 Revision*, United Nations New York, 2015, p.7.

17）国連ミレニアム評価（2007 年)，52 頁。

18）国連ミレニアム評価（2007 年)，52 頁。

19）国連ミレニアム評価（2007 年)，52 頁。

20）国連ミレニアム評価（2007 年)，53 頁。

21）国連ミレニアム評価（2007 年)，53 頁。

22）国連ミレニアム評価（2007 年)，54 頁。

23）廣松（1997），305頁。

24）G. C. Dailly, *Nature's Services,* Island Press, 1997.［以下，Dailly（1997）］

25）Erik Gómez-Baggethun and Manuel Ruiz Pérez, Economic valuation and the commodification of ecosystem services, in: *Progress in Physical Geography*, 2011, p.5.［以下，Gómez-Baggethun and Pérez（2011）］

26）Dailly（1997）, p.3.

27）R. Constanza et al., The Value of the world' ecosystem services and natural capital, in: *Nature*, Vol.387, 15, 1997, p.253. 以下，［Constanza et al.（1997）］

28）Constanza et al.（1997）, p.253.

29）国連ミレニアム評価（2007年），74頁。

30）国連ミレニアム評価（2007年），75頁。

31）国連ミレニアム評価（2007年），76頁。

32）国連ミレニアム評価（2007年），76頁。

33）国連ミレニアム評価（2007年），77頁。

34）Constannza et al.（1997）．尚，それ以前の生態系サービスの価値に関する研究については，Walter Westman, How much are nature's services worth?, in: *Science*, 197, p.960-64を参照。

35）Constannza et al.（1997）, p.259.

36）William R. Catton, Jr., *Overshoot*, University Illinois Press, 1982.

37）I. Wallerstein, Ecology and Capitlist Costs of Production: No Exit, in: W. Goldfrank, D. Goodman, and A. Szasz（eds.）, *Ecology and the World-System*, Greenwood Press, 1999, p.9.

38）Gómez-Baggethun and Pérez（2011）, p.6.

39）Gómez-Baggethun and Pérez（2011）, p.6.

40）生態系サービスへの支払い（PES）に関しては，Kgomotso Molosiwa, *Payment for Ecosystem Services*, LAP LAMBERT Academic Publishing, 2011を参照。

41）Stefanis Engel, Ecosystem services（Payments for）In: Jean-Frédéric Morin and Amandine Orsini（eds.）, *Essential Concepts of Global Environmental Governance*, Routledge, 2015, pp.62-64.

42）S. Wunder, Payments for environmental services: some nuts and bolts. CIFOR Occasional Pater, #42, 2005, p.24. S. Wunder, Revisiting the concepts of payments for environmental services, in: *Ecological Economics*, 117, 2014, pp.234-243.

43）日本におけるPESの事例に関しては，環境省のホームページに税金による森林環境の保全についての紹介がある。森林環境税は，森林がもつ生態系サービスを維持するために，その費用を受益者である人々に税金によって負担してもらう制度である。https://www.biodic.go.jp/biodiversity/shiraberu/policy/pes/forest/index.html

44）Gómez-Baggethun and Pérez（2011）, p.6.

45）G・デイリー／C・エリソン『生態系サービスという挑戦』藤岡伸子・谷口義

則・宗宮弘明訳，名古屋大学出版会，2010年，260-261頁。
46）G. Tailer Miller, Scott E. Spoolman著『最新環境百科』松田裕之他監訳，丸善出版，2016年，226頁。

第 2 章
環境問題としての人口・エネルギー問題
——人間活動が自然環境に与える負荷——

滝 田 賢 治

はじめに——問題への視点——

地球上に人間が存在していなければ環境問題も存在しない。あるいは人間が存在していたとしてもその総数と生活空間が極めて限られていたならば，現在われわれが環境問題と認識している問題は極めて局所的な出来事として無視されるか問題化しなかったであろう。巨大地震や巨大津波あるいは大規模火山爆発さらには太陽黒点活動の変化による地球の寒冷化など人間にとって不可抗力の自然現象は別として，自然環境の悪化は国内・国際いずれの領域においても人間の本能や欲望と密接に結びついた人間活動の結果であることはいうまでもない。人間の欲望や生産性の向上を背景とした人口の増加と，この人口増による経済活動やエネルギー資源の大量消費などの人間活動の活性化が，土地や河川・海洋さらには大気圏に負荷をかけ環境や生態系を悪化させ，逆にこの環境悪化と生態系の悪化がブーメランのように人間の生命・健康や人間社会そのものを脅かすことになるのである。この認識に立つと地球の温暖化やオゾン層の破壊あるいは河川・海洋の汚染という個別具体的な環境問題の根本には，人口問題とエネルギー問題が存在していることは明らかである（図 2-1）。

以上の視点から本章では，1800 年前後以降，西欧諸国が展開した第 1・2 次産業革命を重視しつつ，まず人口問題と人間生活との関連性を考察し，次に人

図 2-1　人口・エネルギー・環境問題の相互連関

学問・科学技術の発展→第1・2次産業革命→化石燃料の多用・資本主義経済の「発展」・経済活動の活性化→人口の急増・人口集中（都市問題の発生）・エネルギー問題の発生→自然環境への負荷の増大→環境問題の深刻化→地球の生態系の破壊，人間の生命健康への影響

間生活とエネルギー問題の関連性を確認し，最後に人口問題，エネルギー問題，環境問題の相互関連性を明らかにしていく（図2-1）。

1．人口問題と人間生活

人口問題といっても多面的であり，①人口総数，②人口が増減する速度（＝出生率の変化する速度），③人口の集中と分散の度合い，④年齢別人口構成，⑤男女の比率，の5つを考察することが必要である。しかし特に環境問題との関連を考察する場合には，①人口総数，②出生率の変化する速度，③人口の集中・分散度，の3つが特に重要である。

環境に負荷をかける最大の人口問題は人口総数であることはいうまでもない。今から10万年～5万年前までの時代における人類（ホモ・サピエンス）の祖先は高々1万人であったことが遺伝的証拠から明らかになっている[1]。紀元前4000年の推定人口ですら700万人で，地球人口が10億人に達したのは島国イギリスで第1次産業革命が進展しつつあった1815年であった。因みにこの年はヨーロッパ協調の出発点としてウィーン体制が構築された年として知られており，この協調体制の下でフランスをはじめとする西欧諸国が産業革命を展開した。紀元前4000年を起点とすると約6000年という長大な時間をかけて地球人口は約9億人増加し10億人の大台に乗ったことになる。問題はこの1815年から現在までの約200年で62億人が増加して，地球人口が約72億人に達したことである。9億人増加し総人口数が10億人になるのに6000年弱かかったのに，1815年以降たった200年で62億人が増加し72億人になったのである（図2-2）。人類が文字で歴史を記録するようになった有史時代（歴史時代）は地域によって異なり，今から3000年～2000年前といわれているが，この有史時代以降の

図 2-2　近現代における地球人口の推移

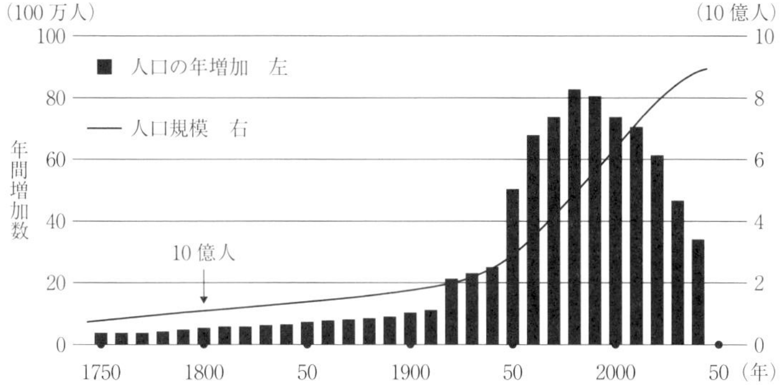

出所：滝田賢治「アメリカ覇権の終わりと多極化」『東洋経済：臨時増刊』2012年2月。国連人口基金『世界人口白書2011年』とWorld Population Prospects 2013年より作成。

2000年から3000年のうちたった200年で62億人が増加したことになる。より広く現代人の祖先としてのホモ・サピエンスの10数万年という気の遠くなるほど長大な歴史から見ると，ほんの最近の200年で**人口爆発**ともいうべき現象が起こったのである。

この200年の間の人口爆発と地球環境の加速度的悪化は19世紀における2次にわたる産業革命を背景とした資本主義的経済活動の結果であることは否定できない。より具体的には，西欧諸国で進展した第1・2次産業革命により食糧供給が飛躍的に伸びたことと，医療技術の発達により乳幼児の死亡率が減少するとともに平均寿命が延びたことである。産業革命が人口増大の契機であったという見方に対して反論もある。第1に産業革命以前にすでにヨーロッパでは人口増加傾向がみられた，第2に英仏などヨーロッパでは18世紀に温暖化が始まり，イギリスでは「農業革命」によって穀物の流通が始まり，第3にその結果，乳幼児の死亡率も減少したことが理由としてあげられることもある。しかし（図2-2）をみれば明らかなように，18世紀の人口増は微増ともいえるものであり，急激に増加するのは19世紀初頭以降である。

2018年段階で約75億人の地球人口は，国連による2013年の予測では2050

図 2-3　地球人口の将来推計

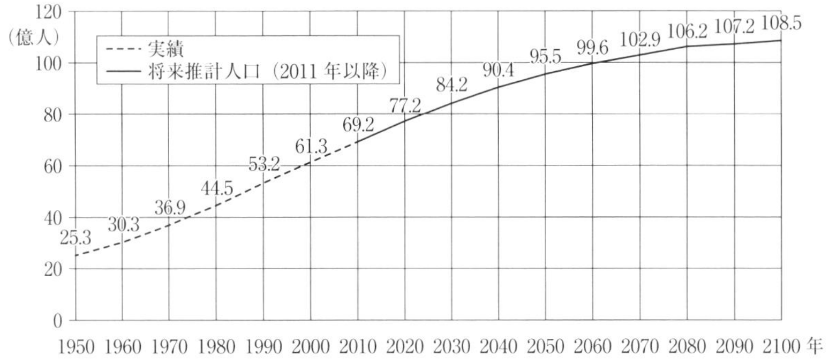

出所：UNFPA, World Population Prospects 2013.

年に 95.5 億人，2100 年には 108.5 億人へと増加するとみていたが，2015 年の予測では 2050 年には 97 億人，2100 年には 112 億人になると修正している（図 2-3）。地球人口が 100 億人を超えた場合，地球はこの人口を養うことができず，もう 1 つの地球が必要になるとの見方も現実味を増してきた。

100 億人といわずとも 75 億人もの人口が生存していくためには，まず衣食住のための膨大な量の物資・材料・動物が必要であるばかりでなく，これらを生産するためのエネルギーの供給も不可欠となる（エネルギー問題に関しては次節で検討する）。さらに時代と地域によって事情は異なるが，衣食住のための生産ばかりか医療や運輸（貨客車・レール・信号・電線・トンネル・橋梁）・通信（電話機・FAX・スマートフォン・パソコン・コピー機）などの機器・機械・装置・施設を製造したり，鉱物資源を採掘したりする生産活動も人間生活には不可欠である。先進国はもちろん新興国も「経済発展」や「豊かな国民生活」を実現するために天然資源の確保に狂奔するようになり――それはしばしば国際紛争や戦争の原因となってきたが――，2018 年には 8 月 1 日段階で地球が「赤字状態」（Earth Overshoot Day）となったと，イギリス最大銀行の HSBC が警告を発した。アース・オーヴァーシュート・デイとは地球が 1 年で再生産できる資源の量と，人間が消費した資源の量が同じになる日のことで，2018年には1年が終わるまでにまだ5ヵ月残っている時点で地球が「赤字状態」になっていることを示している[2)]。こうして人類は科学技術の「発展」を背景に自然環境への働きかけや生産活動により環境に負荷をかけ，「地球の赤字状態」と環境悪化を引き起こしてきたのである。

衣料についてみれば①植物繊維，②動物繊維，③化学繊維があるが，①の確保には広大な土地や大量の水・肥料が必要である。綿花・麻・ジュートなど植物繊維の中心は，生産量と用途からみると綿花であり，衣服や寝具に利用されるが，人口増大による需要拡大に対応するため生産量を拡大しようとすると広大な土地や肥料を必要とし，本来ならば二酸化炭素を吸収するはずの広大な森林を破壊し綿花畑にするため，**二酸化炭素吸収の機会を奪う**負の効果をもつ。綿花栽培では必ずしも大量の水を必要とするわけではないが，ソ連時代，中央アジア諸国ではアムダリア川やシルダリア川などから水を引いて灌漑を行い綿花栽培を進めたため，アラル海に流入する水が無くなり，アラル海は数年後に消滅する可能性が高まっている。綿花栽培生産大国のインド・中国・アメリカなどでも同じような現象が起こっている。

②には羊毛・絹・カシミアなどがあるが，その中心は何といっても羊毛であり，羊を放牧するためには森林を開墾して広大な牧草地を確保する必要があるため**二酸化炭素の吸収を阻害**する上に，羊は牛と違って草の根まで食べてしまうので草原の**砂漠化**を引き起こしてきた。

③は石油を原料としているため，石油採掘段階ばかりか繊維生産段階でも**二酸化炭素排出**と**大気汚染**を引き起こす可能性が残っている（石油由来の製品を製造する過程で発生する有害物質については次節で確認する）。

食料は①農産物，②畜産物，③海産物が中心で，環境に負荷をかける可能性の高いのはまず①であり，次に②といえる。①農業は化学肥料の散布による環境汚染を除けば，一般的には環境に優しい分野と認識されているが必ずしもそうではない。もともと河川流域の平地で農業を行う場合には環境への負荷は少ないが，人口増大につれて森林を伐採・破壊したり元々平原であった土地を開墾し灌漑を行い農地造成したり，海や河川を干拓して農地を造成したりする場合には，**二酸化炭素吸収の機会を減少**させ**水質汚濁**や**海・河川の生態系の破壊**をもたらすこともある。天候・環境の影響を受けやすく，生産性を上げるために使用される化学肥料による土壌汚染もあるため，環境保全型の植物工場（完全制御型・太陽光利用型）[3] も生まれている。「農業の工業化」[4] としても植物工場は相対的に環境に優しいが，工場の維持にコストが掛かる上に規模の拡大には制約があるので，人口が増大したり人口が集中したりすると対応できない。

②畜産業は牛・豚や羊・山羊などを対象としているが，産業という意味では牛・豚が中心である。人口増大や経済成長に伴い牛肉・豚肉を中心とする畜産物への需要が急拡大してきた結果，飼料用穀物と「二重の意味で」膨大な水が消費されることになる。食用牛にせよ乳牛にせよ，放牧して牧草を飼料とさせるグラスフェッド（grass-fed）と牛舎で小麦・大麦・トウモロコシ・大豆などを飼料として与えるグレインフェッド（grain-fed）の２通りの方法がある。前者の場合には広大な土地が必要であり，需要拡大に対応するために新たに森林を切り開く場合，本来ならば森林が吸収するはずの**二酸化炭素が吸収されない**ことになるばかりか，牛のゲップが**二酸化炭素を排出**するため，人口増と需要増（＝欲望の増大）に対応する放牧の拡大――資本の論理ともいえる――が**温暖化の一因**となっている。豚の場合にもトウモロコシを主体に小麦・大豆・大豆カスなどが飼料として使われるが，牛のグレインフェッドと同じく人間の食糧となるべき穀物が牛・豚の飼料となっていることになる。経済的に発展した国々における消費者達の肉食への欲望が，貧しい国々の食糧不足・栄養不足を引き起こしているという面は否定できない。人間の肉食への欲望が抑制されれば，世界の食糧不足は解決するという指摘もされてきた。牛・豚の飼料に共通する問題であるが，飼料は大部分がアメリカ・アルゼンチン・ウクライナ・ブラジル・オーストラリアなど少数の国[5] からの輸入で，輸入飼料に含まれる**窒素化合物**は牛・豚の糞尿や人間が消費した後に残した肉が土壌に蓄積され，さらに

降雨によって河川・近海に流出して**富栄養化**[6]を引き起こし，陸上・海洋生態系を破壊する可能性がある。

飼料が引き起こす環境汚染とともに，大型の食用動物である牛・豚が消費する大量の水問題がある。前述した「二重の意味で」の水とは，直接，牛や豚が飲む水以外にこれらの動物が食べる飼料に「仮想的に含まれる」水であり，ヴァーチャル・ウォーター（仮想水）[7]と呼ばれているものである。牛・豚に与えられるトウモロコシ・大麦・小麦・大豆などを栽培するには膨大な水が必要であり，これらの飼料には仮想的に水が含まれているという発想から指摘されるものである。この考えに立てば人間が牛肉・豚肉を食べる場合，「二重の意味で」大量の水を消費していることになる。全体としてみると肉食する人口が増えれば増えるほど，食糧不足の人々にまわされるべき大量の穀物を食べ，膨大な水を消費していることになるばかりでなく，人間の欲望に基づく大量の肉食は，大気中に**二酸化炭素を排出**し，**河川・海洋の生態系を乱す**ことになるのである。

③の海産物生産に関わる漁業は，国・地域により魚種・海産物ごとに捕獲方法が異なるため，海洋環境に負荷をかけているとか海洋汚染と関連があると直ちに断定することはできない。しかし人口規模が大きく経済成長率が高い国々では，資源保護を無視して大量の魚や海産物を一網打尽に捕獲することが常態化し――多くは夜間に領海侵入して操業する違法操業――**漁業資源の枯渇化**を進めている。こうした事態に対してクジラやマグロなど一定の魚種に関して国際的な規制の枠組み――例えば，国際捕鯨取締条約・マグロ条約[8]など――が作られているが，必ずしも厳守されていない[9]。世界的に消費者の海産物への需要が高まってきているものの，国際的規制が厳しくなってきているので海面養殖が盛んになっているが，マグロに関しては完全な養殖ではなく「蓄養」である。これは海で捕獲したマグロを生簀で育て，高値で売れるトロ（脂）を確保するため餌を多量に与えて大きく育てるので，食べ残した餌や排泄物が海を汚染し深刻な環境問題となってきている。これに代えて天候や環境に左右されず魚介類を育てる陸上養殖（「漁業の工業化」）が日本ばかりか欧米でも盛んにな

ってきた。

農産物・畜産物・海産物を原料・材料とした食品工業は，瓶詰・缶詰製造技術の発展に伴って成長してきたことは今更いうまでもない。その製造過程で出される**廃棄物**や**賞味期限を過ぎた瓶詰・缶詰の廃棄**（おおよそ2～3年）が環境汚染を引き起こすケースもしばしば報道されている。また冷蔵庫の出現と加熱殺菌技術・冷凍技術の発展により，レトルト食品（加熱殺菌済み加工食品）や冷凍食品も一般的になっている。冷蔵庫は長いこと冷媒としてフロンを使用していたが，フロンが**オゾン層を破壊す**ることが明らかになったため現在では広く**代替フロン**を使うようになり，これも温暖化効果を持つため2002年以降，日本で始めたイソブタンを使う冷蔵庫が主流になってきた。またレトルト食品や冷凍食品は食生活を豊かにしてきたが，これらの食品そのものの問題点は別にして食べた後に包装材とプラスチックなどを分別しないで廃棄することにより環境への負荷をかける可能性がある。レトルト食品の内側はポリプロピレン，外側はポリエステル合成樹脂とアルミ箔を積層加工（ラミネート加工）したフィルムでその材料の多くは石油由来であり，分別しないで廃棄すると土壌・水質汚染を引き起こす。プラスチック製品の代表例であるペットボトルも，石油由来のPET（ポリエチレンテレフタレート）でできており，リサイクルされるのは集められた量の10%以下という推計もあり，残りは焼却されるかそのまま土の中に埋められることになる。焼却されると有害ガスである**ダイオキシン**が発生するし，土の中に埋められた場合は分解されずに半永久的に残ることになる。これらの究極の**大気汚染・土壌汚染**を避けるため，最近では生物由来のバイオマスプラスチックが普及し始めている。

住宅は世界各地の自然条件によりその形式は様々である。丸太で骨格を作り藁で屋根を葺き土壁を外壁にしたもの，丸太と板で屋根を作りスレート（粘土質を含む粘板岩）でこれを覆い日干し煉瓦で外壁を作ったものなど，簡素であるが解体しても自然に還元できる**環境に優しい**（environmentally friendly, eco-friendly）住宅が熱帯・亜熱帯地域には多い。寒冷地でも地域によって様々な構造と建材を使った建物があるが，外壁や屋根に断熱材を使ったり二重構造にした木造造り，あるいは鉄筋コンクリート造りが多い。寒冷地域の住宅問題は**エネルギー問題**と密接に関連していることが特徴であり，暖房装置が不可欠である。伝統的には薪ストーブや**化石燃料**である石炭・石油を燃料とする暖房装置（暖炉・ストーブ・ボイラー・オンドルなど）を使ったりしているが，近年では地域集中暖房システムや電気・ガスを使う床暖房も広がっている。地球上の寒冷地における正確な人口動態は不明であるが，仮に一定であるとしても化石燃料や原発ではない，二酸化炭素排出とは無関係な**自然再生エネルギー利用**や**バイオマス発電**導入の動きも世界的に広がりつつある。

先進国では人口集中が激しく大都会では高層ビルやタワーマンションが大量に建設されるため，大量の鉄骨・鉄筋やセメントなどが必要とされるが，前者の原料である鉄鉱石と後者の石灰石を採取する段階ですでに**粉塵**や**排水**を多量に排出するばかりでなく，**膨大な電力**を必要として環境に負荷をかける。さらに建設現場に搬送する過程でもトラック・トレ-ラーが**排気ガス**を出すとともに，建設現場自体でも**膨大な電力**を消費し**粉塵**や**廃材**を生み出す。ビル建設はその原材料の確保から建設過程に至るまで環境に負荷をかけることは避けられないばかりか，建設後に入居者が入った後にも**深刻な環境悪化**を引き起こす。

人口増大と人口集中の結果，地価や家賃が高騰するため，先進国の大都市ばかりでなく途上国の首都では高層ビルやタワーマンションが建設されているが，上記以外の問題も明らかになってきている。①これらが林立する地域では従来から存在していた低層住宅の景観や日照が奪われるばかりか，**電波障害**，**風害**が多発し住環境を破壊する。②ビジネス街に建設される場合は別として伝統的な住宅街に建設される場合は，**地域コミュニティが破壊**される傾向が強い。新規住民は伝統的な地域コミュニティに溶け込まず，街づくりに協力的でない場合が多く，タワーマンション内部でも管理組合の理事会が成立しないため，建設会社の子会社の管理会社が収益目的のためだけに管理を代行し地域社会との協働が疎かになりがちである。比較的新しい建築物ならば問題ないとしても，古くなった時に大規模に修理したり，建て替える際には大きな問題が発生する。

住民自身による理事会が成立していないと合意形成ができず，できたとしても膨大な修理費や解体費用を確保することが不可能となる。低層マンションならば行政当局との話し合いにより容積率を緩めてもらい，より高層化して，この分を販売することにより解体・建築の費用を確保することができる。③これら広い意味での環境悪化ばかりか，30 階・40 階のビル・マンションで生活すると特に幼少児は心理不安になったり，風の強い日には揺れるため大人でも精神的に問題を抱えるケースも生まれる。**高層マンション症候群**と呼ばれるものには，揺れによる精神的ストレス，屋外に出る機会が減ったりコミュニケーション不足に起因する孤独感の増大，これらと関連していると思われる流産の可能性の高まりなどが指摘されている。④特に地震多発国・地域ではこれらの建築物が倒壊しなくても若干傾くだけでエレヴェーターが動かなくなったり，水道が使えなくなる可能性が指摘されている。ごく最近の研究では長周期地震動により倒壊する可能性も指摘され始めている。この種の建築物が倒壊した場合の被害は想像を絶することが予想される。

近年では ISO14001（環境マネジメントシステム）を取得し，建設資材の安全性や建設現場の環境保全をアピールする企業も現れてきている。環境問題への社会的関心の高まりが，利潤追求する場合にも一定の社会規範の追及が求められるようになった。とくに株式を上場し海外事業を展開しているような大手ゼネコン・建設業者は，SRI（Socially Responsible Investment: 社会的責任投資）や CSR（Corporate Social Responsibility: 企業の社会的責任）あるいは最近では ESG（Environment, Social, Governance: 環境・社会人権・ガバナンス）という国際的規範に無関心ではいられなくなっている。

人類が生存する上で最も基本的で不可欠な衣食住は，人口総数が大きく，かつその拡大の速度が速い場合，これら 3 つのいずれの分野でもますます多くの**ゴミ・廃棄物・排水**が発生することは避けられず自然環境（陸地，河川・海洋，大気圏）を加速度的に悪化させることになる。環境への負荷を軽減するためには，まず**人口増を抑制する**とともに**人口の分散**を図ることが喫緊の課題となる。

衣食住に関わる物資・材料の生産ばかりでなく，通信・運輸などの社会インフラ（航空機・鉄道・高速道路・下水道管・ガス管・電線・自動車・電話機・スマートフォン・パソコンなど）や家電製品（電気洗濯機・エアコン・TVなど），生活関連必需品（システムキッチン・ガス台・家具・化粧品・石鹸・洗剤など）あるいは医療関連（レントゲン・MRI・医薬品など）などの工業製品・機器類・装置を製造する生産活動や鉱物資源を採択する生産活動も，経済成長に伴い活発になり環境悪化を招いてきた。人口が増大し人口ボーナス[10]状態にある国々ではこれらの生産活動がより活発になり，人々の健康や環境より企業利益や労働者の収入が優先される結果，**公害問題**が多発する傾向が強い。同時に経済成長期には膨大なエネルギーが消費されることによっても**公害問題**が発生する。

2．人口増大とエネルギー問題

膨大な人口総数の存在は，技術革命・技術革新を背景に活発な経済活動を引き起こして経済成長をもたらし，様々な局面で様々な形の環境問題を発生させるが，経済成長によって豊かになった**中間所得層**はより多くのエネルギーを消費するようになり，同時に活発な生産活動も多様なエネルギーを大量に消費することにより環境に負荷をかけることになる。

ヨーロッパにおいて展開された産業革命以前のエネルギー源は，風力（風車）や水力（水車），あるいは植物（木材）を原料にして作られる薪や炭，さらに菜種油や鯨油などの**1次エネルギー**であり，**環境に優しい**ものであった。しかし19世紀における2次にわたる産業革命以降は石炭・石油という化石燃料が1次エネルギーの主流となった。19世紀後半には**2次エネルギー**としての電気（水力・火力［石炭・石油による］）が，さらに第二次世界大戦後には**核燃料**を使った原子力発電による電気が出現した[11]。

19世紀前半に発達した蒸気機関は石炭をエネルギー源としていたため**二酸化炭素**（CO_2），**窒素酸化物**（NOx），**硫黄酸化物**（SOx）を空気中に排出して大気汚染の原因となっていた。しかし同時に，蒸気機関車や蒸気船により多くの物資や人・動物を運搬することにより経済発展に「貢献」し，**人々の大都市への集中**を促すとともに海外貿易や海外移住を促す効果を持った。第2期グローバリゼーション（近代グローバリゼーション）[12] を促進する要因となったといえる。グローバリゼーションは環境に負荷をかけながら進行したといえる。

19世紀後半に実用化された内燃機関は当初はアルコールを燃料としていたが，石油が大量に採掘されるようになるとこれが主流となっていったため，**石油が「経済の血液」**として産業資本主義の維持・発展には不可欠な物質となった。石油はまず精製過程で膨大な有害物質を排出する可能性があるため，先進国ではこれらの物質の排出を最小とするための措置がとられるようになってきた。精製過程では原油タンクから加熱炉・常圧蒸留装置・触媒転換装置・コーカー（残油を熱分解する装置）などを経て各種の石油製品（LPガス・ガソリン・灯油・軽油・重油）[13] が製造されるが，この過程で硫黄酸化物，窒素酸化物，硫化水素他，煤塵，重金属（ニッケル・バナジウムなど）が排出されるため，まず第1に硫黄分や窒素分の少ない燃料を使い，第2に排煙脱硫装置や排煙脱硝装置，電気集塵機を導入することにより有害物質の排出を極力減少させようとしている[14]。さらにこれらの石油製品が燃料や原料として使われる際にも脱硫装置などが設置されていても一定量の有害物質の排出は避けられない。人口増加を抑制し，経済成長率を緩やかにし，さらに集中している人口を分散させることが環境への負荷を減らすためには不可欠である。

しかし現実問題として人間生活と経済活動において1次エネルギーである石油は，自動車のガソリン（ディーゼル車の場合は軽油）として特に不可欠なものとなっている。かつては一酸化炭素（CO），二酸化炭素（CO_2），窒素酸化物（NOx），硫黄酸化物（SOx），あるいは粒子状物質（PM→粒径が2.5μm以下のものをPM2.5）などの排気ガスを出して大気汚染を引き起こしていたが，現在ほとんどの先進国では無鉛ガソリンとなり完全に**無鉛化**し，さらに脱硫装置により有害物質の放出は少なくなっている。とはいえ完全に有害物質の無害化はできず**大気汚染**を引き起こしており，同時に**温暖化の原因**とされている二酸化炭素の排出も完全には防止できないため，先進国を中心に**電気自動車（EV）**へのシフトが急速に進んでいる。2017年7月，ヨーロッパでは英仏政府がガソリン・ディーゼルエンジンで動く内燃機関自動車の販売を2030～2040年に禁止する方針を打ち出した。同月，ドイツ連邦参議院[15)]も2030年を期限として同じ内容の決議をした。オランダやノルウェーでも2025年以降，同じような措置をとる動きが加速している。もともと環境問題に厳しいアメリカのカリフォルニア州でも100% CO_2 を排出しない自動車の生産をメーカーに求める「**ゼロ・エミッション・ヴィークル（ZEV）**」政策を強化しつつある。この動きを先取りするかのように中国政府は，2019年から自動車メーカーが生産・輸入する乗用車の10%を，電気自動車（EV）・プラグインハイブリッド車，燃料電池車などの新エネルギー車（NEV）とすることを義務付けると2017年9月に発表した[16)]。

1880年代中葉，ドイツのベンツにより実用化された内燃機関を駆動力とする自動車は，20世紀初頭以降，アメリカでフォード車（T型車）が爆発的に売れることにより大衆化していった。これ以降，モータリゼーションはヨーロッパではなく広大なアメリカで急進展していき，公共鉄道は衰退していった。19世紀後半，内燃機関は蒸気か電気で駆動していたが20世紀初頭以降，中東やアメリカで大規模油田が発見・開発され石油が相対的に安価になったため石油（ガソリン）が不可欠な燃料となっていった。それから約120年の間，石油は自動車ばかりか鉄道・航空機・船舶・戦車などにとって不可欠な物資となり，さらに様々な石油化学製品の原料となっていった。20世紀が「石油の世紀」といわれる所以であるが，石油が「資本主義経済の血液」となったため，石油は世界各地で多くの紛争や戦争を引き起こす「元凶」となったばかりでなく，地球環境問題の中心的存在となったのも事実である。しかし現在，**新エネルギー車**（電気自動車や燃料電池車など）が実用化しつつあるため，「**内燃機関の死**」とか「**ガソリン車の終焉**」という表現が新聞や雑誌に登場するようになっている。では果たして石油生産は消滅するのか。石油は内燃機関の燃料としてばかりでなく，ガスレンジや石油ストーブの燃料，あるいは日常生活で広く使われている各種の石油化学製品の原料，さらには火力発電に使われており，当面，脱硫装置などにより有害物質の大気への排出を極小化しつつ使用せざるを得ない。

世界的にガソリン車が消えていくということは原油価格が下降することを意味し，自動車以外の分野で利用される場合にはコストパフォーマンスが高くなる。同時に，石油がピークアウトする可能性も指摘されるようになってきたが，オイルシェール・オイルシェールガス，シェールオイル・シェールオイルガス，オイルサンド（タールサンド）などが技術的に採掘・処理できるようになってきたので，これらが石油代替エネルギーとなることが期待されている[17)]。しかしこれらの資源も採取する際，必要とされる膨大な量の**水が有害物質を含む**ばかりか**膨大な廃棄土砂**が発生したり，熱分解する際に**有害物質**が排出する可能性を排除できない。

いずれにしても化石燃料は，その採取過程と利用する過程の両方で様々な有害物質を排出して大気と水質を汚染し，さらに人間の健康を害することは避けられないことが新エネルギー車へのシフトを加速しているのである。当面，電気自動車（EV）へのシフトが主流となるが，中期的にはEVと水素を利用する**燃料電池車**（FCV = Fuel Cell Vehicle）が併存し，最終的にはFCVが主流になる可能性が高い[18)]。EVはエンジンではなくモーターを採用しており，自ら発電するのではなく蓄電池に電力を蓄えておき，その電力を使ってモーターを駆動させる。エンジンが不要となることでEVは組み立てる形となるため，既存の自動車メーカー以外の分野からの参入が容易となり業界地図が大きく変わることになる。

人間生活と経済活動にとって2次エネルギーである電気は，現代ではある意味，自動車以上に重要な要素であることは言うまでもない。2次エネルギー資源である電気を発生させる方法＝発電方法には，1次エネルギー資源による枯渇性エネルギー（火力・原子力発電）と，自然界に存在するエネルギー資源を利用する再生可能エネルギー（水力・風力・太陽光［熱］・地熱・波力・潮力・水素・バイオマス発電）によるものとがある（図2-4）。

図 2-4　発電方法

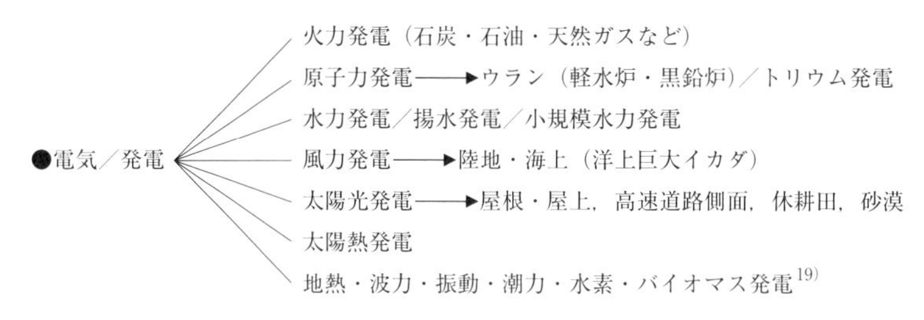

表 2-1　主要国の電源別発電電力量の構成比（2014 年）

	石炭	石油	天然ガス	原子力	水力	その他
世　界	40.8	4.3	21.6	10.6	16.4	6.3
中　国	72.6	0.2	2.0	2.3	18.6	4.3
アメリカ	39.7	0.9	26.9	19.2	6.1	7.3
ロシア	14.9	1.0	50.2	17.0	16.6	0.4
インド	75.1	1.8	4.9	2.8	10.2	5.2
日　本	33.7	11.2	40.6	0.0(注1)	7.9	6.5
カナダ	9.9	1.2	9.4	16.4	58.3	4.9
ドイツ	45.8	0.9	10.0	15.6	3.1	24.5
フランス	2.2	0.3	2.3	78.4	11.3	5.6
ブラジル	4.5	6.0	13.7	2.6	63.2	9.9
韓　国	42.4	3.2	23.9	28.7	0.5	1.3
イギリス	30.4	0.5	30.0	19.0	1.8	18.5
イタリア	16.7	5.1	33.7	0.0	21.1	23.5

（注 1）2014 年段階で日本の原発依存度がゼロとなっているのは 3・11 以後，全ての原発が稼働中止していたためである。
（注 2）網掛けは第 1 位の電源，枠は第 2 位の電源。
出所：電気事業連合会「原子力・エネルギー図面集　2016」

国と時期によって電源構成比率は異なり，かつそれぞれの国の自然条件や人口総数・集中度などの社会条件に左右されている様子が見て取れる。主要国では現在でも枯渇性エネルギーが中心となっている（表 2-1）。枯渇性エネルギーの中でも石油への依存度が極めて低いのが特徴で，世界的に見ても石炭・天然ガスが大きな比重を占めており，脱硫装置などの対策がとられていても大気汚染をゼロにすることは困難で，温暖化を引き起こす二酸化炭素の排出も防止し

表 2-2 電源別の二酸化炭素排出量（g-CO_2/kwh）

		発電燃料燃焼時の排出量	設備維持・運用時の排出量
火石燃料	石炭火力	864	79
	石油火力	695	43
	液化天然ガス	476	123
	液化天然ガス混合	376	98
	原子力	——	20
再生可能エネルギー	太陽光	——	38
	風力	——	25
	地熱	——	13
	水力	——	11

出所：電力中央研究所資料に基づく「再生可能エネルギー」「東京新聞」2012 年 7 月 1 日

得ていない（表2-2）。特に石炭火力への依存度は世界的に見ても顕著であるが，二酸化炭素排出量も突出している。燃費効率の高さと他の化石燃料に比べて安価であることが背景にあるが，温暖化を抑制するためには石炭火力への依存度を大幅に低下させることが喫緊の課題であろう。石炭価格に比べ割高ではあるが，燃費効率も高く輸送・備蓄が容易であり二酸化炭素排出量も相対的に少ないため先進国では液化天然ガスへのシフトが盛んである。枯渇性エネルギーの中の原子力（核燃料）の比重の高いのはフランスと韓国であるが，特にフランスの原発依存度は突出している。再生可能エネルギーの中の**水力**の比重の高いのはブラジルとカナダであるが，両国とも広大な山岳・森林地帯と大河を有していることが背景にある。原子力発電は確かに二酸化炭素の排出は極めて少ないが，使用済み燃料は最終処分できずに原発・核燃料施設・研究施設などに「一時的に」保管されている。岩盤の堅い地層で保管する方法もあるが，その安全性は確認されていない。また原発事故が発生した場合の被爆をはじめとする被害は筆舌に尽くし難いものとなることはスリーマイル島事故，チェルノブイリ原発事故，福島第 1 原発事故を見れば明らかである。その上，原発事故の場合はもちろん，事故を起こしていない原発でも耐用年数はおおよそ 40 年くらいであり——ほとんどの国では法的耐用年数（寿命制限）はない——，いずれの場合にも廃炉作業には長大な時間と膨大な費用が掛かる。1965年に稼働し始めたイギリス・ウェールズのトロースフィニッド原発は，事故によるのではなく当初の計画に従って1991年に稼働を停止させ93年から廃炉作業に入った。95年に原子炉内の使用済み燃料（燃料棒）を取り出したが，圧力容器周辺や中間貯蔵施設内の低レベル放射性物質の放射線量は依然高く，2026年に作業を一時停止し，放射線量が下がるのを待って2073年に廃棄物の最終処分などの廃炉作業の最終段階に着手するという[20]。トロースフィニッド原発の出力は23,5万kwであったが，福島第1原発は6基合計で約470万kwに上り廃炉作業には想像を超える時間と費用が掛かることが予想されている。2013年6月下旬，日本政府と東京電力は，燃料棒を取り出した後の原子炉建屋解体などの廃炉作業には最長40年かかると想定しているとの認識を示したが，トロースフィニッド原発の事例から見ると実に楽観的な想定である。

おわりに――暫定的結論――

人間生活を持続的に営むために必要不可欠な衣食住問題，大気汚染と地球温暖化を引き起こすガソリン自動車問題，さらに衣食住と経済活動に直結する発電問題のまさに「問題点」を検討してきた。冒頭でも指摘したように，歴史データから見ると18世紀後半から19世紀にかけてヨーロッパで展開された第1・2次産業革命が，人口の急拡大と工業化，そしてこれら2つに伴う化石燃料使用――**第2次エネルギー革命**[21]――の増大による二酸化炭素や有害物質の排出の契機となったことは疑いない。地球環境問題の出発点は2次にわたる産業革命にあるといっても過言ではない。2次にわたる産業革命はこれを達成したヨーロッパ諸国によるアジア・アフリカ地域の植民地化を促進して，この地域の希少金属や鉱物資源を自国の資本主義的経済「発展」に利用し，徐々に環境問題を生み出していったのである（図2-5）。

人類の生存・存続を前提とする限り，人類の生存を脅かしかねない環境悪化

図 2-5　環境・人口・エネルギー問題の相互関連

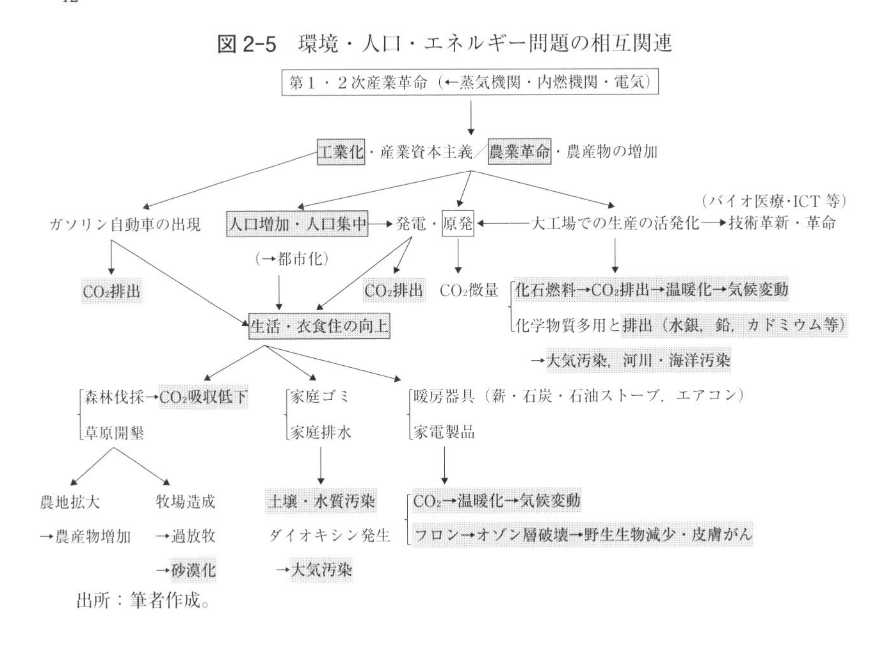

出所：筆者作成。

は避けられないという矛盾に我々は直面している。人類が存在していてもその社会が農耕社会であったならば，農業生産そのものも一定程度は環境破壊を伴うとはいえ循環型社会であるために環境悪化の速度は緩やかであったはずである。しかし人類は18世紀後半から19世紀にかけて西ヨーロッパを中心に，産業革命を展開し，その結果として産業資本主義という経済システムを「発展」させてきた。このシステム（とその中での絶えざる技術革新）と人間の本能や欲望が結合して人口増加と人口集中（大都市化）が可能となり，それが生産性向上の表現としての経済成長を支え，逆に経済成長が人口増加・集中を可能にしてきた。この過程で20世紀初頭以降に徐々に登場してきた各種メディア（新聞・雑誌・広告・ラジオ・TV・インターネット・スマートフォンなど）が消費者の欲望を刺激することにより，さらに消費を促す結果となってきた。今更言うまでもなくこのシステムは，①資本，②労働（力），③原材料，④技術，⑤市場の5つを不可欠な生産要素としており，これらの間の循環が維持されることが不可欠であるが，メディアにより刺激された消費者の欲望もこの循環を可能にした。日米をはじめとして先進資本主義国のGDPのほぼ60%が個人消費であることがそれを裏付けている。しかしこの循環は，膨大な鉱物・農産物・畜産物・魚介類の採取・加工・製品化とそのためのエネルギー消費・運搬，さらには衣食住を中心とした生活向上のためのエネルギー消費を不可欠とし，結局は大気汚染と水質汚染を中心に環境悪化をもたらしてきた。

人間の本能や，特に若年層の消費意欲を無視・否定することはできないことを大前提として，どうすれば環境への負荷を軽減することができるであろうか。米仏を除く先進資本主義国では徐々に少子高齢化が進んでおり，この現象が持続的社会の発展を阻害しているという批判が世界的に一般化している。果たしてそうであろうか。人口増加は一時的に経済成長を促すが，その速度が速ければ速いほど当該社会の格差の増大を含む社会的矛盾と環境悪化をもたらし，社会不安・経済不安を引き起こす。人口構成において生産年齢層が厚ければ厚いほど人口ボーナスといわれるほど，経済成長をもたらす。しかしこれも一時的であり，やがて「中進国の罠」[22] に陥ることになる。

人類が自らの依って立つ基盤ともいえる地球環境を持続的に維持していくためには，①人口増加を抑制すること，②漸増的な低成長を維持すること，③量の拡大よりも質の向上を目指すこと，④集中している人口を分散させて多極分散社会を目指すこと，意外に方法はない。①に関しては学校教育・社会教育によりバースコントロールを徹底させ，一組の夫婦・パートナーが2～2.5人程度の子供を産み育てることを社会目標とすれば，極端な少子化も人口増加も回避できる。途上国では子供を労働力とする多産型社会もあるが，児童労働自体が国際規範に反するばかりでなく，教育の機会を奪い，結局は社会停滞を深化させるだけである。②と③は通底することであるが，ゼロ成長やマイナス成長は人材育成や技術革新を阻害するので，1～2%の低成長を目標として環境悪化を緩和することが喫緊の課題である。④は大気汚染・水質汚染を解決するばかりでなく，住環境の劣化を防ぎ，自然再生エネルギーを導入するには避けて通れない道である。ニューヨーク，ロンドン，パリ，上海，東京をはじめとする世界の大都市とその周辺の人口は1,000万人以上が生活しており，現在生活にとり不可欠な電気を化石燃料でもなく原発でもない，環境に優しい自然再生エネルギーに転換するためには人口分散が唯一の解決方法である。確かにこれらの巨大都市（メガポリス）とその周辺には膨大な人口が居住し，企業・工場ほか様々な経済活動を展開しており，高層建築物も林立している。これらを結ぶ公共交通網も網の目のように張り巡らされており，これらに電気を供給する場合，化石燃料は温暖化ガスを排出し，原発は事故の場合は放射能汚染により「領土喪失」につながる。事故を前提としないなら，原発ほどクリーンでパワフルな電源はないため，近視眼的に原発依存に傾斜しやすいのは世界の潮流かもしれない。特に短期間で高度経済成長を図ろうとする国家・政府は原発増設に必死である。「魔性の原発」ともいえる。しかしスリーマイル島事故，チェルノブイリ事故，そして福島第１事故を見れば，いったん事故が発生すると気の遠くなるように長い時間，放射能に汚染された地域には立ち入れず，かつては自然豊かで伝統文化の根付いていた地域が失されることになる。さらに地震多発地域・国家はリスクの最小化と安全保障のためにも人口分散が必要である。すでに出来上がった人口集中地域の人口を分散することは極めて困難なことも明らかである。中長期的計画により人口を分散させるとともに，ハード・ソフト両面の新しい産業をインターネット・高速鉄道・高速道路でリンクした各地に根付かせることも課題である。

日本に関していえば，国土の85%が山岳地帯であり水力発電・揚水発電・小規模水力発電の可能性を再検討することが課題である。図2-4にみるように，発電方法は多様であるが，より具体的に電気事業には様々な問題点がしてきされている。その第１は日本でも見られる地域独占体制の固定化であり，自由化（独立事業者，自前発電，固定買い取り制）を進める必要がある。第２に発電・送電を一体化するために発送電を分離したり，電気の効率的な利用を可能にするスマートグリットを導入する必要がある。第３に蓄電地の大容量化を進めるためにリチウムやこの代替物質を実用化したり，電気自動車を一種のミニ発電所として，これとの共生を図る必要もある。さらにより根本的には，スマート・シティの建設を促進したり，人口・生産拠点の分散を引き起こす可能性の高い地方分権・道州制を導入して，エネルギーの地産地消を追求すべきであろう。経済効率第1主義に基づけば，原発維持・導入への誘惑に駆られるが，核廃棄物の最終的処理は不可能である上に，原発事故が発生した場合には福島第1原発事故で経験しているような広大な国土・自然・歴史の喪失の悲劇を味わうことになる。

1）アラン・ワイズマン『滅亡へのカウントダウン（上）』88-89頁，ハヤカワ・ノンフィクション文庫，早川書房，2017年

2）この日がいつになるかはGlobal Footprint Network（GFN）が毎年計算しており，算出し始めた1970年のオーヴァー・シュート・デイは12月29日だったが，それ以来毎年早まってきている。Trevor Nace, Forbes Japan, August 16, 2018

3）一般的には，①自然光または太陽光などの人工光を光源とし，②二酸化炭素を注入し，③温度・湿度を制御し，④養液栽培により農産物を生産するもの。太陽光を利用する場合には光熱費を低く抑えることができ，気候の影響を受けづらいので年間を通じて安定的に生産・供給でき，病害虫・病原菌の侵入がほぼないので駆除する農薬散布が不要で環境にも優しい生産方式である。しかし植物工場を建設するための初期投資は高額である上に，採算の取れる農産物の種類は限られているという制約もある。

4）農業は，①土地・土壌（蓮栽培のように沼地も含む）を利用し，②食糧・食料ばかりか衣料用原料（綿花は衣料用となるとともに綿実油は食用となる）や工業用原料（麻・ジュート）のための植物を栽培するものであるが，③土地・土壌の地質や地理的条件（塩害の可能性のある沿岸部か，山の傾斜地か，河川沿いの平地かなど），天候・気温・湿度などの自然条件などに左右され，④栽培のための時間という条件に拘束されるものである。農産物をそのまま販売しても付加価値がつかないので利潤の蓄積は薄いので，農業者自身が付加価値を付けないと自国の工業セクターや海外の工業国に「搾取」されることになる。工業は，①原料・材料（鉱物・植物・動物など）を加工して製品・半製品を製造して付加価値をつけ利潤を厚くすることが可能であり，②自然条件と時間に左右されないという利点があるが，③原料を加工していく過程で有害物質や産業廃棄物，汚染排水を生み出し環境汚染につながる可能性は避けられない。

5）日本貿易会「日本の飼料穀物輸入主要相手国マップ」2011～2012年

6）富栄養化は農業・酪農や工業製品製造に伴う排水や下水により，水中の窒素化合物や燐などの濃度上昇を意味する。富栄養化は生態系の中の生物を減少・死滅させ，海洋では赤潮を引き起こす。

7）嘉田由紀子編著『水をめぐる人と自然』有斐閣選書，2003年

8）マグロ条約とは，①大西洋マグロ条約，②南マグロ保存条約，③中西部太平洋

マグロ類条約など5つの条約・協定の総称。

9）WWF（World Wide Fund for Nature: 世界自然保護基金）は，その一例として①中国船によるメバチマグロの原産地偽装，②日本船によるミナミマグロの過剰漁獲，③台湾船によるメバチマグロの原産地偽装，④地中海におけるクロマグロの違法漁法などを指摘している（http://www.wwf.or.jp/activities/2009/01/624730.html）。

10）人口ボーナスとは，一国の人口構成で生産年齢（15～64歳）の人々が多い状態をいう。生産年齢層がそれ以外の年齢層の2倍以上となった状態という定義もある。この生産年齢層が多いと労働力が大きく経済成長を加速し，生産財と消費財が急拡大する。しかしこの段階を過ぎると少子高齢化に向かう傾向が強い。

11）拙稿「資源・エネルギー問題」滝田・大芝・都留編『国際関係学（第2版）』2017年，有信堂

12）グローバリゼーションの定義は多様であるが，「人・モノ・金・情報・サービスが，以前の時時代よりも，より速く（＝より短時間で）より大量にその結果より安価に，国境を越えて移動する現象」としておく。さらにグローバリゼーションは時代によっていくつかの段階を経てきたものと理解すべきであろう（以下の表を参照のこと）。

グローバリゼーションの時期区分

グローバリゼーションの段階	時期	駆動力	結果	マクロ的傾向
第1期（初期グローバリゼーション）	大航海時代（15世紀末～16世紀初頭）～19世紀初頭	羅針盤・望遠鏡・造船技術・航海技術 国王・冒険家・宣教師	パラダイム・シフト 地球規模の航路の発見	西欧化
第2期（近代グローバリゼーション）	19世紀初期～（WWⅠ・Ⅱ）～冷戦終結	第一・二次産業革命→運輸・通信技術→蒸気船・海底ケーブル・無線・電話 産業資本家	「近代的」植民地の形成 「近代的」帝国主義の出現 2度の世界大戦	西欧化 国際化 普遍化
第3期（現代グローバリゼーション）	冷戦終結以降～現在	ブレトンウッズ体制の崩壊 →変動相場制→金融の自由化 ME/IT革命→インターネット開放 IT企業・多国籍企業・ヘッジファンド	国際金融の混乱 「頭脳国家」「肉体国家」 デジタル・ディヴァイド 国家資本主義的政策 第3次産業革命？→ 3次元プリンター	普遍化 自由化 脱領域化 アメリカ化？

（注1）マクロ的傾向は，文中でも指摘したショルテが言及したマクロ的傾向を，筆者のグローバリゼーション区分に適用した場合，考えられる傾向である。ショルテは西欧化，国際化，普遍化，自由化は，現代グローバリゼーションには当てはまらず，脱領域化のみがそのマクロ的傾向として認められると指摘している。普遍化は確かに第一次世界大戦終結以後，国際連盟の設立に象徴されるようにその萌芽は表れていたが，本格的には国連が創設され，世界人権宣言，国際人権規約A/B，人種差別撤廃条約などが国際的規範として広く受け入れられたのは第二次世界大戦後であり，対人地雷撤廃条約や小火器移転登録制度は冷戦後に実現したので，グローバリゼーション第2期と第3期をまたぐものとして理解すべきであろう。また自由化も第2次世界大戦後にアメリカ主導で進められたが，米ソ冷戦の現実がその進展を阻害したので，これも第2期と第3期をまたぐ傾向としてみるべきであろう。

（注2）現代グローバリゼーションをアメリカナイゼーションと捉えて，この観点から批判する論調も広く存在していたが，それは冷戦終結直後にはその傾向とみるべきである。

（注3）「頭脳国家」「肉体国家」という概念はリチャード・ローズクランスが作り出したもので，前者はIT技術により情報を集中し計画・管理機能を担う国家で，後者はその指令に基づきモノづくりに特化した国家を指す。

出所：拙稿「グローバル化論の類型学」星野智編『グローバル化と現代世界』中央大学出版部，2014年

13）まず350度に熱した加熱炉から高さ50mくらいの蒸留塔に原油が吹き込まれ，石油蒸気が沸点の違いによって各種の石油製品に分けられていく。20度くらいでLPガス（Liquefied Petroleum Gas→タクシーやガスレンジの燃料となる），35～180度でガソリン・ナフサ（→自動車燃料や石油化学製品の原料，ガソリンのうち30～120度の低沸騰点でできるのがベンジン，工業用ガソリンとして塗料・洗浄・ドライクリーニング用にも使用される），170～250度で灯油（石油ストーブやジェット機の燃料），240～350度で軽油（→トラック・バスの燃料），350度以上になると蒸留塔の塔底に重油やアスファルトが残り，重油は火力発電に使われたり船舶の燃料となる。

14）http://ceh.cosmo-oil.co.jp/crs/enviroment/response.html

15）ドイツ連邦共和国の議会は国民から直接選挙される連邦議会と，各州政府の代表からなる連邦参議院からなる二院制を採用しているが，地位と権限は前者が握っているので実質的には一院制だという見方もある。しかしこの件に関してはドイツ各州政府の一致した見解とみるべきであろう。

16）『フォーサイト（電子版）』新潮社，2016年12月1日号，『エコノミスト』2017年9月12日号，毎日新聞，「中国，新エネ車を義務化――19年から生産・輸入の10%」『朝日新聞』2017年9月29日など。

17）①オイルシェールは油分を多く含む頁岩で，化学処理して液状・ガス状の炭化水素になったものは，火力発電や暖房に使われたり，炭素繊維・樹脂・接着剤・アスファルト・ニス・セメント・レンガ・肥料の原料として使われる。坑道を使わず露天掘りする際に，急な掘削や地中燃焼させると**重金属を含んだ排水**や**硫黄性ガス**，粉塵が待機を汚染する。②オイルシェールガスはオイルシェールを熱分解して発生する合成ガス。③シェールオイルはオイルシェールを熱分解または水素化して発生する合成石油。④シェールガスは頁岩（シェール）層から直接に採取される非在来型の天然ガス（頁岩由来石油）。⑤オイルサンド（タールサンド）は油分を含む砂岩。世界中に埋蔵されていると推定されるオイルシェール・オイルサンドから得られる重質原油は，約4兆バレルで通常石油の2倍以上といわれている。

18）

EVとFCVの比較

	長　所	短　所
EV	エネルギー効率がいい 100V／200V電源でも充電可能 蓄電した電力で，停電の際，緊急用電源となる	内燃機関より走行距離が短い 急速充電気でも20分かかる
FCV	EVより走行距離が長い 充電不要 水だけ排出する 水素は無尽蔵で様々な方法で確保可能	現在では水素ステーションが不足 水素の貯蔵・搬送に高いコスト ガソリン車ほど走行距離が長くない

19）水素・バイオマス発電：近年，にわかに注目されている発電方法である。水素と酸素の電気化学反応によって電気と熱を発生させる燃料電池が実用化されつつ

ある。水素は化石燃料からも取り出すことが可能だが CO_2 を排出するので，化学工場や製鉄所などで発生する副生ガスを精製するか，メタノールやメタンガスなどバイオマスを触媒を使って発熱させ作り出すか，太陽光発電か風力発電でつくる電気を使って水を電気分解して作りだす方法がある。またバイオマス発電も第3世代の微細藻類を原料にしてオイルを生産してこれを発電ばかりでなくエタノールやジェット燃料にする研究が具体化し始めている。

20)「「解体先進国」英の原発：稼働26年，廃炉90年」「毎日新聞」2013年8月19日

21) 人類が風力や人力ばかりか火も使用するようになった状態を第1次エネルギー革命といい，風力（風車）・水力（水車）・人力ばかりか化石燃料を使うようになった状態を第2次エネルギー問題と呼ぶ。第3次エネルギー革命は，19世紀末以降，石油と電気を併用するようにな状態をいう場合もあるし，「核の平和利用」としての原子力発電を行うようになった状態をいう場合もある。あるいは多様な形で製造できる水素をエネルギー源とする社会が一般化すれば，これを第4次エネルギー革命ということになるだろう。

22)「中進国の罠」とは，GDP per capita（一人当たりの国内総生産）が3,000ドル～10,000ドル程度の中所得国レヴェルに経済が留まっている国家の状態をいう。はじめは低賃金労働を武器にして外資と資本を呼び込み経済成長して中所得国になった後，人件費の上昇や労働条件をめぐる労使紛争により社会的混乱が発生している状況で，新興国の追い上げに直面したり先進国の技術革新には追い付けずに国際競争力を失って成長が停滞している状況。この罠から逃れるためには，教育の充実と人材の育成，先進技術の移転・獲得，政治腐敗の根絶などの根本的な社会的変革が不可欠である。

第 3 章
地球の環境破壊と軍事活動
——沖縄の軍事基地をめぐって——

臼井久和

はじめに

1972年6月，ストックホルムに冷戦のさなか113か国と国際組織の代表が参集した。この会議は，歴史的な「国連人間開発会議」であり，グローバルな地球環境問題に取り組んだ，最初の会議であった。それはまた，その後の国際的な環境会議の原点になり，「人間環境宣言」（ストックホルム宣言）[1)]を採択した。

この人間環境宣言のなかには，地球環境の保護を進めていくための26の原則が含まれている。環境に対する国の権利と責任に関する原則21は，次のとおりである。

> 「各国は国連憲章および国際法の原則に従い，自国の資源をその環境政策に基づいて開発する主権を有する。各国はまた，自国の管轄権内または支配下の活動が他国の環境または国家の管轄権の範囲を越えた地域に損害を与えないことを確保する責任を負う」

この原則は，法的拘束力はないものの，22の「環境損害に対する賠償責任・補償」原則，24の「環境保護・改善のための国際協力」原則とともに，地球環境の悪化を防止するための世界的環境保護制度の根幹をなすものといっても過言ではない。

ストックホルムの国連会議は，地球環境問題の分水嶺を記し，環境外交展開の始まりを意味した。その後，気候変動をはじめとする課題の環境ガバナンスの解を求めて，リオの地球サミット，京都会議（1997年，COP3で京都議定書採択），ヨハネスブルグ，そしてパリ会議（2015年12月，COP21でパリ協定採択）へと続いてきた。

同年には『成長の限界』（*Limits to Growth*）が発表された。それは，ローマ・クラブの委託研究であり，マサチューセッツ工科大学のD. H. メドウズらが作成した「人類の危機に関するプロジェクト」の研究報告書である。この本は，世界的なベスト・セラーとなり，世界に衝撃を与えた。人口爆発が続き，経済成長を追い求めると，資源の枯渇，食料不足，環境汚染が進行し，世界と人類の破滅が予知されたからである。また20年後に，同グループは『限界を超えて』（*Beyond the Limits*）を刊行した。このプロセスのなかから「サスティナブル（sustainable）」という言葉がもてはやされるようになってきた。その契機になったのが，1984年に日本の提案によって組織された賢人会議「環境と開発に関する世界委員会」（WCED）の報告書『われら共有の未来』（*Our Common Future* 邦訳『地球の未来を守るために』）である。委員長を務めた元ノルウェー首相G. H. ブルントラントの名を取って「ブルントラント報告書」とも呼ばれ，「地球サミット」（国連環境開発会議）のたたき台になった。その中心的理念が「持続可能な発展」（sustainable development）で「将来の世代のニーズを満たす能力を損なうことなく，現代の世代のニーズを満たすような節度ある発展」と定義されている。その目標は，世代を超えて「グリーンな地球」を存続させることであるといえよう。また気象変動枠組み条約が締結されたことも，地球温暖化の防止のための一歩として重要である。

しかし，『地球白書2013-14』は「私達は今，『サステナバブル（sustainababble）』の時代を生きている」と書き，「委員会の定義に基づいた言葉であるという認識は薄れていく」と記している。そしてこうした状況を変えるためには「かつてない規模の大変革が必要だ」と説いている[2)]。

いずれにせよ，もともと水産業や林業の資源の枯渇の問題に起源をもつ「持続可能性（sustainability）」の概念が地球環境問題に適応されるようになった。そしていま「持続可能性の問題は，限られた環境の中で将来にわたる安定した人類の共存システムを求めるという新たな問題と定義される」[3] のである。

20世紀は「戦争の世紀」であった。戦争の常態化が続くなか戦争は最大の環境破壊であるといわれてきた。持続可能性と戦争・軍事活動は両立しえない。軍事活動とそれに要する過大な軍事費は，資源のロスであり，「戦争は地球の補給能力をこえて天然資源を枯渇させる」ため，その資源の民生転用こそ重要である[4]。21世紀を「平和の世紀」にするためには，まず「環境の世紀」にしなければならないのである。そうでないと，人類が共存できる格差のない持続可能な社会を展望することはできない。

1．エコロジーからの告発

レイチェル・カーソンというひとりの生物学者を忘れてはならない。農薬や殺虫剤などの化学物質が生態系に与える影響について警鐘を鳴らし続けた。カーソンは，1962年に『沈黙の春』（*Silent Spring*）を刊行し，アメリカでは春がきても鳥が鳴かない，と論じ，後に科学技術の進展を背景にした現代文明への批判としての環境思想の形成と発展に大きく貢献した[5]。

同書の第２章「負担は耐えねばならぬ」の冒頭には，次のような一節が書かれている。

> 「この地上に生命が誕生して以来，生命と環境という二つのものが，たがいに力を及ぼしあいながら，生命の歴史を織りなしてきた。といっても，たいてい環境のほうが，植物，動物の形態や習性をつくりあげてきた。地球が誕生してから過ぎ去った時の流れを見渡しても，生物が環境を変えるという逆の力は，ごく小さなものにしかすぎない。だが，二十世紀というわずかのあいだに，人間という一族が，おそるべき力を手に入れて，自然を

変えようとしている。」[6)]

次のような一節もある。

「畑，森林，庭園にまきちらされた化学薬品は，放射能と同じようにいつまでも消え去らず，やがて生物の体内に入って，中毒と死の連鎖をひき起こしてゆく。」[7)]

前記の節ほかに書かれている「おそるべき力」とは，1つは「核」であり，もう1つは「化学物質・薬品」である。いずれも人類の存続を脅かすものである。核には，一方に核兵器があり，もう一方に原子力発電がある。両者ともに原理は同じで平和的ではない。われわれは，そのことを「ヒロシマ」，「ナガサキ」，「フクシマ」で十二分に学んできたはずである。廃棄物処理の方法もなく，「アンダー・コントロール」はありえない。福島には除染からでたゴミが未処理のまま山積み状態に放置され，溶けた核燃料は6年半以上たったいまなお全容は不明で，半永久的に管理が必要なデブリを取り出せるかどうかもはっきりしていない。このようななかで，日本政府は経済成長の一環と称して原発を推進し，輸出を後押ししている。非核3原則がありながら，日本政府は「フクシマ」に学ぶことなく，インドとの間で2016年12月に原子力協定を結んでいる。さらに世界が警戒するのは，日本が2016年現在保有するプルトニウム約48トンである。世界は日本の核武装の可能性を懸念しているのである。沖縄には冷戦期に，核兵器が1300発存在し，そのうえ「核密約」が明らかになり[8)]，米軍基地横須賀には原子力空母が帰属している。いま世界と日本にとって肝要なことは「脱核」そして「非核」を追求することである。つまり核の廃絶であり，日本には原発ではなく再生エネルギーを基幹に政策を形成することが求められている。しかしながら，日本は，ヒロシマ，ナガサキ，ビキニ環礁核実験，そしてフクシマと4度の被爆を経験したにもかかわらず，国連の核兵器禁止条約の交渉に参加することもなかった。2017年現在，ストックホルム国際平和研究所によれ

表 3-1　環境汚染物質と世界の主要な被害事例

年	物質名	事例
1945	放射性物質	原爆投下（ヒロシマ，ナガサキ）
1940s ～	放射性物質	核実験（アメリカ，ソ連，イギリス，フランス，中国，インド）
1950s ～	メチル水銀	水俣病事件（日本）
1961 ～ 70s	ダイオキシン	ヴェトナム戦争枯葉作戦（ヴェトナム南部）
1940 ～ 71	DES ホルモン剤	流産防止剤投与（アメリカ）
1968	PCBs（ダイオキシン）	カネミ油症事件（日本）
1976	ダイオキシン	セベソ事件（イタリア）
1978	ダイオキシン	ラブカナル事件（アメリカ）
1979	放射性物質	TMI 原発事故（アメリカ）
1984	MIC	ボパール事件（インド）
1986	放射性物質	チェルノブイリ原発事故（旧ソ連）

出所：臼井・綿貫編『地球環境と安全保障』193 頁。

ば，核兵器は約 15000 発存在する。このなかには核拡散防止条約（NPT）で保有が認められている米英仏中ロのほかに非加盟のインド，パキスタン，イスラエル，それに NPT 離脱を表明している北朝鮮が含まれている。核兵器の非人道性が高まる交渉のプロセスのなかから 2017 年 7 月「核兵器禁止条約」が国連で採択された。日本は，その会議にアメリカからの圧力もあり，参加すらしなかった。その前文には「ヒバクシャ」の苦しみが明記され，122 か国が賛成した。日本は本来なら，主役の役割を演ずるべきであったが，「ヒバクシャ」の願望の非核のメッセージは届かず，日本は署名していない。

化学物質は 20 世紀に入り，毒ガスをはじめ，農薬，殺虫剤，枯葉剤など多数の化学薬品が開発され，それらの使用の現実が『沈黙の春』で詳述されている。世界の環境汚染は深刻の度を強めている。綿貫礼子は，「『生態学的安全』を問う」のなかで詳しく論じ，被害事例を表示している（表 3-1）。綿貫は，1986 年のチェルノブイリの原発事故の惨事後の汚染地の子どもたちの被曝の現状と未来世代に光を当てる研究を続けた[9]。

2．軍事活動と地球環境

軍事活動と一言でいってもその内容は多様である。それは，基地の建設から始まり，基地の運用，軍事訓練・演習があり，そして軍事活動の究極の段階は戦争にほかならない。また基地は「巨大な軍需工場」であり，物資補給の役割を果たし，それだからこそその返還に付随するさまざまな問題を抱えている。

軍事活動には広大な土地と大気空間を必要とする。国連の報告書には「軍事活動のために必要な土地の規模は，今世紀を通して着実に増加した」[10]と記されている。「軍隊が必要とする土地空間の歴史的増加」（表3-2）を見ると，そのことは明らかである[11]。軍事力を世界に誇るアメリカは，グローバルに軍隊を展開し，世界に587か所の海外基地を有している（表3-3参照）[12]。

日本には大型米軍基地が13か所も存在し，そのうち沖縄に6か所（嘉手納飛行場，キャンプズ瑞慶覧，牧港補給地区，キャンプ・ハンセン，嘉手納弾薬庫，普天間飛行場）が展開されている。因みに，日本全体の米軍基地は116か所である。土地は本来なら，豊かな生活資源を生み出すものであるが，その軍事利用は非生産的であり，市民生活を脅かす誤った政策であろう。バーテルは，次のように指摘している。「地球規模で，軍はかなりの量の土地を取り上げて，基地，実験

表3-2　軍隊が必要とする土地空間の歴史的増加

（㎢，兵士10万人当たり）

戦争	必要な前線面積
古代	1
ナポレオン戦争（18世紀末～19世紀初め）	20
第一次世界大戦（1914～18年）	248
第二次世界大戦（1939～45年）	3,000
第四次中東戦争（1973年）	4,000
西ドイツにおけるNATO軍大演習（1978年）	55,500

出所：『地球白書1991-92』223頁。

表3-3　海外の米軍基地（2014年9月30日）

	総数（か所）	大型基地（か所）	兵力（人）
ドイツ	177	7	36,855
日本	116	13	52,518
韓国	84	5	29,074
イタリア	50	3	11,373
イギリス	27	2	8,495
世界全体	587	36	226,385

出所：梅林宏道『在日米軍』10頁。

場，毒性廃棄物の投棄場，モーター修理場，環境を汚染するその他の活動に使っている」[13]と。

冷戦時代のソ連の東欧諸国の基地には，多量の燃料，廃棄物，未使用の爆薬が投棄され，そのため土地や水は涸れはて汚染され，種を蒔いても芽がでない状態におかれた。チェコスロバキアの基地の置かれた地方では，同国の環境次官が「冗談でなく，そこでディーゼル油を採掘することもできる」[14]と述べている。アメリカは，ベトナム戦争で枯葉剤を散布し，多大な人命を犠牲にし，そのうえ「ベトちゃん，ドクちゃん」にみられる二重胎児，奇形児が大量に生まれた[15]。他方で，ベトナムから帰還した米兵は260万人にも及び，そのなかの多くの軍人が病気で苦しみ，その子どもたちの多くが健康を害して生まれた。そして2万人の退役軍人は，枯葉剤を生産したダウ・ケミカル社とモンサント社から補償を受けた[16]。

アメリカは世界の各地に多くの基地を展開している。アメリカは，東南アジアの軍事拠点としてフィリピンに有力な2つの基地，クラーク空軍基地とスービック海軍基地を置いていたが，冷戦終結後，前者の基地は1991年，後者の基地は1992年にフィリピンに返還された。しかし，返還された両基地は深刻な環境汚染のままであり，それは深刻であった。91年のピナツボ火山噴火時に，クラーク基地が汚染されていることを知らない大勢の周辺住民が基地に避難したからである。避難してきた人々は，基地の汚染水を飲み，その後健康被害に苦

表3-4　フィリピンの基地汚染被害者（2002年8月31日）

【クラーク基地周辺の被害者】

	生存者	死者	合計
中枢神経障害，脳性小児麻痺（1～7歳）	39	0	39
先天性心疾患（肺病，腎臓病を併発している者を含む）	26	28	54
白血病，およびその兆候	16	112	128
皮膚病，各種の皮膚の異常	71	5	76
腎臓病	28	8	36
肺病，肺結核	34	11	45
ガン（乳房，咽頭，子宮，肝臓，膀胱など）	29	37	66
胃病	8	4	12
自然流産，死産	16	5	21
喘息	26	5	31
突然死	0	9	9
慢性髄膜炎	2	0	2
睾丸肥大	0	1	1
血管腫	1	0	1
合計	296	225	521

出所：『アジア環境白書2003/04』28頁。

しんだ。クラーク基地周辺住民の被害状況は表3-4を見ると明らかである[17]。

基地では日常的に戦争ゲームが行われている。それは，生態系の破壊をもたらす。その回復にはかなりの年月を要するといわれている。「演習は自然の植生を破壊し，野生生物の生息地を攪乱し，土壌を浸食・圧縮し，河川を沈泥でふさぎ，洪水を引き起こす。…戦車や砲兵隊の射撃場は，土壌と地下水を鉛その他の有害残留物で汚染する」[18]のである。また低空飛行や夜間の発着訓練，爆音・爆風も，飛行そのものの危険とともに，健康被害をもたらし，人間の心理を蝕むのである。

このように軍事活動から排出される有害物質の負の側面は，多方面の人間生活に影響を与えていることは「軍事有害廃棄物が周囲の環境にもたらしている影響，アメリカ合衆国」（表3-5）を見ると，明らかになる。これは，アメリカだけの問題ではない。日本の沖縄米軍基地の問題は，さらに深刻である。この

表3-5　軍事有害廃棄物が周囲の環境にもたらしている影響，アメリカ合衆国

軍事施設と所在地	状況
オーチス空軍基地 Otis Air Force Base マサチューセッツ州	発ガン物質として知られるトリクロロエチレン（TCE）や，その他の毒物で地下水が汚染されている。周辺市部では肺ガンと白血病の発生率が州平均を80%上回る。
ピカティニー兵器工場 Picatinny Arsenal ニュージャージー州	敷地内の地下水から環境保護庁（EPA）許容基準の5000倍のTCが検出された。鉛，カドミウム，ポリ塩化ビフェニール（レーダー施設と電気機器の絶縁体に使用），フェノール，フラン，クロム，セレニウム，トルエン，シアン化物で汚染されている。この地域の主要帯水層が汚染されている。
アバディーン演習場 Aberdeen Proving Ground メリーランド州	絶滅の危機に曝されている生物種にとって重要な国立野生生物保護区と生息地が，水質汚染によって脅かされるおそれがある。
ノーフォーク海軍造船所 Norfolk Naval Shipyard バージニア州	高レベルの銅，亜鉛，クロムが排出され，エリザベス川，ウィロビー湾，チェサピーク湾が汚染されている。
ティンカー空軍基地 Tinker Air Force Base オクラホマ州	飲料水中のテトラクロロエチレンと塩化メチレンの濃度がEPA許容基準をはるかに上回っている。国内の地表水の中で最高濃度のTCEが検出された。
ロッキーマウンテン兵器工場 Rocky Mountain Arsenal コロラド州	神経ガスと農薬を生産していたこの30年間に125種類の化学物質が投棄された。国内最悪のこの汚染地域を，陸軍工兵隊は「地球上で最も汚染された1マイル四方」と呼んでいる。
ヒル空軍基地 Hill Air Force Base ユタ州	基地内の地下水が著しく汚染されている。最高2万7000ppb（10億分率）の揮発性有機化合物，170万ppbのTCE，1900ppbのクロム，3000ppbの鉛が測定されている。
マクレラン空軍基地 McClellan Air Force Base カリフォルニア州	2万3000人の住民に給水している公営井戸給水システムで許容基準を超えるTCE，ヒ素，バリウム，カドミウム，クロム，鉛が検出された。
マクホード空軍基地 McChord Air Force Base ワシントン州	基地内で発ガン物質であるベンゼンの濃度が，州の許容基準0.6ppbの1000倍近い503ppbにも達していることが発見された。

出所：『地球白書1991-92』235頁。

点については，後述する。

われわれは，地球環境の破壊の大きな要因が軍事活動であることを理解することができる。1つのプロジェクトを紹介したい。総合地球環境学研究所は，「戦争や化学兵器，核爆弾などの大量破壊兵器が引き起こす環境問題を『軍事環境問題』ととらえ，さまざまな視点からその実態の把握に取り組もうとしています」と述べている[19]。それは「軍事環境問題の原因と内容，人々の取り組み」

図 3-1　軍事環境問題の原因と内容，人々の取り組み

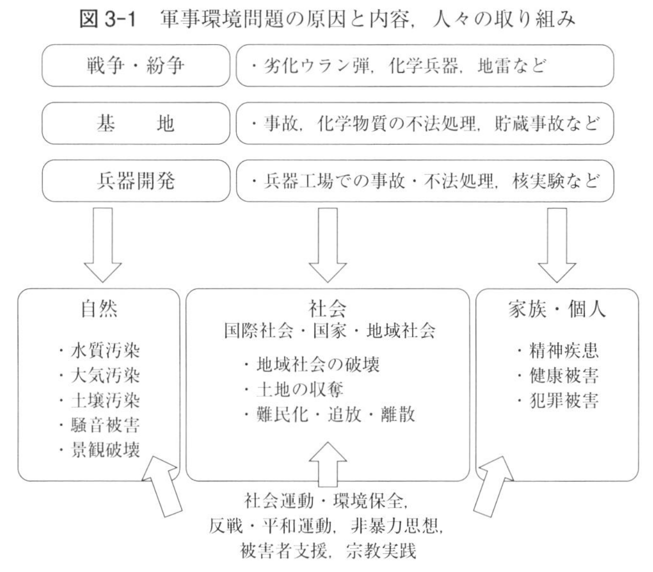

出所：総合地球環境学研究所ホームページ。

（図 3-1）というものであり，われわれは，それから軍事活動と地球環境保全の関係を俯瞰することができる。沖縄の基地に起因する環境問題に資するために国際 NGO・市民参加を問題解決システムに組み込むことである。一言でいえば，環境民主主義を制度化することであろう[20)]。

この研究スキームが，複雑かつ多様な因子が絡み合う軍事環境問題を学際的に究明しようとしている点は高く評価されよう。その成果が期待される。

3．基地と環境問題

(1)　沖縄の現実

日本は 1951 年 9 月，サンフランシスコで平和条約に署名し，独立国となった。同日，日本は「日本国とアメリカ合衆国との間の安全保障条約」（旧安保条約）という軍事同盟条約を締結した。そして1960年に改訂され，現在の日米安保条約「日本国とアメリカ合衆国との間の相互協力および安全保障条約」が誕生した。

この条約は基本的に「駐軍協定」であり，旧連合国の占領米軍は在日米軍として日本に駐留することになった。その法的根拠は，旧安保条約第3条に基づく「行政協定」にあり，それは，現在の安保条約では，その第6条に基づく「施設および区域並びに日本国における合衆国軍隊の地位に関する協定」，つまり「日米地位協定」（Agreement under Article VI of the Treaty of Mutual Cooperation and Security between Japan and the United States of America, regarding Facilities and Areas and the Status of United States Armed Force in Japan）である。

こうしてアメリカは，占領期と同じように日本に軍隊を配備し，在日米軍基地を自由に使用することができる。このため日本の各地で，さまざまな摩擦や衝突が生じ，地位協定の見直しが求められている。

世界に587の基地を展開するアメリカ軍は，世界を地理的に6つに分けて分隊している。沖縄は，米太平洋軍（USパシフィック・コマンド，米ハワイ州キャンプ・スミス）の中核的基地である。日米安保条約のグローバル化は年々強化されている。2017年2月のトランプ・安倍の日米首脳会談の共同声明には「アジア太平洋地域において厳しさを増す安全保障環境の中で，米国は地域におけるプレゼンスを強化し，日本は同盟におけるより大きな役割および責任を果たす」と記されている。この点から読み取れる重要なことは，新安保法体制下において日本の軍事的な役割と責任を世界に宣明し，在日米軍基地の安定的使用の容認である。この延長線上に辺野古「新」基地の建設がある。

日本には米軍基地が，2017年現在78か所あり，その部隊と司令部は，次のとおりである。

在日米海軍司令部・横須賀艦隊基地（神奈川県横須賀市）

在日米海兵隊司令部・キャンプ・コートニー（沖縄県うるま市）

在日米空軍司令部・横田空軍基地（東京都福生市，瑞穂町など）

図 3-2　沖縄県内の米軍施設・区域

出所：梅林宏道『在日米軍』28 頁。

在日米陸軍司令部・キャンプ座間（神奈川県相模原市，座間市）

沖縄には米軍基地が 31 か所存在し（図 3-2），それは，戦後の占領や強制収用で建設され，2017 年現在，在日米軍専用施設の総面積 263.6 平方キロメートルのうち，70.3％を沖縄基地が占めている。沖縄県の面積は，国土面積の 0.6％

表3-6　在日米軍兵力（2011年）

	全国（人）	沖縄（人）	沖縄の比率（%）
陸軍	2,492	1,547	62.1
海軍	18,271	2,159	11.8
海兵隊	15,751	15,365	97.5
空軍	11,695	6,772	57.9
計	48,209	25,843	53.6

出所：梅林宏道『在日米軍』87頁。

にすぎない。沖縄本島の約15%が米軍基地で占有されている。この沖縄に在日米軍兵力（表3-6）の半数以上が配備されている。このことは，日本の安全保障の大半を沖縄に負っていることを意味している。また表から分かるように，在日米軍兵力のうち戦闘集団・海兵隊は沖縄に97.5%が集中している。米軍属の男に命を奪われた20歳の女性の事件に抗議する，2016年6月のうるま市の県民大会で沖縄の女子大生は，本土を「第二の加害者」と指弾した[21]。

また「平和を愛する共生の心」を説いてきた大田昌秀元沖縄県知事が2017年6月に亡くなられた。7月に県民葬が執り行われ，安倍首相も参列し，「沖縄の基地負担軽減に全力を尽くす」という型どおりの追悼の辞を読み上げたが，直後会場から「基地を造ったら沖縄が戦場になる」という女性の声が響きわたった[22]。沖縄と本土の間には「深い溝」しかないのだろうか。

(2)　基地の汚染環境問題

これまで論じてきたように基地に伴う環境問題は多様であり，沖縄も例外ではない。従来の伝統的な安全保障は，軍事的安全保障が中核的な問題であったが，世界的に地球環境の汚染がグローバル化し，それが人間存立を否定しかねない現実の出現とともに，国連を中心に国際環境会議がたびたび開催されるようになった。そしてそのなかから新しい安全保障の考え方が論じられるようになり，「人間の安全保障」論が登場してきた[23]。冷戦の終焉は，軍事的イシューに代わって地球環境問題をハイ・レベルのグローバル・イシューに押し上げた。

もはや地球環境問題を顧慮しない安全保障は成り立たない。そして軍事力による安全保障は，人類の未来を拓くことはないだろう。

沖縄の新基地建設プロセスは，環境保護の観点から多くの問題を内包している。また環境アセスメントの観点からも同様である。

では，沖縄環境ネットワーク世話人桜井国俊による沖縄の基地汚染の具体的・包括的な記述を長いが分かりやすいので引用することにしたい。

> 「米軍起源の環境問題には，航空機による騒音・低周波音の問題，PCB 等有害廃棄物による土壌汚染・水質汚染の問題，実弾演習による赤土流出問題，原子力軍艦・潜水艦の寄港による放射能汚染の問題，ベトナム戦争時に持ち込まれた枯葉剤による土壌汚染の問題，劣化ウラン弾誤使用による大気・水質・土壌の汚染問題，クレー射撃跡地周辺の鉛汚染問題等多種多様である。最近では，辺野古新基地建設に伴う大浦湾の貴重な生態系破壊の問題，世界自然遺産登録に値するやんばるの貴重な生物に対するオスプレイの飛行がもたらす影響，そして嘉手納基地から流出したと思われる消火剤 PFOS（日本では水道水質基準未設定の有機フッ素化合物）による沖縄県民の飲料水水源の汚染問題などが，県民の大きな関心事になっている」[24]。

さらに，沖縄振興の名のもとに行われる「公共事業」がもたらす環境問題も無視できない。小さな島の巨大な米軍基地には県民の強い反発があり，それをなだめ，政治的に基地を維持するために日本政府は，巨大な公共事業費を投じた。当初，産業公害の規制は皆無であった[25]。

日本政府は，1972 年の沖縄の本土復帰後，沖縄の振興開発に莫大な資金を投入した。そのために 72 年に「沖縄振興開発特別措置法」が制定され，それは 10 年ごとに更新され，第 4 次は 2011 年に終了したが，第 4 次振興計画からは「開発」の文字が消えた。その当初の目的「本土との格差是正」はインフラ整備などで一定の成果を収めたが，他方で振興計画の中軸の高率補助を伴う公共工事などの財政支出に依存する体質を深めることになり，沖縄の自立的発展の整備や自治の精神を見失うことになってしまった。公共工事の内容は，本土政府各省の補助金がつくために，その用途，仕様，材料は中央の規格に定められているように執行しなければならず，沖縄の自然条件などの現実に合わないことが多い。台風が常襲し，強雨の多い沖縄では，森林を伐採すると地面が露出し，雨が降ると土壌が流出することが常態化する。このようにして赤土が流出して，サンゴ礁を死滅させる[26]。

このように見てくると，沖縄の環境破壊の問題は何らかの形で米軍基地と関連していることを理解することができる。沖縄県の『環境白書』（年刊）を紐解くとよく分かる。また『沖縄環境データブック』（高橋哲朗）は，第4章を「米軍基地汚染」にあて，さらに汚染問題を，次のように分けて明らかにしている。

【1】枯葉剤

【2】劣化ウラン弾

【3】原潜放射能漏れ

【4】騒音・爆音

【5】普天間飛行場の移設

簡単な基地汚染年表が付されている（表3-7）。普天間飛行場の移転は，実質は新基地建設であるといえる。1995年9月米兵3人による少女暴行事件が起こった。それを受けて10月に開かれた反基地県民総決起大会には8万5000人が結集し，米軍基地の整理・縮小を求めた。これに対して日米両政府は「沖縄に関する特別行動委員会」（SACO，95年11月設置）を開き，96年12月その最終報告のなかで5年から7年以内に普天間飛行場の全面返還を決定し，その移転先を名護市辺野古沖合の水域に指定した。

しかし，98年以来，知事選ではこの計画が大きな争点となり，他方でアメリカでは米軍再編の一環として普天間の移設計画が再検討され，返還の実現は見通しがたっていない。このようななか日米安全保障協議委員会は，2006年5月キャンプ・シュワブの海岸線の埋め立て計画を発表し，14年までに1800メー

表 3-7 基地汚染年表

1967 年 10 月 3 日	嘉手納村屋良の井戸に米軍基地からの廃油が混入，井戸水が燃えることが分かる
1969 年 7 月 18 日	沖縄の米軍基地で毒ガス漏れ事故，米兵 24 人が入院と米国メディアが報道
1975 年 8 月 12 日	米軍牧港補給基地で六価クロムを含むエンジン洗浄液が大量に流失していることが判明
1976 年 2 月 26 日	米軍牧港補給基地でくん蒸作業中の労働者が臭化メチル中毒で倒れる
1989 年 1 月 31 日	キャンプ瑞慶覧からジェット燃料が普天間川に流出したことが発覚
1996 年 3 月	1995 年 11 月に返還された米海兵隊恩納通信所跡地（約 58 ヘクタール）からポリ塩化ビフェニール（PCB）や水銀など有害物質が検出される。汚染土は 120 トン，ドラム缶 700 本分に上る
2007 年 2 月 26 日	2006 年 9 月に大部分が返還された読谷村の米軍瀬名波通信所（約 61 ヘクタール）跡地から基準値の 1.9 倍にあたる鉛と，強烈な油臭のする土壌汚染が見つかった，と那覇防衛施設局が発表
2007 年 3 月	米軍北部訓練場内にある福地ダムや新川ダムで 1 月から 3 月までに，ペイント弾 1 万 5801 発，ライフル用空包 258 発，信号弾 4 発，手榴弾 1 発が見つかる。これらのダムの貯水池は県民の水がめになっている

出所：『沖縄環境データブック』37 頁。

トルのＶ字型２本の離着陸用の滑走路をもつ新基地の完成をめざした。知事選に象徴されるように，新基地をめぐる沖縄の民意は揺れ動き，それを無視する政府との構造的対立が顕著になっている。

問題はさらにある。辺野古や主に埋め立てが行われる大浦湾には「豊かなサンゴ礁が広がり，絶滅危惧種に指定されているジュゴンが生息するため，工事に伴う環境も心配されている」[27]。沖縄の宝はいうまでもなく「生物多様性」である。基地の建設という大事業には，環境アセスメントを実施することが不可欠であり，その目的は意思決定過程の明確化・透明化である。「事業者による説明が社会的に受け入れられるためには，合理的で公正な判断がなされなければならない。合理的な判断のためには「科学性」が求められ，公正な判断のためには民主的な手続き，すなわち「民主性」が求められる」[28] のである。工事を担当する事業者の沖縄防衛局が，辺野古アセスに関して適切な対応をしたかについては疑問が残る。

環境アセスメントの日米比較（図 3-3）を参考にしよう。沖縄防衛局は，辺野古アセスメント「方法書」（アセスメントを実施する方法について住民や知事の意

図3-3　環境アセスメント制度の日米比較

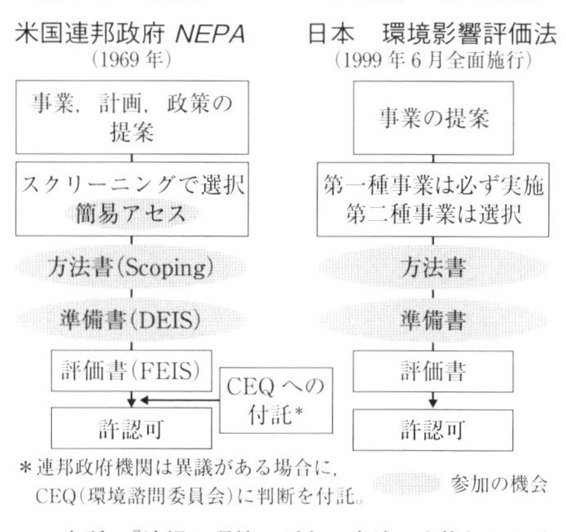

出所：『沖縄の環境・平和・自治・人権』130頁。

見をきくための書類）を2007年8月に公表した。情報公開が不十分で「あまりに事業や施設内容が分からなすぎ」という意見が多数表明されたため，知事は「書き直し」意見をだし，地元自治体も意見書を提出したが，県・住民と沖縄防衛局とのコミュニケーションは形式的で不十分であったといえよう[29]。

ジュゴン保護の問題は日本だけの問題ではない。沖縄の市民がアメリカの国際NGOと協働して辺野古沖に生息する国の天然記念物のジュゴンの保護のため国防総省を相手取り「ジュゴン訴訟」を起こした（2003年）。米国文化財保護法（NHPA）によれば，レッドリストにのるジュゴンは文化財であり，世界の遺産や文化財を守ることが定められている。基地ができることによってジュゴンの生息に「影響を与えるかもしれない」場合には保護のための手続きを取らなければならない。したがって国防総省は「影響をあたえない」ことを明らかにしなければならないことになった。サンフランシスコ連邦地裁は2008年にジュゴンの保護が考慮されていないことを理由に原告の主張を認め，国防総省にジュゴンの保護措置に関する報告書を提出するよう求めた中間判決を出した。裁判は一時中断したが，国防総省は2014年4月「基地建設はジュゴンの生息に影響しない」という報告書を提出し，原告団は同年8月，工事差し止めの追加申立を行い，裁判が再開された。

2015年2月，連邦地裁は「基地移設を止める法的権限を欠いている」として請求を却下したので，原告は控訴した。これに対してサンフランシスコ第9巡回区控訴裁判所は，2017年8月一審判決を破棄し，ジュゴン保護訴訟はサンフランシスコ連邦地裁に差し戻された[30]。そのため今後，改めて地裁が工事中止についての判断を示すことになり，注目された裁判は続いている。沖縄県は，同年7月政府に移設工事差し止めを求め，那覇地裁に提訴した。

4. 地位協定

(1) 地位協定

世界に軍事展開するアメリカは，派遣国軍の受入国での法的権限を規定する地位協定（SOFA，Status of Forces Agreement）を120か国と締結している。我部政明は「地位協定とは，平時において自国軍が外国領土に駐留するとき，自国軍構成員の権利と特権を定め，そしてその受入れ国の国内法の自国軍構成員への適用範囲を定めた取極である」[31]と纏めている。そこでの大きな争点は「刑事裁判権」の問題である。代表的なものは，アメリカとNATO諸国との間の多国間協定と個別の2国間協定があり，さらには旧ソ連圏との平和のための協力協定の参加国との地位協定などがあり，アジアでは日本，韓国，フィリピン，オーストラリアほかとの地位協定がある。地位協定の交渉は，相手国の文化や国民感情もあり，複雑である。2015年のアメリカ国務省の政府内報告書「米国の地位協定交渉への挑戦と戦略」には「地位協定の交渉は住民感情もふまえ柔軟に，ただし駐留を望む国には強く出る」[32]とあるという。トランプ政権のマティス国防長官からは日本は「他国が見習うべきお手本」と評されている[33]。

国際貢献の名のもとに日本は自衛隊を海外に派遣するようになったが，武力行使はしない。日本は，受入れ国との間に自衛隊の地位に関する刑事裁判権を中心に協定を結んでいる[34]。そのなかにはカンボジアPKO派遣，ザイール難民救援派遣，イラク復興支援派遣，クウェート空輸支援派遣，ジブチ海賊対処派遣，南スーダン PKO 派遣が含まれている。

(2)　日米地位協定と環境問題

すでに記したとおり日米地位協定は1960年1月締結され，正式名称にあるように，安保条約第6条に基づく「施設および区域」並びに「合衆国軍隊の地位」に関する2国間の法的拘束力を有する国際合意である。行政協定を引き継いだ日米地位協定は，28条から構成されているが，「環境」という言葉は存在しない。

ここでは，環境に関連する条項を挙げ，検討することにしたい。それは，第3，4，5条と第16条である（条文は『解説条約集第8版』による）。

まず第3条1項は「合衆国は，施設および区域内において，それらの設定，運営，警護および管理のために必要なすべての措置を執ることができる」と規定している。これは「排他的使用権」と呼ばれ，環境問題に関しては，基地や港から様々な有害物質が排出されても日本国内の環境関連法令の規制を受けることはないということになる。基地への立ち入り検査もできない。日米合意があるにもかかわらず，パラシュート降下訓練を嘉手納基地上空で「例外的場合に限る」という合意に反して行っている。また3項は「合衆国軍隊が使用している施設および区域における作業は，公共の安全に妥当な考慮を払って行わなければならない」と定めている。「公共の安全」は本来，人間の生活空間と自然の安全を意味するのであるが，現実には軍人の安全が想定されている。

次に第4条は，基地の原状回復義務の免除を規定している。米軍基地は，すでに見たようにひどく汚染されているが，「合衆国軍隊に提供された時の状態に回復し，又は回復の代わりに日本国に補償する義務を負わない」と謳っている。

第5条は，受入れ国内における移動の自由，公の船舶・航空機の出入国，基地への出入権を定めている。米軍の国内での「移動の権利」の問題である。放射能の負の影響は世界大であるが，原子力潜水艦の入港の事前通告制度の問題や放射能の汚染の問題は考慮の対象ではない。米軍機の事故の多さは異常である（表3-8）。さらに低空飛行訓練の問題は，環境汚染・悪化問題と密接に関連

表 3-8　米軍機事故（1972 年～ 2015 年）

米軍機事故 676 件（固定翼 555 件，ヘリ等 121 件）			
【基地別】※沖縄県「沖縄の米軍及び自衛隊基地（統計資料集）」（2016 年 3 月版）			
普天間基地内	15 件		（固定翼 7 件ヘリ等 8 件）
嘉手納基地内	462 件		（　〃 455 件　　〃 7 件）
基地外	＝ 176 件		（固定翼 84 件ヘリ等 92 件）
	・海上	52 件	（　〃　39 件　　〃 13 件）
	・民間空港	39 件	（　〃　27 件　　〃 12 件）
	・住宅付近	20 件	（　〃　 5 件　　〃 15 件）
	※人身事故	27 件	（固定翼　10 件 17 人　ヘリ等 17 件 79 人）

出所：『沖縄の環境・平和・自治・人権』139 頁。

する。事故の多いオスプレイの飛行訓練は，沖縄のみならず日本全国で行われようとしている。高江のヘリパッド建設問題の影響は深刻である。ヘリパッド建設は，1996 年に北部訓練場の過半の返還の見返りとして決定されたが，「やんばる」の森にヘリパッドはいらないという高江地区の住民の反対や日本応用動物昆虫学会をはじめ多数の学会の見直し要望書にもかかわらず，日本政府・沖縄防衛局は 2016 年 7 月，工事を再開し，高江地区の住人約 140 余人に対し全国から機動隊員 500 人を動員し，反対派をしめだした。このようななかオスプレイの発着訓練は，住民の生活を犠牲にして続いている。米軍は第 5 条 2 項を拠り所に爆音・爆風など基地周辺の住民の日常生活と環境に深刻な影響を与える訓練を行なっている。また首都圏を中心に「横田空域」（横田ラプコン）があり，日本の領空に属しているが，日本の飛行機は自由に飛ぶことができない。米軍の戦闘機や輸送機が優先的に使用している。本来なら日本が管制権を行使できるが，航空管制権は横田基地の米軍が握っている。同じことが沖縄にもあり「嘉手納ラプコン」と呼ばれている。その背後にあるのが，地位協定第 25 条に規定されている「日米合同委員会」の密約（航空管制委任密約）である[35]。

最後に第 16 条は「日本法令の尊重義務」を規定している。ここでの問題は「外国軍隊には接受国の法令の適用はない」ことを意味していることである。日本の環境法令は「尊重」するが「適用」することはないのである。要するに米軍の日本における活動には日本の許可を要しないということである。

(3)　日米合同委員会と基地の環境管理

合同委員会は第25条で「特に，合衆国が相互協力および日米安全保障条約の目的の遂行に当たって使用するため必要とされる日本国内の施設および区域を決定する協議機関として，任務を行なう」と定めている。日米合同員会の組織を図示する（図3-4）。委員会は，日本国政府の代表者1人（外務省北米局長）および合衆国政府の代表者1人（在日米軍司令部副司令官）で組織し，「各代表者は，一人または二人以上の代理および職員団を有するもの」と規定している（2項）。図で分かるように，13人の文官と軍人で構成され，その下にさまざまの分科委員会が付置されている。定例会は，毎月2回の頻度で日本の外務省内と米軍施設で交互に開催され，議長も日米が交互に務める。話し合われるテーマは多岐にわたるが，主に①米軍基地の提供・返還に関する事項，②地位協定の運用に関する合意で，具体的には，米軍機の管制や騒音問題，オスプレイの訓練や運用，米軍関係者の捜査や裁判，基地の環境汚染などがある。

日米合同委員会は，合意された内容は一切開示されないため「密約製造マシーン」[36] と呼ばれることが多い。『「日米合同委員会」の研究』を著している吉田敏浩は，合同委員会の特徴を，次のように簡潔に纏めている[37]。1．協議内容の広さ，2．徹底した秘密主義，3．官僚の支配，4．米軍の支配，ということである。ここで指摘されているように，アメリカの意向が最大に優越的で日本国憲法を超える力を有するといわれてきた。

日米合同委員会の重要なテーマの1つに基地環境の汚染や騒音，環境の破壊の問題などがある。これらの問題を明らかにするためには，日米地位協定には環境に言及する条項がないので，日本の環境政策と米軍の環境政策を検証する必要がある。

アメリカでは「国家環境政策法」（NEPA）が1969年に制定された。NEPAは，環境に大きな影響を与える連邦政府の行為に対して事前に環境アセスメン

図3-4　日米合同委員会組織図

平成24年2月現在
（　）は設置年月日
＊以下「代表」及び「議長」は，日本側代表・議長を示す。

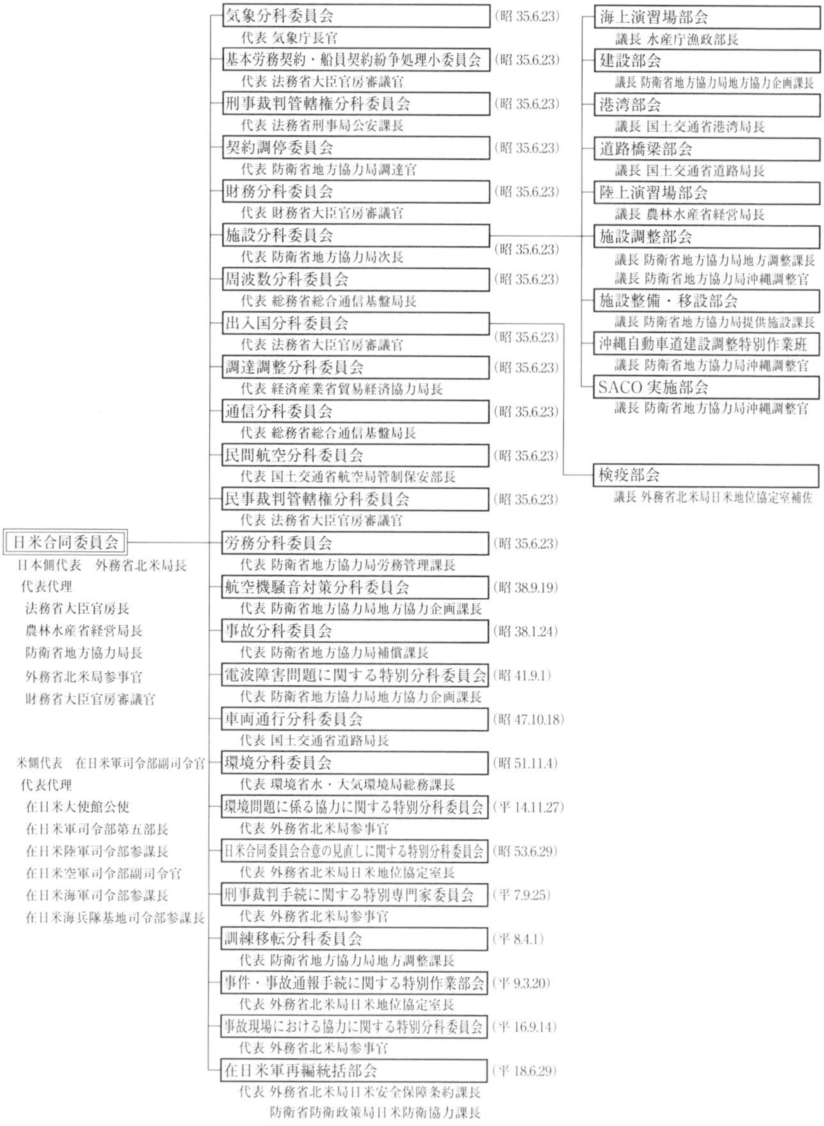

日米合同委員会
日本側代表　外務省北米局長
代表代理
法務省大臣官房長
農林水産省経営局長
防衛省地方協力局長
外務省北米局参事官
財務省大臣官房審議官

米側代表　在日米軍司令部副司令官
代表代理
在日米大使館公使
在日米軍司令部第五部長
在日米陸軍司令部参謀長
在日米空軍司令部副司令官
在日米海軍司令部参謀長
在日米海兵隊基地司令部参謀長

- 気象分科委員会（昭35.6.23）　代表 気象庁長官
- 基本労務契約・船員契約紛争処理小委員会（昭35.6.23）　代表 法務省大臣官房審議官
- 刑事裁判管轄権分科委員会（昭35.6.23）　代表 法務省刑事局公安課長
- 契約調停委員会（昭35.6.23）　代表 防衛省地方協力局調達官
- 財務分科委員会（昭35.6.23）　代表 財務省大臣官房審議官
- 施設分科委員会（昭35.6.23）　代表 防衛省地方協力局次長
  - 海上演習場部会　議長 水産庁漁政部長
  - 建設部会　議長 防衛省地方協力局地方協力企画課長
  - 港湾部会　議長 国土交通省港湾局長
  - 道路橋梁部会　議長 国土交通省道路局長
  - 陸上演習場部会　議長 農林水産省経営局長
  - 施設調整部会　議長 防衛省地方協力局地方調整課長／議長 防衛省地方協力局沖縄調整官
  - 施設整備・移設部会　議長 防衛省地方協力局提供施設課長
  - 沖縄自動車道建設調整特別作業班　議長 防衛省地方協力局沖縄調整官
  - SACO実施部会　議長 防衛省地方協力局沖縄調整官
- 周波数分科委員会（昭35.6.23）　代表 総務省総合通信基盤局長
- 出入国分科委員会（昭35.6.23）　代表 法務省大臣官房審議官
  - 検疫部会　議長 外務省北米局日米地位協定室補佐
- 調達調整分科委員会（昭35.6.23）　代表 経済産業省貿易経済協力局長
- 通信分科委員会（昭35.6.23）　代表 総務省総合通信基盤局長
- 民間航空分科委員会（昭35.6.23）　代表 国土交通省航空局管制保安部長
- 民事裁判管轄権分科委員会（昭35.6.23）　代表 法務省大臣官房審議官
- 労務分科委員会（昭35.6.23）　代表 防衛省地方協力局労務管理課長
- 航空機騒音対策分科委員会（昭38.9.19）　代表 防衛省地方協力局地方協力企画課長
- 事故分科委員会（昭38.1.24）　代表 防衛省地方協力局補償課長
- 電波障害問題に関する特別分科委員会（昭41.9.1）　代表 防衛省地方協力局地方協力企画課長
- 車両通行分科委員会（昭47.10.18）　代表 国土交通省道路局長
- 環境分科委員会（昭51.11.4）　代表 環境省水・大気環境局総務課長
- 環境問題に係る協力に関する特別分科委員会（平14.11.27）　代表 外務省北米局参事官
- 日米合同委員会合意の見直しに関する特別分科委員会（昭53.6.29）　代表 外務省北米局日米地位協定室長
- 刑事裁判手続に関する特別専門家委員会（平7.9.25）　代表 外務省北米局参事官
- 訓練移転分科委員会（平8.4.1）　代表 防衛省地方協力局地方調整課長
- 事件・事故通報手続に関する特別作業部会（平9.3.20）　代表 外務省北米局日米地位協定室長
- 事故現場における協力に関する特別分科委員会（平16.9.14）　代表 外務省北米局参事官
- 在日米軍再編統括部会（平18.6.29）　代表 外務省北米局日米安全保障条約課長／防衛省防衛政策局日米防衛協力課長

出所：前泊博盛編『本当は憲法より大切な「日米地位協定入門」』266頁。

表 3-9　米国域外における米軍基地の環境政策の沿革

1973 年	米国域外の連邦施設（軍事施設を含む）において，受入国の環境汚染基準の遵守を規定した大統領命令 11752 号をニクソン大統領が布告。
1978 年	カーター大統領は，大統領命令 12088 号を布告。この命令は，ニクソン大統領が布告した大統領命令 11752 号の効力を停止したが，域外での連邦政府機関による活動については，大統領命令 11752 号と同様に，受入国で一般的に適用される環境保護基準に従うことを求めた。カーター大統領は，域外の軍事施設や軍事活動に関する環境影響評価について定めた大統領命令 12114 号を布告。この大統領命令が定める域外環境影響評価制度を実施するために国防総省指令 6050.7 号を施行。
1991 年	1991 年会計年度国防授権法制定。この法の要請により，国防総省は環境保護基準を定めた国防総省指令 6050.16 号を制定した。また，同法は，域外軍事施設の環境浄化対策，特に，当該軍事施設が閉鎖され受入国に返還される場合の対処措置を策定するように国防総省に求めている。
1995 年	在日米軍が「在日米軍 日本環境管理基準」（受入国毎の「最終管理基準」に相当）を初めて制定した。
1996 年	1991 年の国防総省指命 6050.16 号を改正した国防総省指針 4715.5 号が制定された。この指針は，海外軍事施設における環境保護基準の策定手続を定めている。
1998 年	1991 年会計年度国防授権法の要請により，実施レベルの根拠となる，国防総省指針 4715.8 号「国防総省の域外活動に関する環境回復」が制定された。
2002 年	在日米軍が「在日米軍 日本環境管理基準」の最新版を制定した。

出所：『基地をめぐる法と政治』198 頁。

トの実施と環境影響評価書の作成を義務づけた。国防総省も例外ではなかった。しかし，NEPA は「海外の域外軍事施設に対して，適用されることはない。このため，これらの施設に対する環境影響評価は，大統領命令と国防総省指令などに基づいて行われることになる」[38] のである。

そこで次に「米国域外における米軍基地の環境政策の沿革」（表 3-9）を中心にみることにしよう。ここで重要な点は，カーター大統領が 1978 年に出した大統領命令 12088 号と翌年布告された同 12114 号「域外の主要活動に関する環境影響」である。この後者の大統領命令が域外軍事施設に適用されている環境影響評価の法源になっている。

連邦議会は，1991 年会計年度国防授権法において国防総省に域外軍事施設における環境基準の策定を命じた。これを受けて 92 年に「域外環境基本指針文書」（OEBGD）が定められたが，そこから読み取れる肝心な点は，域外に派遣された米国人の安全であって，受入れ国の環境保護や国際的環境保全に配慮が向けられている訳ではなかった。つまり「国益」や「国家安全保障」の見地からの「適用除外」が認められているということである。この OEBGD と受入れ国の環境諸法を比較して各国の駐留軍の国防総省環境司令官（日本の場合は在日米軍司令官）は，より厳格な基準を選択して各国ごとの最終管理基準（FGS）を設定しなければならない。日本の場合，米軍施設に適用される最終環境管理基準は「日本環境管理基準」（JEGS, Japan Environmental Governing Standards）と呼ばれ，1995 年に初めて制定され，大体 2 年ごとに更新され，最新のものは 2016 年版である。問題は，JEGS が定めるのは米軍が遵守すべき環境基準であり，そのなかには届出，許可，立入検査，改善勧告などの行政手続はほとんど含まれていないことである。JEGS は大部なもので，当初の JEGS に入っていた章のうち「騒音」，「ラドン」，「海外における環境への影響」は第 4 版から削除されていることや「放射性廃棄物の管理・廃棄」について言及されていないことを忘れてはならない。

1990 年代以降，冷戦も終結し，環境問題がグローバル化し，さまざまの環境に関する国際会議が相次いで開催された[39]。これらを背景にして国民の環境問題に対する意識が高まってきた。沖縄では基地跡地の汚染や基地新設の問題，米軍人が引き起こす度重なる事件が相まって，日米両政府は在日米軍の環境管理の見直しを繰り返し提起し，日米地位協定への影響を最小限に留めようと，改善の努力をしてきた。そして日本では 1997 年に NEPA に遅れること約 30 年，「環境影響評価法」が制定された。

まず 2000 年 9 月には日米安全保障協議委員会は「環境原則に関する共同発表」を公表し，在日米軍施設・区域に関する環境問題についての情報交換や適切な環境アセスメントを謳った。

また 2002 年 12 月には同委員会では，日米間における環境分野での協力の重要性が指摘され，日米合同委員会での環境分野の建設的協力の継続が強調された。

さらに 2015 年 9 月には環境補足協定「日本国とアメリカ合衆国との間の相互協力及び安全保障条約第六条に基づく施設及び区域並びに日本国における合衆国軍隊に関連する環境の管理の分野における協力に関する日本国とアメリカ合

衆国との間の協定」が署名された。その内容は，①情報の共有，②環境基準の発出・維持，③立入手続の作成・維持，④日米合同委員会での協議であり，従来の「運用改善」に留まらず，実質的審議を目指すものである。しかし，協定の長い名前のなかにあるように根底にあるのは軍事同盟・安保条約の規定であることを銘記する必要がある[40]。

(4) 日米地位協定の改定

1995年の米兵による少女暴行事件は大きな衝撃を多方面に与えた。日米両政府は，日米合同委員会で運用改善に合意したが，見直しには至らなかった。同年11月には沖縄県は，日米の政府に対して日米地位協定の見直しの要請書を提出し，その後も事件が起こるたびに見直しを提起してきた。米軍基地を抱える15都道府県の渉外知事会は，同年から国に改定を求め続けている。2017年9月翁長沖縄県知事は，県が策定した在日米軍の法的地位などを定めた日米地位協定の見直し案を提出した。国会の衆参各委員会で何度となく見直しが決議され，2009年の連立政権は「日米地位協定の改定」を提起することを明記した。日本弁護士連合会は，1976年以来，日米地位協定の改正を決議し，2012年には「オスプレイの普天間基地配備の中止を求める」会長声明のなかで，地位協定の抜本的見直しを急ぐことを要請した。

日本国民はどう考えているのだろうか，1つの世論調査を紹介しよう。それは2016年5月に行われたフジ産経世論調査である[41]。それによれば，「日米地位協定を見直すべきか」という問いに対して「見直すべき」が83.7%，「政府対応で問題ない」が13.1%であった。この結果は国民と政府の間には深い溝があることを含意し，そのことは辺野古問題をめぐる沖縄と政府の構造的差別という関係と同様である。

この問題を考えるのに参考になるのは，アメリカが他国と結んでいる地位協定であろう。ドイツとイタリア，それに韓国である。アメリカと独伊はNATO軍地位協定を結んでいるが，同時にドイツとボン補足協定を締結し，イタリアとは基地の運用・管理に関する二国間合意を結んでいる。この合意は，日本の協定見直しのヒントとなりうる。「国内の米軍基地の管理権はイタリアにあり，軍用機の発着数や時刻はイタリア軍司令官が責任を持つ。飛行訓練には国内法が適用され，重要な軍事行動にはイタリア政府の承認が必要とされる」[42] という内容は示唆的である。

ドイツに関しては「ボン補足協定」（1959年）は，3回改正され，1993年の協定では不平等の側面を残しているが，米軍機にドイツ航空法が適用され，飛行禁止区域の飛行や低空飛行を禁止し，米軍訓練にはドイツ当局の同意が必要でドイツ環境法が適用される。さらに駐留軍の移動にはドイツ交通法規を守ることが求められる。また重要なことは，基地撤退後の環境の原状回復義務と補償義務が規定されたことである。

米韓地位協定（1953年）も2001年に改訂され，韓国は「環境諒解覚書」を締結し，環境法令の尊重が規定された。日本と状況はよく似ているが，返還基地の土壌汚染対策と手続については2009年に文書合意した。韓国でも米兵による暴行事件が相次ぎ，2012年に事件をおこした米兵の引き渡しを求めることができるようになった[43]。

このように他国の協定の運用の形を参考にし，かつ国内的には国会に特別の委員会を設置し，情報を公開し，議員が審議し，監視し，決定するというプロセスを制度化する必要がある。

おわりに

いま人間と自然の持続可能性が問われている。地球環境の破壊の大きな要因は軍事活動である。そのため地球環境を保全するためには各国が基地の建設や軍事活動を抑制しなければならない。沖縄における米軍の軍事活動は，日米地位協定によって確保されている。これまで確認してきたように，この協定は主権国家間の協定でありながら不平等なものであった。アメリカは，沖縄の海兵隊の配置転換を計画しているなか，日本政府は「米軍は抑止力」と言い続け，アメリカに追従するだけである。多額の「思いやり予算」の支払いは，なんの法的根拠もない。日本にとって喫緊の課題は，運用の改善にとどまらず日米地位協定の改定である。まず大切なことは，ドイツや韓国のように協定に明確な形で環境条項を書き込むことである。それによって日本ひいては沖縄のさまざまな問題を改善できると考えられる。

外務省のホームページには「一般国際法上，駐留外国軍には特別の取り決めがない限り受入れ国の法令は適用されない」と書かれている。裁判管轄の問題を含め，日本政府・外務省は，沖縄や国民世論の動向を受けて「特別の取り決め」を結ぶ努力をする必要があるだろう。そうでなければ，日本外務省は「ホワイトハウスの分室」といえるのかもしれない。日本はアメリカのコピーではない。しかし，日本の核心的な政策は，アメリカからの年次改革要望書で指示され，日米合同委員会の「公表されない合意」によって左右されているのである。

1996年当時のアメリカの国防長官であったウィリアム・ペリーは，米軍普天間飛行場の返還合意に中心的役割を演じた。アメリカ外交の4賢人の一人ペリーは，21年ぶりに沖縄を訪れ「在沖米軍は日本を守るための任務を担っている。軍事的には，沖縄でなければ任務が果たせないわけではない。これは日本人や日本の政府にとっての政治的問題だ。米国が決めることではない」[44]と述べている。また国防次官補を務めたこともある国際政治学者ジョセフ・ナイは，ニューヨーク・タイムズに寄稿し「沖縄県内に海兵隊を移設する現在の公式計画が，沖縄の人々に受け入れられる余地はほとんどない」[45]と分析してみせた。

われわれは，この言葉の一端から同盟と基地で安全を守ることができるのかという根源的な問題を想起すべきであろう。そして軍事力によらない安全保障体制の構築を目指し，グリーンな地球環境の保全を次世代に継承することである。われわれは，冒頭の「人間環境宣言」，さらには「環境と発展に関するリオ宣言」（1992年）の諸原則の実現の課題を展望する必要があろう。とりわけ後者の宣言のなかには原則1「持続可能な発展の核心としての人類」，同2「環境に対する国の権利と責任」，同10「市民参加と救済制度」，さらに同11「環境立法」ほかの重要規定が列挙され，宣明されているからである。これは地球環境政治の核心的な研究課題の1つであるといえよう。　（2017.9.19記）

［補　　記］

「沖縄のこころ」「沖縄のアイデンティティ」を体現し，辺野古基地新設に反対を貫徹しようとした沖縄の保守政治家・翁長雄志県知事が道半ばで2018年8月8日に67歳で急逝した。沖縄の不条理を眼前にし，多くの批判を受けながらも「沖縄の基地問題は，日本の民主主義，地方自治が問われる問題だ」と訴え続けた。

この報に接した筆者は，もう1人の山梨県忍野村生まれの地方政治家・天野重知（1909-2003）を想起した[46]。天野は，戦前・戦後を通じて北富士演習場闘争の指導者であり，中心人物であった。また反基地闘争を続ける「忍草母の会」の生みの親であり，忍草の母たちとともに着弾地に座り込み抵抗した。そして当時から日本各地で軍事公害が随所で頻出してきた。天野の行動の背後には，富士山の環境，つまり富士の山と水を守ること，および北富士演習場の「全面返還・平和利用」と「入会権確立」の夢があった。

1997年から北富士で沖縄の米海兵隊の実弾演習が始まった。候補地に北富士がのぼった段階から天野や自治体トップらは抗議の声を挙げ，反対したが，国との交渉は条件闘争と化し，移転演習を受け入れた。天野らが求めた演習場の平和利用は退けられた。「金で面を撲る」ということであろう。生前，天野は「金は一時　土は万年」というスローガンを説き続けた。

その後，天野はたびたび「忍草母の会」とともに米軍演習に抗議し，北富士演習場の入り口に座り込んだ。2003年には，戦前2期務めた忍野村村長選挙に再度94歳で打って出ようとした。しかし，12月の座り込みの後，風邪を拗らせ肺炎で急逝した。

2018年7月，防衛省は，山梨県と北富士演習場対策協議会に対し，秋に北富士演習場での英陸軍と自衛隊の共同訓練の実施を申し入れた。3月に更新された「第10次使用協定」は，自衛隊と米軍以外の使用は認めていない。この問題を含め，あらゆる政治課題について改めて政府の「真摯な協議」と「丁寧な説明」が必要であろう。民主主義国家においては少数者の意思の尊重，加えて誠実な議論と民主的な手続きが求められているからである。

この北富士演習場の問題は，沖縄の新基地建設や地位協定の問題と構造的にも共通している。「忍草母の会」が闘いのなかで多くの声明を出しているが，そのなかに次のような声明（1971年4月28日）がある。

　　沖縄と北富士
沖縄が怒る　北富士が怒る
米軍の血ぬられた軍靴は草を踏みにじり
炸裂する砲弾は土を吹きとばす
かつて領主・島津　武田の貢納　苦役に泣き
いま米軍の非道にあえぐ
沖縄と北富士をつつむ霧は深い
この霧を　インドシナに朝鮮半島に
流してはならない

この声明は当時の国際情勢をも読み込んでいる。また北富士での「忍草母の会」の動きは，三里塚闘争・運動にも大きなインパクトを与えた。

翻って翁長雄志の夢は何であったのか。北富士の二の舞ではないだろう。翁長は，2018年6月23日の「沖縄慰霊の日」の平和宣言のなかで，「民意を顧みず工事が進められている辺野古新基地建設については，沖縄の基地負担軽減に逆行しているばかりではなく，アジアの緊張緩和の流れに逆行している」と述べ，さらに沖縄は，「非武の島」として周辺の国々と共栄してきた琉球の歴史を踏まえ「日本とアジアの架橋としての役割を担うことが期待されています」と宣明している。

同席していた安倍首相の挨拶は，例年のごとく辺野古の問題には一言も触れず，ただ「『できることはすべて行う』。沖縄の基地負担軽減に全力を尽くしてまいります」というものであり，先頭に立って新基地を造ります，と聞こえるようだ。2014年の知事選に翁長が辺野古新基地建設に反対を掲げ，仲井眞前知事に圧勝すると，政府は，沖縄復興予算を160億円減額しただけではなく，政府要衝との面談を求めた翁長知事を拒否し続けた。「金で面を撲る」の典型といえよう。交付金の問題ではなく，住民の不安に応えることが大事なのである。この対応は「真摯な協議」や「丁寧な説明」とは無縁であり，いまも継続中である。他方で「慰霊の日」には中学３年の相良倫子さんが「平和の詩」「生きる」を暗唱し，反響を呼んだ。そのなかに，次の一節がある。「全ての人間が，国境を越え，宗教を越え，あらゆる利害を越えて，平和である世界を目指すこと」。「生きる」は沖縄の人々の切実な心の表現であるだろう。もう１人「沖縄の心」の歌をうたい続ける民謡歌手を忘れることはできない。基地の街・嘉手納で生まれ、基地問題を語るようになった古謝美佐子である。米軍基地の押し付け、それに伴う環境悪化に心を痛め90年代に『黄金の花』（ネーネーズ）をうたった。そのなかに印象的な歌詞の一節「黄金で心を捨てないで」、「黄金の花はいつか散る」がある。それが暗示する意味は、政府が交付金の増減をちらつかせ、民意を揺さ振り、新基地建設を加速し、環境破壊が深刻化することへの疑念の表明であろう。これは、すでに述べた天野重知や北富士の女たちの「金は一時　土は万年」と同根である。

翁長知事は，知事就任後，沖縄の現状を内外に発信し続けた。１つは訪米し，政府の要人や議会人と懇談し，沖縄の現実を訴えた。もう１つは国連の場で講演を行い，また国連人権委理事会で沖縄と辺野古の原状を訴える短い演説を行った（2015年９月21日）。このような行動に対し日本政府は反抗した。後者のなかで「自国民の自由，平等，人権，民主主義，そういったものを守れない国が，どうして世界の国々とその価値観を共有できるのでしょうか。日本政府は，昨年，沖縄で行われた全ての選挙で示された民意を一顧だにせず，美しい海を埋め立てて辺野古新基地建設作業を強行しようとしています。私は，あらゆる手段を使って新基地を止める覚悟です」と決意を表明していた。因みに，南カリフォルニア大サンタ・クルーズ校の学生17人が2018年８月に新基地計画されている辺野古を訪れ，取材した[47]。学生たちは「米国人は沖縄の基地問題を知らない。米軍基地が沖縄に与えている影響について米国人が能動的に考えるようにしていきたい」と口をそろえた。また同道した卒業生のキャメロン・バン

表 3-10　沖縄県で発生した最近の米軍機トラブル

〈2017年〉	10月11日	CH53E大型ヘリコプターが東村の民有地に不時着し炎上
	12月13日	CH53Eの窓が宜野湾市の普天間第二小学校に落下
〈2018年〉	1月6日	UH1多用途ヘリが伊計島に不時着
	8日	AH1攻撃ヘリが読谷村の廃棄物処分場に不時着
	18日	AH1など3機が普天間第二小付近を飛行
	23日	AH1が渡名喜村のヘリポートに不時着
	2月1日	自衛官による米軍普天間飛行場での調査が直前に中止
	8日	垂直離着陸輸送機オスプレイの部品が伊計島付近に落下

出所：『毎日新聞』2018年2月18日。

ダースコフさんは「翁長雄志さんが知事になったということは県民は新基地に反対しているということ。（日本政府は）民主主義を尊重するなら地域の意見に耳を傾けるべきだ」と話した。

この間，基地をめぐるさまざまな事件，事故，騒音，環境破壊などが各地で起こっているが，不平等な日米地位協定に阻まれ，日本政府の対応は，アメリカに「原因究明」と「再発防止」を求め，「運用改善」に努力する，の繰り返しに留まっている。

本章で記したように沖縄県では米軍機のトラブルが近年頻発している（表3-10）。いくつか実例を見ることにしよう。1つは，2017年10月11日の東村高江の民家の牧草地に米軍の大型輸送ヘリが墜落し，大破した。事故現場は直後に米軍による規制線で封鎖され，米軍の財産である機体の残骸と汚染の可能性のある土壌は米軍に回収された。日本は，事故の現場に入ることもできず，捜査・検証を認められていない。このような事例には事欠かない。2004年8月に沖縄国際大学への米軍ヘリ墜落し，爆発炎上した事件や2016年12月，名護市安部の海岸に海兵隊のMV22オスプレイが墜落した時も，米兵が事故現場を封鎖し，日本人，つまり県警もメディアの取材活動も排除した。いずれにせよ，国際社会では，この種の事件に関しては米軍ではなく，日本の警察が捜査するか合同で調査するのが一般的であろう。日米地位協定の第17条では「基地の外」で起きた事故に関しては，日本が警察権を行使することが規定されている。しかし，

「日米地位協定についての合意議事録」（1960年1月19日）のなかで日本は「米軍の財産について，捜索，差押え，又は検証を行なう権利を行使しない」と合意している。正しく日米地位協定はブラックボックスであり，「不平等性」の象徴である。

もう1つの例は，2017年12月13日の米軍大型ヘリの窓が落下した普天間第二小学校の事故についても，日本政府の再発防止要請に対して米軍の対応は十分でなく，県民の不信が増幅している。米側は「小学校上空飛行を可能な限り避ける」といいながらも，米軍機の接近が止むことはなかった。沖縄防衛局は，学校やPTAの要望を受け，2018年1月から校庭や校舎屋上に計7人の監視員を配置し，米軍機の機首を確認し，上空飛来の恐れがある場合には避難を指示している。沖縄防衛局の纏めによれば，校庭の使用が全面再開された2月13日から3月23日（3学期修了式）までに米軍機接近による児童避難は216回に及び，授業に深刻な影響を与えている（『毎日新聞』2018年4月18日）。しかし，米軍は「上空は飛んでいない」と否定している。この種の事故は，沖縄だけでなく，横田，三沢，厚木，横須賀，岩国などの基地に共通している。日本は，基地外では米軍も米兵も国内法を適用することを強く求めることが肝要である。

日本と沖縄の軍事公害を追い続けてきたジョン・ミッチェルは，新著『追跡 日米地位協定と基地公害 「太平洋のゴミ捨て場」と呼ばれて』[48] の冒頭で，次のように認めた。

> 「七〇年以上にわたって，米軍基地は放射性廃棄物，枯れ葉剤，劣化ウラン，PCB（ポリ塩化ビフェニル）やヒ素などの有害物質で日本を汚染してきた。毒物が河川，海，土壌を汚し，米軍兵士や軍雇用員，地域住民の健康を害してきた。
>
> なかでも沖縄は，米軍基地の負担が集中する最大の被害地である。最近，沖縄の県都那覇市を含む百万規模の人口を支える飲料水源が，危険なレベルのパーフルオロ化合物で汚染されていることが発覚した」

表3-11　日米地位協定と米独，米伊協定の比較　※沖縄県調べ

	日本	ドイツ	イタリア
駐留米軍への国内法の適用	国内法は原則として適用されず	米軍施設の使用や施設外での訓練，演習に，国内法を適用	米軍は訓練などについて国内法を順守
米軍基地内への立ち入り権	日本側の立ち入り権は明記されず	国や地方自治体の立ち入り権が明記され，緊急時には事前通告なしに立ち入り可能	米軍基地は伊軍が管理し，司令官が基地内に常駐
米軍の訓練，演習に対する規制	日本側に規制権限はなく，詳細な情報は通報されない	訓練，演習には独側の許可・承認が必要	訓練，演習には伊軍司令官への事前通告・承認が必要
米軍機事故の調査権	日本側は米軍の同意なしに調査できない	独軍が主体的に調査できる	伊軍が主体的に調査できる

出所：『毎日新聞』2018年4月18日。

この記述を読むと，基地は戦争のリハーサルの場であり，生態系を破壊し，基地公害は，本章で論じたように深刻である。それは人々の健康だけでなく，経済にも影響する。汚染された軍用地の返還に伴う汚染浄化・原状回復のために必要な費用は莫大である。沖縄には軍用地の一部返還計画があり，それには多額の税金が投入されるであろう。

このような現実を眼前にすると，1960年に結ばれた日米地位協定がこのまま継続するとすれば，軍事公害が拡大再生産し，地球環境の破壊が深刻化することになる。アメリカが，第二次世界大戦の敗戦国であるドイツ，イタリアと結んだ地位協定は本章で論じたように数回，見直されている。米軍にさまざまな特権を認めている日米地位協定は，相互性を明確にすべきである。沖縄県は，2018年2月にドイツ，イタリアに調査団を派遣し，「他国地位協定調査中間報告書」（平成30年3月，沖縄県）を公表した。詳しくは触れないが，その内容は，「日米地位協定と米独，米伊協定の比較」（表3-11）に忠実に纏められている。本章で論じたことが具体的に確認されている一方，主権国家日本の特異性が浮き彫りになっている。

民主主義国家日本は，独伊のように対等な立場からあるべき地位協定を求め続ける必要がある。外務省の姿勢に疑問が呈されている。なぜこれまでアメリカに追従する必要があるのだろうか[49]。外務省のホームページの「日米地位協

定 Q&A」には米軍関係者の公務中の行為について「日本の法律は原則として適用されない。これは国際法の原則による」とあり，歴代の首相や外相の国会答弁は，この繰り返しであった。このような国際法は存在するのか，議論されている。しかし，アメリカの文書には，相反する別の見解が記されている。アメリカ国際安全保障諮問委員会「地位協定に関する報告書」のなかには「一般国際法上，その国にいる人はその国内法に従う」という主旨が書かれている[50)]。またアメリカ陸軍が編んだ 2017 年の『法運用ハンドブック』にも同主旨の内容が記されている[51)]。

別の観点からみると，このことがよく理解できる。沖縄海兵隊のグアム移転計画と関連して日本政府は「辺野古の埋め立てが唯一の選択肢」と言い続けているが，2011 年 1 月にウィキリークスが朝日新聞に提供した日本関係の米外交公電 7 千点の分析から明らかになったことは，米海兵隊を沖縄に引き留めたのは日本政府であったということである[52)]。2014 年 9 月 14 日『琉球新報』は「米軍の沖縄駐留　日本政府の意向　モンデール氏証言」を報じた。モンデールは元アメリカ副大統領，元駐日米大使であり，この証言は重い。また，これらの外交公電のなかで明らかになった日本の官僚らの言動は欺瞞に満ちている。当時の外務省の斉木アジア大洋州局長や防衛省の高見沢防衛政策局長の発言は「国民の奉仕者」ではなく，「政権の奉仕者」であり，官僚の矜持は一かけらも見られない。さらに米軍のグアム移転経費をめぐっても日本負担比率軽減を偽装する操作が行われていたというのである。

このような状況のなかで，辺野古の新基地建設は，今後順調に進むだろうか。土砂搬入をめぐる状況は翁長知事の死去により混迷している。それに加えて，重要な点は，北上田毅が情報公開請求で明らかになった沖縄防衛局の地質調査報告書である[53)]。それは，黒塗りの部分があるが，生物多様性のホットスポットである大浦湾の埋め立て予定水域の海底に軟弱地盤があることを明記し，海底地質についても「構造物の安定，地盤の沈下や液状化の検討を行うことが必須」だと指摘している。同年防衛局は，海底資源調査船ポセイドンで活断層の調査をしたが，活断層の存在を認めていない。しかし辺野古断層は「極めて危険」と強調する学者もいる。また辺野古のレッドリストに載っているサンゴの移植も未解決のままである。辺野古には3千年かけてできたサンゴの大群落があり，5千種を超える生物が生息している。

それから忘れてならない点は，ユネスコの諮問機関である国際自然保護連合（IUCN）が2018年5月，世界自然遺産を目指す「奄美大島，徳之島，沖縄島北部および西表島」に「登録延期」という評価を下した[54]。世界自然遺産の価値がないからではない。2017年2月に政府が申請した推薦書のなかの4島24地域が分断され，生態学的な持続可能性に強い懸念があるからである。簡単に言えば「やんばるの自然」が米軍基地・北部訓練場によって分断されているのである。これまでIUCNは，日米両政府に対してヤンバルクイナ，ノグチゲラの生息地の保全を勧告し，ジュゴンの保護を求めていた。政府の推薦書は基地の影響に触れていない粗末なものであった。軍事基地と自然保護の共存はありえないので，今後は米側との話し合いが不可欠である。

この現実を背景にして，日本では日米地位協定の改定に向けて，本章でも言及したようにさまざまな動きがみられる。1つの顕著な動きは，2018年7月27日に開催された全国知事会議において在日米軍の法的地位を定めた日米地位協定の抜本的改定を国に求める提言を初めて全会一致で採択したことである。この話のきっかけは，「日本の安全保障は全国的課題であり，基地問題は一都道府県の問題ではない」という2016年に翁長沖縄県知事の呼び掛けにより全国知事会に「米軍基地負担に関する研究会」が組織されたことからはじまった[55]。沖縄のみならず本土でも，米軍の騒音や事故が多発し，オスプレイの訓練ルートも全国を覆い，「沖縄の全国化」が進んでいるなかで，基地のない県も重い腰を上げ同じ土俵にのった。これまでの行動主体であった「渉外知事会」も，2018年7月に例年の日米地位協定に関する要望書とは別の新しい「特別要望」を纏めている。

全国知事会は，日米地位協定の抜本的見直しを日米両政府に提言した（2018年8月14日）。その主な内容は，①航空法や環境法令などの国内法の適用，②事件・事故時に基地への立ち入り，および防止策の提示，③米軍の訓練ルートや訓練時期の事前情報開示，④基地の使用状況の点検と縮小・返還の検討などである。日本政府は，主権国家にかかわる問題であり，この提言を真摯に受け止めることが必要である。政権与党の公明党は，2018 年 8 月 27 日政府に日米地位協定改定の提言を申し入れた。

上記の諸課題を実現し，日米地位協定の互恵性を確保するために重要なことは「日米合同委員会」を再編することである。それは，多くの密約を生み出し，透明性のないブラックボックスであるからである。本章で見たように，合同委員会の構成員も特殊であり，民主的な政治のプロセスを代表できるのか，疑問が生まれる。伊勢崎賢治は「アメリカ側は軍が代表していて，日本側は首相も大臣も入れず，官僚（制服組）が代表している。外交の問題なのにアメリカを国務省が代表していない。これは，占領時代からずっと同じ軍政が続いているからです。公開の義務もありません」[56] と記している。これでは日米関係は，軍と軍人によって支配されているようなものである。この点を是正する必要があろう。そして健全な合意形成のプロセスを構築することが日米関係にとって肝要であろう。

そのためには，沖縄県の「他国地位協定調査中間報告書」に書かれているように，このプロセスのなかにドイツなどで実施されている「地域委員会」を組み込むことである。日本的にいえば，基地所在の地方自治体や県レベルの首長を政策形成に参画させるということ，もしくは意見表明を制度化することである。それは，地域住民の理解や協力が基地運用には欠かせないからである。

日本を取り巻く状況は極めて流動的である。世界各地では戦闘が絶えることがなく，環境破壊が進み温暖化も深刻である。日米地位協定の改定や辺野古新基地の建設をめぐる問題は混迷をきわめている。加えていえば，沖縄では前知事による辺野古埋め立て承認の撤回手続や土砂埋め立て問題が緊急政治課題として登場している。また米軍オスプレイの本土配備やオスプレイの自衛隊の購入と配備をめぐって国民の不安が増大している。日米安保の強化で日本の安全が高まるのか，熟慮することが重要である。安倍政権が登場して以来，防衛費は増加の一途を歩み，平和憲法は安保法制の成立の強行により変容し，日本は戦争をすることができる国家に成り下がったのである。

「Gゼロ」の世界を著したイアン・ブレマーは新著『対立の世紀　グローバリズムの破綻』[57]のなかで日本でも「対立の構図」が顕在化することを指摘している。日本外交はアメリカに従属しすぎることによって危機に瀕する。現下の国際社会の安全保障政策を考える場合，新基地を建設し軍事力を増強して対抗することが賢明な策か，考えるべきときである。むしろ日本を取り巻く中国をはじめアジア周辺国との関係強化こそ日本にとって必要であり，多国間主義が日本の利益であることを学習することであろう。冷戦後のヨーロッパの安全保障体制は1つのヒントである。

冷戦末期のヨーロッパの英独仏の軍人数は，『ミリタリー・バランス 88-89』によればイギリス31万人，西ドイツ49万人，フランス54万人であり，日本は24万人であった。それに対して2016年の各国の現役前線軍人数は，イギリス15万人，ドイツ18万人，フランス20万人であり，日本は25万人である（SIPRIとGFによる)。日本だけが冷戦期と同様であるのに対し，ヨーロッパ諸国は大幅減であることが理解できる。また日本が保有する戦車の数は678両でヨーロッパ諸国より多い。日本はいまも，金に糸目をつけることなくアメリカから最新兵器の購入を続けている。地球環境保全の視点から見ても，人類が生存し続けるためには軍事力による安全保障ではなく，「もう一つの安全保障」（alternative security）の構想力を培うことが大切である。武器を持たず，武器に勝利する選択肢を創出することである。われわれは，この現実から目を離さず日米安全保障体制と地位協定の在り方を，平和憲法を拠り所にして国際協調主義と地球環境の保護を再検証しなければならない[58]。翁長知事の言葉を借りれば，「日本の民主主義が問われている」からである。　（2018. 8. 20. 記）

（後記）補記は本章の執筆（2017.9.19）後の内容を補完するために動向を論述したものである。この間，プロジェクト・リーダーの星野智中央大学法学部長，メンバーの滝田賢治中央大学名誉教授には在職中から大変お世話になりました。末筆ながら深謝申し上げます。ありがとうございました。

1）小田滋・石本泰雄編（1999）『解説条約集』第 8 版（三省堂）335 頁。

2）ワールドウォッチ研究所（2016）『地球白書 2013-14』（ワールドウォッチジャパン）8-9 頁。

3）総合地球環境学研究所編（2010）『地球環境学事典』（弘文堂）580 頁。

4）Ruth Leger Sivard（1989）*World Military and Social Expenditures 1989*, World Priorities, United Nations（1989）*Study on the Economic and Social Consequences of the Arms Race and Military Expenditures*, United Nations を参照，ロザリー・バーテル，中川慶子ほか訳（2005）『戦争はいかに地球を破壊するか』（緑風出版）20 頁。

5）ナッシュ，R. F.，松野弘監訳（2004）『アメリカの環境主義　環境思想の歴史的アンソロジー』（同友館）を参照。

6）カーソン，青樹簗一訳（1974）『沈黙の春』（新潮社）14 頁。

7）同上，15 頁。

8）NHK スペシャル「沖縄と核」2017 年 9 月 10 日を参照。

9）臼井久和・綿貫礼子編（1993）『地球環境と安全保障』（有信堂）所収論文，193 頁。また綿貫は女性の視点から放射能汚染をはじめ汚染物質の研究を続けた。次の書物を参照されたい。綿貫編（2012）『放射能汚染が未来世代に及ぼすもの』（新評論），綿貫・吉田由布子（2005）『未来世代への「戦争」が始まっているミナマタ・ベトナム・チェルノブイリ』（岩波書店）。エージェント・オレンジについては，ジョン・ミッチェル，阿部小涼訳（2014）『追跡・沖縄の枯葉剤――埋もれた戦争犯罪を掘り起こす』（高文研）が参考になる。

10）United Nations（1982）*The Relationship between Disarmament and Development*, p.52.

11）レスター・ブラウン編，加藤三郎監訳（1991）『地球白書 1991-92』（ダイヤモンド社）222-224 頁。

12）梅林宏道（2017）『在日米軍　変貌する日米安保体制』（岩波新書）序章参照。日米安保に関しては，余りに多くの文献があるが，次のものは有益である。藤原書店編集部編（2010）『「日米安保」とは何か』（藤原書店），明田川融（2008）『沖縄基地問題の歴史　非武の島，戦の島』（みすず書房），島袋純・阿部浩己編（2015）『沖縄が問う日本の安全保障』（岩波書店）。

13）前掲バーテル，247 頁。

14）前掲『地球白書 1991-92』238 頁。

15）日本環境会議・「アジア環境白書」編集委員会（2003）『アジア環境白書 2003/04』

（東洋経済新報社）46-47 頁。

16）前掲バーテル，256 頁。

17）前掲『アジア環境白書 2003/04』33-34 頁，および林公則・大島堅一（2006）「環境から軍事を問い直す」寺西俊一ほか編『地球環境保全への途』（有斐閣）所収，林公則・大島堅一・除本理史（2008）「軍事環境問題の解決に向けて」『軍縮問題資料』10 月号を参照。

18）前掲『地球白書 1991-92』225 頁。

19）総合地球環境学研究所ホームページ参照。

20）大久保規子（2017）「辺野古が問う日本の環境民主主義――オーフス条約の視点から」日本環境会議沖縄大会実行委員会編『沖縄の環境・平和・自治・人権』（七つ森書館）所収，同（2017）「環境民主主義指標（EDI）の意義と課題」『環境と公害』Vol.46 No.3（この『環境と公害』は日本環境会議沖縄大会の講演・論文も収録している）を参照。

21）『毎日新聞』2017 年 8 月 17 日。

22）『沖縄タイムス』2017 年 7 月 27 日。

23）臼井久和（2014）「グローバル化と新しい安全保障パラダイム――地球温暖化をめぐって」星野智編著『グローバル化と現代世界』（中央大学出版部）参照。合わせ，次の文献参照。人間の安全保障委員会編（2003）『安全保障の今日的課題』（朝日新聞社），吉川元（2007）「国際安全保障論――戦争と平和，そして人間の安全保障の軌跡」（有斐閣）。

24）桜井国俊（2017）「沖縄の環境問題」前掲『沖縄の環境・平和・自治・人権』所収，29 頁。

25）宇井純（2002）「沖縄の米軍基地と環境破壊」『沖縄大学法経学部紀要』第 2 号，同（2003）「米軍基地と環境問題」『軍縮問題資料』5 月号，琉球新報社編（2003）『ルポ軍事基地と闘う住民たち』（NHK 出版）参照，また『世界』2012 年 6 月号は，特集沖縄「復帰」とは何だったのか，を組んでいる。諸論稿は有益である。

26）高橋哲朗（2009）『沖縄環境データブック』（沖縄探見社）第 3 章，村上公敏（1984）「沖縄における赤土の流出汚染」『公害研究』Vol.13 No.3 参照。

27）前掲高橋，40 頁。

28）原科幸彦（2011）『環境アセスメントとは何か』（岩波新書）89 頁，同（2017）「日本の環境アセスメントの問題点」前掲『沖縄の環境・平和・自治・人権』所収，を参照。

29）原科同上書（2011）には「アセスメントはコミュニケーション」という節がある。この点について桜井国俊（2015）「日本の未来を奪う辺野古違法アセス」『世界』臨時増刊，で詳しく論じている。

30）『東京新聞』2017 年 8 月 23 日。

31）広島平和研究所編（2016）『平和と安全保障を考える事典』（法律文化社）406 頁。

32）『AERA』（地位協定に悩める米国）2017 年 4 月 17 日，58 頁。

33）同上，59 頁。
34）岩本誠吾（2010）「海外駐留の自衛隊に関する地位協定覚書」『産大法学』43 巻 3・4 号を参照。
35）前泊博盛編（2013）『本当は憲法より大切な「日米地位協定入門」』（創元社）は，各条項の問題点を詳述していて有益である。新垣勉（2006）「米軍基地と日米地位協定――問題点と改正の方向」沖縄国際大学公開講座委員会編『基地をめぐる法と政治』（沖縄国際大学公開講座委員会），また吉田敏浩（2016）『「日米合同委員会」の研究――謎の権力構造の正体に迫る』（創元社）が参考になる。
36）前泊博盛編前掲書，262 頁。
37）吉田敏浩（2017）「「独立回復」から 65 年この国を裏で支配する『日米合同委員会』」『週刊金曜日』6 月 23 日。
38）永野秀雄（2003）「軍と環境法――特に米国の域外軍事施設に関する環境保護法制について」『人間環境論集』89 頁。また同様の趣旨の永野秀雄（2003）「米国の域外軍事施設に関する保護法制」という論文もある。それから砂川かおり（2006）「軍事基地と環境問題」前掲『基地をめぐる法と政治』所収，が有益である。
39）米本昌平（1994）『地球環境問題とは何か』（岩波新書），同「ポスト核抑止の安全保障概念を」『毎日新聞』2013 年 6 月 3 日，同（2011）『地球変動のポリティクス』（弘文堂）参照。
40）佐藤毅彦（2017）「日米地位協定・環境補足協定と日本環境管理基準（JEGS）」『レファレンス』793 号（国立国会図書館）を参照。
41）『産経新聞』2016 年 6 月 1 日。
42）『朝日新聞』2017 年 8 月 17 日，「米軍基地運用他国では」。
43）前掲「アジア環境白書 2003/04」35-39 頁。また世一良幸（2010）『米軍基地と環境問題』（幻冬舎ルネッサンス），第 3 章，林公則・有銘佑理（2010）「地位協定の環境条項をめぐる韓米の動き」『環境と公害』Vol.40 No.1 を参照。
44）『朝日新聞』2017 年 9 月 14 日。
45）琉球新報「日米廻り舞台」取材班（2014）『普天間移設日米の深層』（青灯社）152-56 頁。
46）斑目俊一郎（2005）『北富士演習場と天野重知の夢―入会権をめぐる忍草の闘い』（彩流社）を参考にした。ほかにも安藤登志子（1982）『北富士の女たち』（社会評論社），同（1987）『草こそいのち　続・北富士の女たち』（社会評論社），忍草母の会事務局（2003）『北富士入会の闘い―忍草母の会の 42 年―』（御茶の水書房）を参照。
47）『東京新聞』2018 年 8 月 21 日，「辺野古・高江リポート」。
48）ジョン・ミッチェル，阿部小涼訳（2018）『追跡　日米地位協定と基地公害　「太平洋の御ミ捨て場」と呼ばれて』（岩波書店）。本土の米軍基地の汚染についても論究している。
49）明田川融（2017）『日米地位協定　その歴史と現在』（みすず書房），進藤榮一・白井聡（2018）『「日米基軸」幻想　凋落する米国，追従する日本の未来』（詩想社）は日米関係の構造に関して示唆的である。また『AERA』2018年7月9日（在日米軍に国内法は適用されない？外務省が国会で炎上中）を参照。

50）International Security Advisory Board: *Report on Status of Forces Agreements*, Jan. 16, 2015, p.4.　一部の翻訳が，伊勢崎賢治・布施祐仁（2017）『主権なき平和国家　地位協定の国際比較からみる日本の姿』（集英社）に巻末資料として収録されているが，全体的に見ても刺激的な作品である。

51）International and Operational Law Department（2017）*Operational Law Handbook, 17th Edition,* Chapter 7.

52）ウィキリークスから朝日新聞に提供された日本関係の公電の分析は，特集記事として紙上に掲載され注目をあびた。今でも読むことができる。

53）『琉球新報』2018年3月7日ほか，北上田毅（2018）「辺野古新基地建設はいずれ頓挫する　工事の現状と問題点」『世界』3月号，前泊博盛（2018）「沖縄が問う民主主義」『世界』9月号，参照。

54）西村幸夫・本中眞編（2017）『世界文化遺産の思想』（東京大学出版会）および『東京新聞』2018年5月16日，「こちら特報部」参照。

55）「全国知事会　米軍基地負担に関する研究会」について，平成30年7月，参照。

56）伊勢崎賢治（2018）*DAYS JAPAN 2018/1*，特集　占領下の日本日米地位協定，16頁。

57）イアン・ブレマー，奥村準訳（2018）『対立の世紀　グローバリズムの破綻』（日本経済新聞社），『朝日新聞』2018年8月22日，ブレマー（Gゼロの世界の先）インタビューを参照。

58）古関彰一・豊下楢彦（2018）『沖縄　憲法なき戦後　講和条約三条と日本の安全保障』（みすず書房），島袋純・阿部浩己編（2015）『沖縄が問う日本の安全保障』（岩波書店），柄谷行人（2017）「憲法九条を本当に実行する」岩波書店編集部『私の「戦後民主主義」』（岩波書店）所収，を参照。

第 4 章
集約から分散へ
——電力自由化，エネルギーデモクラシー，エネルギーハーベスティング——

鈴 木 洋 一

は じ め に

原子力発電が抱える処理方法や運営や事故の問題，化石燃料利用に伴う二酸化炭素放出増加を原因とする地球温暖化への対策の緊急性，エネルギー需給のひっ迫などに鑑み，とりわけクリーンエネルギーとしての再生可能エネルギーの活用に世界が取り組んでいる。本章は，この発電体系の変遷に関わる３つの潮流もしくは段階を考察する。第１の潮流は，電力の自由化，第２の潮流は，エネルギーデモクラシー，第３の潮流は，技術進歩によりこれら２つの潮流を超越するアプローチとなり得る可能性をもつエネルギーハーベスティング（energy-harvesting）である。第１の潮流を日米の比較を含めて検討し，第２の潮流を欧米の位相を対照しつつ検討し，第３の潮流を，急速に到来しつつある IoT（Internet of Things）社会における身の回りの微弱エネルギーを回収・再利用するという新次元のエネルギーデモクラシーとなり得るアプローチとして考察する。こうした潮流の変遷は，1）エネルギー供給における独占と規制緩和，2）エネルギー関連資産の所有（ownership）と管理（control），3）エネルギー供給にまつわる以下のような要因[1]が関わるが，政府関与の縮小，換言すれば，集中から分散へという電力体系のベクトル変化を表わしている。

・安定供給

・経済性
・環境との関わり
・安全性

1．電力自由化

(1) 日本の電力自由化の4つの段階

わが国における「電力自由化」は，2016年4月からスタートしたと一般的に受け止められている。しかし，実際には，既に1990年代から始まっていた。

第1段階が「発電」の自由化，第2段階が「超高圧電力販売」の自由化，第3段階が「高圧電力販売」の自由化，第4段階が「小口電力販売」の自由化であるが，この第4段階が現在，社会的関心事になっている「電力の自由化」である。

かつて日本では，政府が電気料金を規制することと引き換えに，電力会社（大手10社[2)]）が，各地域における発電から送電，需要家への配電（小売）まで一貫して電気事業を担うという「地域独占」の下，「総括原価方式」による料金決定をベースにした安定供給を行ってきた。地域独占は，日本が戦後の電力不足の中から復興し，高度経済成長を遂げるためには，極めて効率的な仕組みであった。

しかし，高度経済成長後の安定成長，次ぐバブル経済の崩壊を通して，経済の低迷が続くようになると，電気事業の高コスト体質や外国との料金格差が問題視され，「電気事業にも自由な競争原理を取り入れるべきだ」という制度改革が唱えられるようになった[3)]。これに伴い，電気事業について定めた「電気事業法」が3回にわたって改正され，電気事業は段階的に自由化されて行った。

① 第1段階：発電の自由化

1995年の電気事業法改正で，電気事業のうち「発電」分野が自由化され，電力を供給する電力会社に対して，「独立系発電事業者（Independent Power Producer: IPP）」の新規参入が可能になった。ネットワーク型産業への競争原理の導入は，米国や英国でも航空・電気通信・ガス・電力の順で行われたが，電気事業の規制緩和が遅れたことには理由があった。「自然独占」に基づく電力の自由化は同じネットワークである通信網等とは根本的に性質が異なるからである。電気事業には，100年単位で取り組むべき地球環境保全との両立やエネルギーの安定供給の確保が求められるため，政策的な価値判断が重大に求められるからである。

電気事業には，①発電，②送電，③配電，④供給という機能があるが，②送電，および③配電が「自然独占」である一方，①発電と④供給は，競争原理の導入が可能である。かつては，競争導入が可能な機能も自然独占的な機能と共に1つの電気事業システムの中に存在していたが，1995年の電気事業法の改正を契機として，独占・垂直統合・広範な規制を受ける産業といった従来の電気事業の特質が薄らぎ，新たなコンセプトが出現した。それは，1)「民間事業者の創意工夫・経営の自主性を最大限活用し，行政の介入を最小化するという視点」と、2)「電力会社と新規参入者との対等競争・有効競争を確保するという視点」である。

競争導入が可能な分野のうち上流としての発電市場の規模は，個々の発電プラントの規模に比べると大きく，多くの競争者が共存できるため，下流の供給市場の自由化も可能であるという見解が優勢になってきた[4)]。

②　第2段階：大規模需要家に対する電気供給の自由化

続く1999年の電気事業法改正（2000年施行）で，電気事業のうち「小売」が一部自由化された。これにより，販売電力量の26%にあたる大型工場，デパート，オフィスビルなどの大規模需要家への電気供給が自由化され，「新電力（Power Producer and Supplier: PPSもしくは特定規模電気事業者）」と呼ばれる新しい電気事業者が参入できるようになり，自由化された部門では，電気料金の規制が撤廃された。その一方，卸電力への入札制の導入によりIPPが登場し，電気事業にも競争原理が導入されたものの，電力における競争と呼ぶにふさわしいものは何かに関する議論は深められないまま，競争原理を導入すべきという理念が先行していた。電力に先立って自由化された通信分野においては，「新規参入企業（New Common Carrier: NCC）」が，NTTのネットワークに接続料を払うことで自らの市場を開拓する形を取っていたが，NCCは低コストによる差別化を武器に自らのブランド名で，商品を売り出し，実質的に，市場を拡大することができる。これはまさに相乗りという形を取った市場の獲得競争に他ならなかった。

一方，電力におけるIPPの役割は，既存電力会社のコスト以下で発電し，これを既存電力会社に販売することであったため，電力市場でユーザーが購入する商品は，あくまで既存の電力会社のブランド名で売られる商品に他ならない。つまり，IPPはユーザーに直面することなく，電力会社との関係においてのみ，コスト面での競争関係にある。実質的に，これは通常の産業における「下請」制に他ならない[5)]。次いで，2000年から大口需要家に対する電力の小売が自由化された。小売の自由化とは，大手電力会社が供給責任を負いつつ地域独占の下に電力を供給する従来の制度を変更し，新規事業者の独立性と参入を促し，行政の関与を必要最小限にすることを意味する。究極の姿として，地域独占規制を撤廃し，全ての電気事業者が相互に競争し合い，どの供給地域・供給地点へも供給することが可能になることを想定するものであるが，そのためには，自然独占性を有する送配電施設も有効活用するための制度が整備されることが前提条件となる。

③　第3段階：中規模需要家への電気供給自由化

続いて，2003年の電気事業法改正（2004年一部施行，2005年全部施行）で，中小の工場，スーパーマーケット，中小ビルなどの中規模需要家（契約電力50kWh以上の高圧）部門が自由化され，販売電力量の62%が自由化された。

④　第4段階：一般家庭などの小規模需要家への電気供給の自由化

更に2014年の第186通常国会で，電気事業法の改正案が成立し，2016年4月から実施され，いよいよ一般家庭などの小規模需要家部門も開放され，電気の「小売」が「完全自由化」されることになった。これで，業界を問わず様々な企業が市場への参入を狙う状況になっている。この分野で電力が自由化されると，例えば，東京に住んでいても関西電力や新電力A社，もしくは新電力B社などから購入することができるようになる。つまり，電気も一般消費財と同様に買うことができるため，一般の電気の利用者も様々な選択肢を与えられることになった。

現在，小口電力の市場は7兆円規模であり，その30%は首都圏（東京電力エリア）に集中しているが，新規参入の新電力にとってこの市場価値は大きい。シェアが1%であっても，その売り上げは約200億円に達するため，新電力は顧客獲得の努力にいそしむであろう。なぜなら，販売価格の引き下げ，サービスの改善，クーポン券の発行，ポイント制度の導入，ガスや通信料金とセットにした割引などといった具合に，実質的に，電気供給市場が「売り手市場」から「買い手市場」に転換するからである。

(2)　電力自由化に伴う需要側の主な関心事

①　電気代

5%程度，確実に低下する。理由は，そもそも既存電力会社の電気料金が「安定供給」のために約5%「高め」に設定することを認可されているからである。電力自由化によって全国から供給が可能になるため，現行の電気料金のこの底上げ分が消失することになり，販売価格が低下する。（ただし，新電力に乗り換える前の月間使用量が100kWh以下の場合には電気料金が高くなるケースもあるため，新電力と契約する前に需要側は確認する必要はある。）

ただ，料金引き下げ圧力が大きくなると，米国電気事業のように長期の営業計画より短期的視点が重視されてしまうことから，将来の電源のベストミックスを困難にする可能性がある。したがって，小売を完全自由化する場合には政府がわが国の将来のエネルギー政策を示し，地球環境問題と両立しうる何らかの施策を採用した上で導入する必要がある。

②　停電

新電力が倒産して発電・送電できなくなっても，既存電力会社が肩代わりする仕組みになっているため，停電はしない。（ただし天変地異（台風，豪雨，豪雪など）や予期せぬ事故（交通事故など）で送電線が寸断され被害にあった場合には今と同じように停電する。）

③　別の電力会社に乗り換える（例えば，新電力と契約する）場合の需要者側負担

電気メーターをスマートメーターに交換する必要があるが，購入側の費用負担はない。理由は，スマートメーターは配送電会社の資産であり，需要側の資産ではないからである。需要側は，切り替えに当たり新電力に申請書を提出するだけで済む。

(3)　電力自由化に伴う問題点・デメリット

① 想定される問題点・デメリットは「良質ではない電力会社」の参入であるが，消費者の鋭い反応で自然淘汰される（市場から撤退する）と考えられるため，これは，一過的な問題と考えられる。

② 価格競争でクリーンエネルギー（特に太陽光発電）の普及率が停滞する可能性がある。電気は発電方式がいろいろある（水力，石炭火力，石油火力，LNG 火力，原子力，太陽光，風力，バイオマス，地熱）が，それぞれ発電単価が相違していて，目下，石炭＜ LNG 火力＜水力＜太陽光の順で高くなり，太陽光発電はコスト面で，不利な立場にある。

③ 石炭火力が増えて二酸化炭素（CO_2）発生量が増えるため，地球温暖化対策に逆行する可能性がある。石炭火力は燃料費が安いため，発電コストを抑えることができる一方，硫黄や炭素の含有率が高いため，二酸化硫黄（硫黄酸化物：SOx）や CO_2 の発生量が増加する。

2．米国における電力システム移行（電力自由化）の概観

その形成から 130 年余り経た米国の電力システムは，集約型ビジネスモデルが分散型ビジネスモデル（地域からさらにはコミュニティ単位，個別需要家単位）へと変わりつつある。動因は，①エネルギー効率と②環境保全への配慮である。

20世紀におけるシステム形成時からの1）電力会社のownership（所有）とcontrol（管理）の下での集約型システム（Utility 1.0：発電所，送・配電・蓄電システムを含むフルセットのシステム）が，2）地域あるいはコミュニティ単位の分散型システム（太陽光を中心とするクリーンエネルギーとしての再生可能エネルギー発電と発電された電力をUtility 1.0下の集権型（垂直統合型）システムへの「接続（connection）」を構成要素とするUtility 2.0）に移行し始め，関連ビジネスが展開してきた。ただ，まだ移行プロセスにあるため，電力会社と顧客（組織・コミュニティ・個人）は，ownershipとcontrolを巡り綱引き関係にあるが，技術革新・進歩は，顧客側への比重の移行を助長している。とは言え，十分に移行が進んでlocalityとequitable accessが構成要素に加わるUtility 3.0：「エネルギーデモクラシー」（電力システムに関わる意思決定，政策策定への後者による参画）の段階に至るほどには十分な進展は見られていない。ownershipとcontrolが分散型に移行する電力システム（Utility 2.0）のキー属性は，①効率性，②低炭素含有量，③柔軟性，の3つである。

一方，Utility 3.0は，これらに更に，④地域性（local），⑤アクセスの公平（equitable），という属性が加わったステージにある電力システムであり，需要家側による技術のcontrolが可能で，所有権（ownership）を持っている状態，端的に表現すれば，「地域的自立（local self-reliance）」が実現された段階を指す。しかし，政策への発言・参画も含まれる欧州のエネルギーデモクラシーとは異なる「（公社が絡む形での）米国版エネルギーデモクラシー」と位置づけられる[6]。後述するサクラメント電力公社（SMUD）のあり方はその典型例である。Utility 2.0の例には，New York州の電力規制委員会（Regulatory Commission）が挙げられ，次のような諸措置：収益とエネルギー販売高の分離（revenue-energy sale decoupling），インセンティブシステム（エネルギー効率化，再エネ接続率，需要応答率，中継所簡素化率，ネット検針率，電波規制の遵守など）を講じている[7]。しかし，同委員会は収益とエネルギー販売高の分離では不十分と認識している。理由は，需要家所有の太陽光発電装置などへの投資を犠牲にしても，電力会社は自己所有の電力インフラを建設することへのインセンティブをより強く感じ，Utility 2.0の属性が十分実現され難いからである[8)]。

(1) 米国の電気事業

日本の電力事業が全国10地域・電力会社から構成されているのとは対照的に，米国の電気事業は，1）規模の幅広さ（100戸程度の顧客から1000万戸程を対象にする3000社以上もの事業所），2）経営形態の多様さ（私営，地方公営，協同組合営，連邦営），3）事業の広がり（電気，ガス，蒸気を供給する企業も含まれる）が特徴になっている。規制は，連邦と州の双方を対象に行われている，連邦エネルギー規制委員会（Federal Energy Regulation Commission: FERC）が電力の州間取引に関する監督権限を有し，州内取引や電気料金は州公益事業委員会が監督する。こうした原則的線引きがある一方，若干のグレーゾーンも存在している[9)]。

カリフォルニア州が端緒となって進んだ電気事業の「規制緩和」は，主に公益事業規制委員会（CPUC）の規制下にある「私営電力会社」を対象にしたものであったことから，同州では，基本的に私営3社（PG & E社，SCE社，SDG & E社）を対象として議論された。しかし，私営電力会社の大幅な改編は，1）販売電力量の8割近くが私営電力会社で占められており，2）連邦が所管する送電にかかわるシステムの抜本的見直しを伴うため，結果的には，関連する電気事業全般を巻き込む形になった[10)]。

(2) 米国エネルギー政策の推移

① 電気事業規制緩和は，環境正義色が濃かったクリントン政権下の1978年公益事業規制政策法（PURPA）がけん引役であった。

② 1978／79の第二次石油危機を背景として施行されたPURPAは，省資源や効率的発電の促進を目的とした連邦法であった。電力会社に小規模発電事業者やコジェネレーションからの余剰電力の購入義務が課せられて以降，連邦レベルで多くの小規模電源が出現し，卸売市場が急速に拡大した。

③ これに関連して，カリフォルニア州では1983年に導入されたSO4（スタ

ンダード・オファー4：標準契約化プログラムと免税措置）が特筆される。このスキームは，長期間（15年から30年間），高水準かつ安定的価格で小規模発電事業者から電力を買取ることを電力会社に義務づけたものであった。（つまり現行のFITに相当する。）結果的にはわずか2年間で廃止されたが，風力やコジェネ（cogeneration），あるいはcombined heat and power（内燃機関，外燃機関等の排熱を利用して動力・温熱・冷熱を取り出し，総合エネルギー効率を高める，新しいエネルギー供給システム）などの小規模発電を促進させた最大の要因となった[11]。

④　DSMおよび統合資源計画（IRP）も米国のエネルギー政策の特徴である。

a）DSMは，発電サイドによる需要家管理（Demand-Side Management）で，新たな電力需要を，発電所の増設ではなく「省エネ」で賄うもので，住宅断熱・太陽熱温水器・照明取り替え・植樹などのプログラムを含む。

b）IRPは，DSMを発電所と対等に評価し，環境などの要素を含めて全体の費用を最小化するスキームである。IRP自体は市民の要求と電源立地難を背景にした電力会社による自主プログラムとして1970年代から行われていたが，1980年代後半にDSM導入を促進するインセンティブ規制が導入されて，1992年エネルギー政策法（EPAct）に基づいてIRPの提出が電力会社に対して義務付けられてから活発化した[12]。

・同州の2大電力会社（PG & E社およびSCE社）が全米でもDSMプログラムへの出資上位2社であり，サクラメント電力公社（SMUD）も地方公営電力ではDSMプログラムに多額の出資をしている会社である。

・なお，IRPによる評価に基づいて，ヤンキーロー原発，サンオノフレ原発1号機，トロージャン原発が，1992年に閉鎖された点は注目される。

(3)　電気事業規制緩和の要因

電気事業の規制緩和は，電気事業の特徴である①「自然独占」と発電‐送電‐配電を1社がカバーする形の②「垂直統合」を解体するプロセスである[13]。

① この「自然独占」の考え方は19世紀に英国から持ち込まれたものであったが，電気事業は「規模の経済性」が期待される分野であり，競合する設備の重複を回避した方がより低コストでの電力供給が可能になるため，不可避的に独占に置き替わっていく流れを作り[14]，独占の弊害を防止するために，公的規制が必要とされた。

② 一方「垂直統合」は，電力という財の特殊性に起因する「範囲の経済性」という考え方から正当化されてきた。すなわち，貯蔵できない電力は生産と消費が同時でなければならず，発電と送電との一元的な管理が必要であること，多様で多くの需要家をプールして対応する方が経済的であるという考え方である[15]。

この他にも，産業の生産活動と市民生活における必需性という観点から，「安定供給」への社会的要請が強いことも，電気事業を純粋な競争原理に委ねることを避ける理由に用いられてきた。

③ 一方で，「自然独占」や「垂直統合」といった規制を敷く伝統的な考え方に対して，シカゴ学派に代表されるように，市場の独占や規制介入に懐疑的な勢力（コンテスタビリティ理論がベース）が台頭してきた。同理論は，市場がコンテスタブル（競争的，競合的）であるならば，たとえ自然独占的産業といえども，潜在的参入企業の圧力によって，自動的に社会厚生上望ましい資源配分が実現するので，公益事業規制は不必要であると主張するものであり[16]，その論拠として，次の3点を挙げている。

・規制は，伝統的理論における完全競争理論の独占や寡占への一般化である。
・自然独占といえども次善の形態である。
・産業構造は内生的に決定される。総体的に言えば，伝統的寡占理論の均衡構造はその前提とするゲームのルールに大きく依存するが，コンテスタビリティ理論の均衡構造は単純に潜在的競争圧力によって決定される，との立場をとると要約されよう。

④ 原油価格の低迷や発電技術の進展により，発電コストが大幅に低下した。（2014年時点での限界コストは約2.5円/kWh）

⑤　産業全体をリストラの波が覆う中で，レートベース方式（総括原価方式）による独占で高利益を維持している電気事業への不満が高まってきた。

⑥　情報技術の進展により，「垂直統合」の要件であった電力生産と消費の管理も容易にできるようになった。

これらが電気事業の規制緩和を促す主要な要因となったが，特に同州では，80年代半ばの逆石油ショック以降に他州のような電気料金の低下が生じなかったため，全米平均と比べて電気料金が5割程高くなっており，大規模需要家からの不満が高まったことが規制緩和を一層，加速させた[17]。（逆石油ショック：原油価格の下落により景気後退が世界的に波紋のように広がる現象で，1984年，2014年にもこうした呼称が使われた。石油価格は急騰しても急落しても世界経済にショックを及ぼす。）

⑦　こうした要因に加えて，卸発電入札の経験から発電事業そのものは競争的であることが立証されたことが規制緩和の重要な引き金になっている。この認識とともに，電力自由化を妨げているのは，本体（発電）ではなく，送電・配電ではないかという議論が高まってきた。発電が電力コストの8割以上を占めることから，複雑な意思決定や規制が「必要」となってくる「本体」であり，仮に送電・配電が自由競争を妨げているとすれば，その分離が自由競争を可能にするという論法である。（発送電分離：decoupling）[18]

(4)　カリフォルニア州における電気事業規制緩和の概略

発電事業への参入規制の撤廃と卸電力への送電線の開放を定めたエネルギー政策（EPAct，1992年）の施行を契機に進んだ規制緩和は，90年代に入り，一層加速し，電力市場自由化を類型化した場合，カリフォルニア州ではモデル3からモデル4へという水平分割への移行を経験した。（ちなみに2016年から卸発電（小口電力販売）入札が始まった日本は，モデル1からモデル2への移行段階にある。）規制緩和は，1）連邦レベルと2）州レベルで進行している[19]。

①　連邦レベルでは，FERCがEP Actにそって送電線政策声明（1994年10月），続いてメガ規制案（1995年3月）と重要な決定を下している。これに

よって，電気事業に対して全ての送電線の開放が義務付けられた（送電線のコモンキャリア化）。具体的には，卸発電事業への送電サービスの提供，送電業務や給電指令などの業務の分離，送電線利用の料金の分離などである。すなわち，発電（本体）から送電が分離された。

② 州レベルでは，1994年にCPUCが発表した「ブルーブック」がカリフォルニア州における電気事業再編の原案である。「ブルーブック」では，①料金値下げのための競争の導入，②規制の簡素化，③消費者選択の促進，環境保護の維持などを柱とする原則を明示し，「プール」創設を中心とする改革案（POOLCO案）と「直接アクセス」をベースとする改革案の2案が提案された[20]。

・「ブルーブック」をベースに電気事業再編が議論されたが，電力会社同士，州機関同士，環境NGOや消費者団体同士でこの2案に対する賛否が分かれた。その後，1995年5月にPOOLCO案がCPUCによって支持された後，最終的にはPOOLCO案をベースに直接アクセス案の要素を取り入れた電気事業再編案が1995年12月にCPUCによって決定されている。概略は，1）電力取引所（Power Exchange: PX）と呼ばれる電力市場を創設する。ちょうど株式市場に類似した概念であり，翌日における30分刻みの必要電力量の提示，それに対する発電事業者の入札，その結果としての30分刻みの電力コストの公開が行われる。独立発電事業者はもとより，従来の電力会社も基本的にはこの電力取引所を通じて電力を供給する必要がある。2）ただし，顧客のオプションとして「直接アクセス」も可能になり，「直接アクセス」を所管する電力ブローカー（アグリゲーター：aggregator）も電力取引所に併設されることとなった。アグリゲーターとは，需要家の電力需要を束ねて効果的にエネルギーマネジメントサービスを提供するマーケター，ブローカー，地方公共団体，非営利団体などのこと。自ら電力の集中管理システムを設置し，エネルギー管理支援サービス（電力消費量を把握し節電を支援するサービス），電力売買，送電サービス，その他のサービスの仲介を行っている。アグリゲーターが取り扱うサービスのうちの1つとして「デマンド・レスポンス(需要応答)」があり，このようなサービスで発生したネガワット（節約できた発電量）に対して電力会社はアグリゲーターに報奨金を支払い，顧客企業はアグリゲーターから報酬などを受け取るという仕組みである。アメリカでは，需要応答の市場化やエネルギー管理システム（EMS）への進化に伴い，アグリゲータービジネスが急成長している。同国における大手アグリゲーターとして，エナーノック（EnerNoc）とコンバージ（Comverge）などが挙げられる。日本でも，2012年以降，ネガワット取引（電力を使う人が節約した電力（ネガワット）を売買する取引）において仲介業務を担当する事業者としてのアグリゲーター（BEMS）が登場している。(経済産業省の補助事業「エネルギー管理システム導入促進事業」において，中小ビル等に導入するとともに，クラウド等によって自ら集中管理システムを設置し，中小ビル等の省エネを管理・支援する事業者）を指す。加えて，2020年にネガワット取引を行う市場を設置する計画が経産省主導で進んでいる。ただ，ネガワット取引を行うことで，電力の需要と供給を一致させることができるものの，比較的大きな電力を使用するユーザーでも，発生させ得るネガワットは十分に大きくなく，かつ不定期になってしまうため，目下のところは，電力会社が各ユーザーと個別にネガワット取引を行うのは難しい。

そこで，アグリゲーターと呼ばれる事業者が間に入って，あらかじめ，ある程度の量のネガワットを発生させることのできるユーザーと一括した契約を結んでおく。いざ電力会社の電力供給量が需要に対して逼迫した状態になってしまった場合に，そのタイミングで大きなネガワットを発生できるユーザーを選択して取引を行うことができる点が，メリットである。アグリゲーターが契約を結ぶのは，一般的には法人であるが，最近ではネガワット取引ビジネスの盛り上がりを受けて，個人とも契約を結ぶアグリゲーターも登場している[21)]。

電気事業再編のシステムとしての鍵を握るのが，ISO（独立システム管理者）と呼ばれる中立機関の創設である。ISO は，送電および給電指令を一元的に管理する機関であり，配電会社からの供給要請を把握し，電力取引所とアグリゲーターにこれを指示したり，送電状態そのものの管理などを業務とする。従来，電気事業者が負っていた電力供給義務はこの ISO が負うことになる。これに伴い電気事業者は，地域において供給責任はあるが独占ではない配電会社としての役割を主に担うことになった。1998 年 1 月に電気事業再編が行われた後，需要者は内容が分離された電気料金明細を受け取ることになった。この分離料金は，発電費用，送電費用，配電費用，公共プログラム費用そして CTC（電力会社が競争に移行するための補助金であり，電気事業再編において費用面での鍵を握る制度である。）からなる。

・公共プログラム費用とは，社会公益的なプログラムのための費用であり，低所得者補助のための費用，DSM のための費用，研究開発費用などである。CTC は，カリフォルニア州の電気事業の発電原価と現在の電力の市場価格との差額と定義され，実質的に回収可能と位置付けられている。全ての需要家の電気料金に CTC を上乗せし，2003 年という期限を設けて競争力のあるところまで必要な資金を回収するとした[22]。

(5) 規制緩和の現実面への影響・懸念

こうした規制緩和から現実に生じている影響や課題は以下のようであった。

① 「不良債権化」した原子力

SCE 社のサンオノフレ原発 1 号機が統合資源計画に基づく評価によって閉鎖されるなど，「米国では原子力はすでに経済性を失った」と伝えられて久しいが，一連の電気事業再編の流れの中では「経済性を失った」ばかりか今や「不良債権化」している。前述の CTC が発生する主因は原子力によるものである。後述するサクラメント電力会社（SMUP）では，すでに閉鎖したランチョセコ原発のために，平均 8 セント /kWh の電気料金のうちの 1.3 セント /kWh を充当しなければならないうえ，更に廃炉のため250百万ドル（約250億円）を顧客から追徴しなければならない。また，当時，市場価格を大幅に上回る高値で電力が購入されていたPG & E社のディアボロ・キャニオン原発は，1996年1月以降の料金値上げは認められず，2003年までに市場価格にあわせるようCPUCから命令された。

②　公共プログラムの削減

CPUCの勧告は，電気事業者に対して低所得者援助やエネルギー効率化普及策などいわゆる公共プログラムを当面継続するように求めた。しかし，現実には，競争原理が浸透し電気事業者の関心が電気料金水準に移るようになるにつれて，DSMプログラムによるコスト削減効果の判断が厳しくなり，1994年末から1995年にかけて多くのDSMプログラムが縮小もしくは廃止された。特にカリフォルニア州では，PG & E社が2.5億ドルのDSMプログラムのうち1億ドル，実に40%もの削減を発表し[23)]，併せて低所得者を対象とする一部のプログラムを除く全てのプログラムの縮小，廃止をCPUCに勧告した。また，再生可能ネルギーを含む研究開発も大幅に縮小された。PG & E社のDSM費用も本年は5%増加する見通しとのことであるが，こうした競争にはなじまない社会的費用の長期的見通しは不透明であった。

3．規制緩和への社会・環境的視座

(1)　環境面

①　電力市場の自由化は電気事業の効率向上を促すためのものであるが，地球環境保全，とりわけ省エネルギーや新エネルギーの促進への影響がどのようになっていくかが重要になる。垂直統合が分離された英国の電力再編の初期においては，エネルギー利用効率の向上や地球環境への影響についての問題は無視され，費用対効果的利用のためのインセンティブとして競争が発電部門と小売供給部門に導入された。後に，エネルギー利用効率向上のための施策が講じ

られていないことが認識され，政府の介入が行われるようになった。英国のように垂直統合が分離される場合には，発電サイドと需要家サイドの接点が遮断されるため，DSM は政策の介入なしには存続は困難であり，インセンティブは低下する。競争導入はコスト意識を徹底化させ，新たなビジネスチャンスをうむが，環境への外部コストを考慮に入れると，社会的には望ましくない。

② エネルギー政策との関連

再生可能エネルギーは，環境保全のために社会的に求められているものの，目下のところ，価格競争力は十分ではない。これに鑑みた CPUC では，電力取引所およびアグリゲータに買電する発電会社に，一定割合（10%程度）の再生可能エネルギーをミックスすることを義務付け，過不足分は売買可能とする提案を行った。（Utility 2.0 進展に向けた対応措置）

電気事業の規制緩和は，通信事業や航空産業とは大きく異なり，特段の慎重さが求められる。理由は，電力が単なる商品ではなく「環境」と切り離せないからである。市場経済の欠陥ともいえる「社会的費用の欠如」と「長期的な視点の欠如」が極めて重要な意味をもつ分野である。CPUC の決定でも，公共プログラムへの投資や再生可能エネルギーの供給義務など，一定の社会的費用への配慮は見受けられるものの，総体的には「消費者の利益」というスローガンの下，電気料金の値下げが目標になっており，世界最大のエネルギー消費国である米国に，間違いなく一層のエネルギー消費の増加をもたらすことが想定される。それは，南北格差の増大，環境破壊の進行，南と未来からの資源の移転，地球温暖化対策の遅れを意味する。この点は，「持続可能社会」を政策の中心に据え，気候変動問題を最大のリスクとして捉える北欧諸国とは対照的である。

欧州に発した「デモクラシー」，「リベラリズム」，「市民」という概念は，本来，政治的・社会的な概念であった。しかるに，それらが米国に伝搬して「経済的自由」や「市場の平等」，「消費者」などを要因とする“経済的な概念に変質した”と指摘されている[24]。カリフォルニア大学におけるアファーマティブアクションの廃止[25]や，全米レベルでの環境政策の後退に見られるように，かつてクリントン政権下で強調された「環境正義」，「社会的公正」といった政策概念は薄れると共に，グローバリゼーションの反動としての経済面での自国優先主義による地球環境面への関与の後退が目立つ。その一方，地域的潮流として，Utility 3.0 というタームが示すエネルギーデモクラシーも登場してきており，国政レベルと地域政策レベルの潮流のせめぎ合いが展開している。アカデミズム的にも，新自由主義・経済効率至上主義の理論基盤を提供してきたシカゴ学派と，反グローバリゼーションの波に呼応し社会的費用を重視する制度学派や環境経済学派がせめぎ合っている。

③　経営面への影響

電気事業再編に向けて競争力向上のための人員削減によるコスト削減が進められ，電力会社における雇用が直接的な影響を被る。とりわけ，新規発電所建設の見送りによる建設要員の削減，次いで省エネやDSMなどの社会プログラム関連の要員・技術開発要員の削減，自動化にともなう検針要員の削減が進められた。PG & E 社では，1991年時点で2万6000人いた従業員が1995年には1万9000人へと7000人へと大幅に削減された[26]。

④　電力システムへの影響

規制緩和によって，カリフォルニアの電気事業は，垂直統合された市場から水平的市場へと大きく変わりつつある。電気事業の再編にともなう規制緩和とは，コストを最小化し消費者の費用を最小化するメカニズムが徹底していくプロセスである。1）レートベース方式（日本では総括原価方式）に基づく料金規制と2）「垂直統合」，3）「地域独占」を規制で保護してきた従来の手法は，一方で，経済社会にとって競争の障害となり，他方では，電気事業者にとっても健全な企業文化の形成の妨げになる。カリフォルニア州の電気事業再編は，発電事業の一層の小規模分散化をもたらすとともに，電力コストが社会的に透明化し，ひいては電気事業における官僚的な権威主義や政治的風土を排除するなど，社会的に歓迎すべきところも多いことから，多くの環境NGOがこれを支持した。

⑤　日本へのインパクト

米国における電気事業再編の波が，日本にも波及してきている。電力自由化の第4段階で記したように2016年4月，小口電力販売が自由化された。しかし，日本に関しては，2つの根幹的問題・課題・制約が存在している。第1に，送電システムにおける欧米との大きな形態的相違がある（日本のくし形VS欧米のメッシュ型（図4-3参照））。日本のくし形は，独立系発電事業者が生産する再生エネルギーの大手電力10社の送電網への接続性が弱いことから，日本の電力自由化の潮流を（官民挙げて）スマートグリッドをベースとする変容に向かわせる原因になっている。（スマートシティ・スマートタウン，スマートコミュニティなど）。第2は，情報公開や市民参加など民主主義の土台が十分形成されてはいない日本で，欧米型の規制緩和，エネルギーデモクラシーを模倣しようとするのは実質的ではないという点である。

米国では，電気事業再編にあたってCPUCが広範な情報公開を図りつつ，公聴会（public hearing）を積み重ねて広範な社会的合意を取り付けてきた経緯がある。欧州でも，コンセンサス会議（consensus meeting）という市民・専門家によるメカニズムが民営化されたとはいえ一応存在している。米国の公聴会では当事者である電気事業者をはじめ，環境NGO，労働組合，その他の関連のある団体の公式の参加が保証されている。また，規制当局には利益団体と非公式な接触を禁じるなど規範的なルールも確立されている。加えて，電気事業の規制緩和自体がカリフォルニア環境保全法（CEQA）の対象となり，環境影響評価書（EIR：現在は，事前評価としてのEIA）の作成がCPUCによって進められている。日本でも，規制緩和を議論する前提として，社会的に公正・公平な類似の政策決定メカニズムとルールを国民を巻き込む形で形成することが国際的な流れから見て，先決されるべきである。

(2) 今後の電気事業像

① サクラメント電力公社（SMUD）は，理事（7名）がいずれも公選された市民によって構成される「市民の市民による市民のための電力公社」である。カリフォルニア州の州都であるサクラメント市域を対象とし，需要家数50万弱，最大供給電力200万/kWhの小さな電力会社である。同社は「持続可能エネルギー未来」を明確に目標にすえ，1989年に住民投票に

よって91万 kWh のランチョセコ原子力発電所を閉鎖し，再生可能エネルギーを中心とする分散型電源，DSM，そして購入電力の3つを統合した戦略を掲げている電力公社として注目を集めている。SMUD の戦略では，とりわけ DSM と再生可能エネルギーという環境に配慮したエネルギー面での対応が強調されるとともに，地域雇用の創出，地域経済の活性化を強調している。電気事業の規制緩和後も，地域レベルの配電は自然独占に近い形態で残ることから，市民に開かれ，市民に支持された SMUD のありかたは，地域における電気事業のあるべき方向性を示唆している。

② 将来の技術進歩およびビジネスチャンスは，集約・統合型ビジネスモデル（Utility 1.0）への脅威になる方向にある。太陽光エネルギーのコストは，2009-2013年の間で年平均28％下落し，屋上設置型ソーラーパネルによる電気の販売価格は，火力発電によるコストと同水準か，それ以下まで低下した[27)]。2012年のハリケーン（Superstorm Sandy）による被災者（21州850万人）の影響もあって，大手電力会社ではなく，停電しない小規模ながら独立した発電システムを所有したり，大手の送配電系統から切り離した小規模配電系統（microgrid）への接続方式を持つ需要家も出てきており[28)]，電力小口販売の業界の調査報告は，送配電した電気の危機的状況を伝えている[29)]。

③ ビジネスモデル（Utility 2.0）とエネルギーデモクラシーの混合型：バーモント州

a）再生可能エネルギーによる電気を既存の大手電力会社の送電網に接続する方法が採用されるビジネスモデルであるが，バーモント州の Utility 2.0政策は，混合的であり，更には，地域分散・住民参加型のエネルギーデモクラシーに関して2つの政策（インターネット経由でメーター検針でコストが削減される分を電気代から控除する料金体系）を採用している点，つまり，地域性と公平性を実現している点で，米国型 Utility 3.0（エネルギーデモクラシー）としてもカウントされるものであり，他州に先駆けて Utility 2.0 + Utility 3.0の混合型を示し，特筆される。

図 4-1　電力供給体制

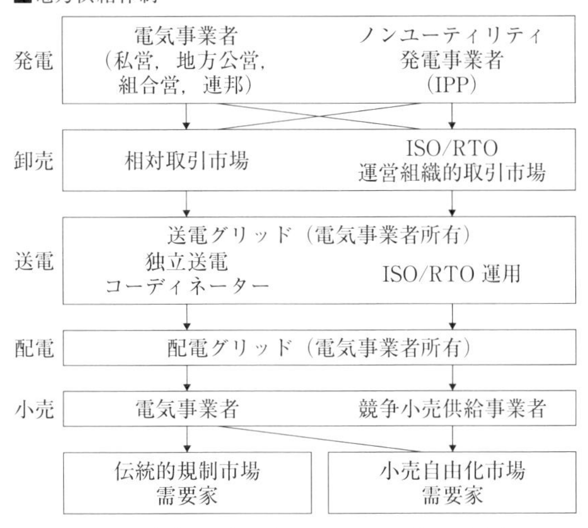

出所：電気事業連合会「米国エネルギー政策の動向」

2013 年 7 月時点で，13 州およびワシントン DC が小売の全面自由化を実施しており，オレゴン，ネバダ，モンタナ，バージニア，カリフォルニアの 5 州は大口需要家に限定した部分自由化を実施している。カリフォルニア州は 2010 年に家庭用以外の需要家を対象に小売自由化を再開したが，自由化の上限枠を自由化中断前の水準に設定している。またミシガン州は 2008 年に自由化法を改正して，自由化枠を電気事業者の前年の販売電力量の 10％に限定する変則的自由化を図 4-1 の様な形で実施している[30]。

4．エネルギーデモクラシー

(1)　欧州のエネルギーデモクラシー

①　巨大独占電力会社が存在しなかったデンマークでは，比較的にスムーズにエネルギー体制の変化が進んだが，国を挙げて「エネルギーヴェンデ

（energiewende）」を進めてきたドイツや35年も前に国民投票で脱原発を決めたはずのスウェーデンでさえ，政治的な合意の形成に難航したことから分かるように，エネルギー選択は政治論争につながる。

energiewende（エネルギー転換・シフト：低炭素経済への移行）とは，単なる転換やシフトではなくドイツ語では革命的な転換を意味する。ドイツの政治家ヘルマン・シェーア（Hermann Scheer）が用いた言葉である。「エネルギー供給はデモクラシー化を迎える。より多くの個人レベルでの自立，より多くのローカルな自立，より多くのリージョナルな自立，そして多くの国の自立へ。我々は産業時代の始まり以来，最大の経済構造変革に直面している」[31)] ドイツの家庭用電力価格は，欧州他国に比べると，ヨーロッパ内で最も高いにもかかわらず，energiewende は強い支持を集めている。この理由の 1 つには，可処分所得に占める電力支出の割合が長年の間変わっていないことが挙げられる。

② コンセンサス会議

a）端緒

1980 年代半ばにデンマークで生まれた「コンセンサス会議」は，市民参加による技術評価（technology assessment: TA）の 1 つの方式である[32)]。90 年代以降，この方式は欧米などで試みられ，98 年には遺伝子治療をテーマに日本でも試みられた（例：「遺伝子治療を考える市民の会議」）。当初，デンマークでは国会の下にあるデンマーク技術委員会がコンセンサス会議を開催していた。

b）コンセンサス会議の形成・構成

会議のテーマが選ばれると，会議全体のプロセスを計画し責任を持つ運営委員会（DBT）が構成される。この委員会は扱うテーマについて専門家を探し，専門家パネルを構成する。この会議の運営の中心になるのは，公募によって選ばれた市民パネル（14 ～ 16 名）である。

・市民パネルは，そのテーマについて学び，どのような問題を議論するかを決定する。

・それに従って，このテーマに関係するさまざまな専門家が説明し，市民パネルと専門家パネルの間で質疑応答が行われる。
・これを受けて市民パネルは討論を重ね，合意（コンセンサス）達成に努力する。
・この結果をまとめ，広く公表する。なお，会議は市民パネルの討論以外は公開で行われる。同国ではこの結果を，マスメディアを通じて報道している。
・コンセンサス会議を試みたデンマークでは，次のように，実際に社会に影響を及ぼしていた。

③　市民パネルと専門家パネル評価し，コンセンサス（合意）を生み出す人々を専門家ではなく，一般市民にした点に最大の特徴がある。もちろん，多様な意見を持った専門家の説明を十分聞いた上で合意を生み出す努力がなされる。1970年代後半に，同国は，原子力についての激しい国民的論争を経験したが，結果として，原子力発電を採用しなかった。これは人々の間で話し合うことを重視する社会的伝統に支えられていた。これらがこの新しい方式を生み出した背景にあるが，次のプロセスを備えている。

a）市民パネル

「関心のある市民」からなる。通常，①デンマーク全国で特定のトピックスに関して参加者を公募し，②それに応募してきた市民の中から，年齢・性別・教育レベル・職業・地域が配分されるように選定される。③そのトピックスに関して特別の関心を持つ専門家や利害関係者は，パネルの趣旨に鑑みて除外される。

b）専門家パネル

専門家パネルは，市民パネルの要請に応えるために設置される。このとき，「専門家」は幅広く捉えられて，大きく「テーマとなる科学技術に関わる専門家」と「そのテーマについて明確な意見をもつ人々（オピニオン専門家）」から成る。望まれるのは，①最新の知見をもち，②全体像を提示でき，③コミュニケーションがうまく，④ディベートに受容性があり，⑤その分野の広範で深い見識を保持している人である。

(2)　日本のエネルギーデモクラシー

環境エネルギー分野は大きな転換に直面している。1）資源論的には，石油はすでに「生産ピーク」を超えつつあるとの観測がある[33]。一方，2）自然エネルギーが飛躍的な成長を遂げ，水力を除く発電量が原発を追い抜こうとしている。3.11東日本大震災と福島第一原発事故により，「原子力立国計画」は大きな転換を強いられた。3）大規模・集中・独占型から，小規模・地域分散・ネットワーク型へと，エネルギー体制が根底的にシフトしつつある。この転換は，とくに電力会社が巨大資本であることから，日本でも構造転換を伴う大きな社会変容とならざるを得ない（energiewendeは，福島原発事故後の日本のモデルとして幾度となく言及されていた。）。

3.11福島第一原発事故の後，いったんは脱原発に向かうかに見えた日本は，その後，除染廃棄物の中間貯蔵問題，放射能被ばくの健康影響調査，福島第一原発での凍土遮水壁の失敗など，事故処理の混迷が続いた。こうした状況に鑑みると，海外発，とりわけ欧州型「エネルギーデモクラシー」は，次の点で，環境政策形成に示唆を与えている。

①　環境論議の積み重ねの必要性

日本には，環境エネルギー政策分野には，言論界もしくは知識コミュニティによる歴史的積み重ねが十分存在せず，政策に反映されにくい。自然エネルギーの固定価格買い取り制度（FIT）の導入前に施行されていたRPS法（2002年公布）の迷走[34]，気候変動政策，福島第一原発事故の後の核燃料サイクル論議の「揺り戻し」などにも表れている。欧州の知識コミュニティは，特定のテーマや新しい問題に対して，立場や利害を超えた公共的な（現在は運営が民営化されたが）対話空間を創り，仮説や検証や議論を重ね，コンセンサスをベースとする確からしい解を政策や制度，基準，原則などに反映させる形で，連続性を確保する営みが，環境政策（環境法，環境政治，環境研究など）の底流をなしてきた。しかし，2000年代半ば以降，大きな会議は開催されなくなった。

② デンマークのコンセンサス会議が転機を迎えた3つの要因

a）大人数化，グローバル化（世界会議の開催）という方向に向い，トピックそのものがグローバル化し過ぎた。（当初は小人数での熟議や，市民パネル主導の進め方という長所があり，日程などをフレキシブルに設計できるという可塑性があったのだが）

b）市民参加のプロセスを設計し運営するのにかかるコストと，それによって得られるメリット，つまりは費用対効果に対する評価がシビアになってきた。

DBTはもともと政府内の独立機関だったのだが，政府の支出削減策の一環として，2012年に民営化され，効率性が重視されるようになった。

c）参加型TAのアウトプットを政策決定への参照意見として用いる際に，その意見のもとになった市民パネルが本当に社会の「縮図」なのかがより厳しく問われるようになってきた。

d）単独で何か強力な参照意見が得られる，最終的な合意形成が図れる，といったレベルまで達しなかった。手法改善の可能性としては，例えば，討論型世論調査を大規模に実施して市民参加をボトムアップで作り込むなども考えられよう。

(3) ドイツのエネルギー政策からの教訓を生かす

① エネルギー転換の現状

目下，日本がお手本にした再エネ大国ドイツでも，議論が巻き起こっている。ドイツにおいて，脱原発，省エネ，再エネ促進の3本柱からなる「エネルギー転換」が叫ばれてからすでに久しいが，2017年6月26日，それがどういう状況になっているかという詳しい記事が，大手「フランクフルター・アルゲマイネ」紙に載った[35]。筆者は，デュッセルドルフ大学の教授，ユスティス・ハウカップ氏。2008年から2012年まで，ドイツ独占委員会（寡占を防ぎ，市場の自由競争を守るための諮問機関）の委員長であった人である。記事のタイトルは，「ドイツの高価なエネルギー迷路」。「何十億ユーロもの助成金を得たドイツの“グリーン”電気は，環境保護にとっては実質効果ゼロで，電気代を危険なまでに高騰させる」としている。

従来「エネルギー転換」への批判は，一般の人の目には触れにくいところでしか展開されなかったことに鑑みると，一流紙に掲載されたことは特筆される。

同記事によれば，ドイツでエネルギー転換にかかった費用の累計は，2015 年までで，すでに 1500 億ユーロ（19.3 兆円強）に達しているという。2025 年までの累計の推定額は 5200 億ユーロ（約 67 兆円）。これらの費用には，FIT による買い取り費用だけではなく，北部の風力電気を南部に送るための高圧送電線の建設費用，風や雲の具合で常に変化する再エネ電気の発電量を実際の需要に合わせるための調整費用，天候が悪くて再エネが発電されない時のバックアップ電源（主に火力）を維持するための費用，洋上発電用の海底ケーブル敷設の遅延に対する賠償金，再エネ，省エネ促進のための投資に対する補助金など，エネルギー転換政策によって発生する費用のほとんどが含まれており，ハウカップ氏はその額に関して警鐘を鳴らしている[36]（日本に関する中央電力研究所の試算[37]も参照。）。

エネルギー転換による国民 1 人当たりの負担は，2016 年から 25 年の間，月 37.5 ユーロ（4800 円余）になるという。ここには，賦課金といった目に見える負担だけでなく，企業が電気代の高騰分を商品価格に上乗せした分なども加算されている。

再エネ業界では“produce-and-forget”と呼ばれる行為が横行しており，太陽が照り，風が強い日には，往々にして電気が余り，電気の市場価格が破壊される（ときにマイナス値になることもある）。電気の価格が下がると買い取り値との差が広がり，賦課金が上がる。

ちなみにドイツの電気代の中で，純粋な発電コストと電力会社の利益分の合計は 18.3%のみで，すでに 24.4%を賦課金分が占めている。賦課金の額は 2009 年から 17 年の間で 4 倍になった。電気代はすでに EU 平均の 50%増，フランスの 2 倍だ。2003 年，緑の党は，「国民にとってエネルギー転換の負担は 1 ヵ月でアイス 1 個分」といったが，それは見当違いだった（電力中央研究所の試算が正しいとすれば，将来の負担は日本のほうがさらに高額になる。)。

② 制度改革への動き

そもそも，FIT は，採算度外視で作った商品（再エネ電気）が固定価格で例外なく買い取られるという計画経済の仕組みである。これで，再エネ関連企業は潤い，発電事業者だけではなく，パネル販売者から施工者，融資をする銀行まで，ドイツの再エネはすでに巨大なビジネス分野になっている。だが，そのような特権的な商品が自由経済市場で売られることにより，歪みが出る（市場の失敗)。ドイツが日本と違う点は，ほぼ 2000 社の大企業だけは，国際競争力の保持のためという名目で，賦課金の負担を免除，あるいは軽減され，値崩れした電気代の恩恵を享受していることである。

その一方，賦課金免除の利益にあずかれない中小企業は不公平感を強めていて，国外脱出も始まっていると言われる。いずれにしても，2017 年 1 月，連邦会計検査院も，ドイツ政府のエネルギー政策の不備を指摘している。また，前出①の「フランクフルター・アルゲマイネ」紙掲載の記事は，エネルギー転換が環境改善や温暖化防止に一切役立っていないと断言している。庶民は，これまで環境のためと思って高い電気代を甘受していたのだが，同記事によれば，ドイツでも EU でも CO_2 は減っていないどころか，2016 年の排出量は 09 年より増えており，再エネ電気の供給が安定しない限り，火力発電は止めることができないと指摘している。

③ 改革への歩み出し

いずれにせよ，ドイツでは今，徐々に制度改革が進んでいる。大規模発電を行っているメガソーラーやウィンドパークの事業者は，作った電気を自分たちで売る努力が必要になった。また，発電量の上限も決められた。ただ，改革が遅すぎたため，すでに 20 年契約を結んでしまっている膨大な買い取り分が終了しない限り，電気代への鎮静効果はなかなか現れない。

改善の方法としては，特定の電源に対する巨大な援助をやめ，市場経済の下，なるべく公平な自由競争を導入することが挙げられている。つまり，再エネ推進は，無制限な買い取り（FIT）によってではなく，電気販売会社に一定の再エネミックスを義務付けるなどして，再エネ業界の中で健全な価格競争が生じるようにする。これにより，再エネの技術革新にインセンティブが生まれ，再エネの自立化を促進する。

④　日本にとってのインプリケーション

a）重要なことは，エネルギー消費と経済成長の切り離し・分離（decoupling）である。日本と違って，ドイツはこの10年ほど低位ながら着実な経済成長を続けている一方，エネルギーの効率化も行われ，電力消費は確実に減っている。この点が経済成長とエネルギー消費の「分離」を実践している手本と言われるゆえんである。いまだに経済成長と共に電力消費が増えるというモデルに立脚する日本とは際立った違いを見せている[38]。

b）従来型のエネルギーによる発電の減少再エネに比べ，従来型の発電はいずれも減少した。原子力と天然ガスは前年に比べて数方 kWh，また，石炭からの電力もわずかながら減少した。原発の減少は脱原発政策の着実な進行，天然ガスは再エネ発電の拡大による「メリットオーダー効果」の影響である。(電力が電力市場でコスト（限界費用）の安い順に買われること)

c）ドイツでは需要を大幅に越えた発電量は輸出に回っている。国内の電力需要が再エネ電力でこれまで以上にカバーされているため，石炭火力での電力が一層，輸出されるようになっている。

ドイツを手本として再エネを推進した日本だが，ドイツが抜け出そうとしている経路に鑑みると，日本も適正な再エネ発電量を見極め，制度改革を実施することが，エネルギー安全保障にとっても，不可欠である。

5．もう１つのエネルギーデモクラシー：エネルギーハーベスティング（energy-harvesting）

(1)　技術的特性

私たちの身の回りには，水力・風力・太陽光・地熱等の自然環境だけでなく，住宅・会社・工場・商業施設・道路・田畑・公園等，わたしたちが生活するあらゆる場所に，利用されていないエネルギーが溢れている。そうした無活用のエネルギーを有効活用し尽くす「エネルギーハーベスティング」は，別名「環境発電」とも呼ばれ，屋外，屋内を問わずさまざまな場所で発電できるといった利点がある。個々に得られる個々の電力は非常に小さいものの，「エネルギーハーベスティング」によって集めれば，現行の電池・電源は不要の世界が出現する可能性がある。光・熱（温度差）・振動・電波など様々な形で環境中に存在するエネルギーを電力に変換するエネルギーハーベスティングは，充電・取り替え・燃料補給なしで長期間エネルギー供給が可能な電源として，「いつでも，どこでも，誰でも，何でも」ネットワークにつながるユビキタスネット社会や世界の注目が集まりつつある「モノのインターネット（Internet of Things: IoT）」社会の実現に必須の技術である。

既存の再生エネルギー資源に限定・拘束されず，個人・家庭レベルでも常時，生産・回収・再利用可能な電力エネルギー循環が実現される。わずかなエネルギーで電子回路を動かし，電池も電源も取り除くことができ，「次世代の，あるいは新次元のエネルギーデモクラシー」と位置付け得る。従来の一般的な電池に使われてきた有害な鉛やカドミウムなどは含まず，全くCO_2を出さず，この上なく環境に優しい。環境意識の高い欧州では，Energy Harvesting Europe 2017が，2017年5月10-11日に，ドイツ，ベルリンの Estrel Berlin Hotel and Convention Center で開催された。

(2) 用途

① 社会・経済活動における「安全」のためのセンサーとして単に発電方法がクリーンなだけでなく，低炭素社会の実現に向けて，スマートグリッドや物流管理をはじめとする各種環境情報の計測・可視化や省エネ制御のための環境埋め込み型センサーネットの電源への適用が期待されている。特に，今後の少子高齢化社会，省エネ・環境推進社会に向けて着実に安全・安心・エコな社会を実現するために「エネルギーハーベスティング」の果

図4-2　各種自立電源としてのエネルギーハーベスティング技術の応用

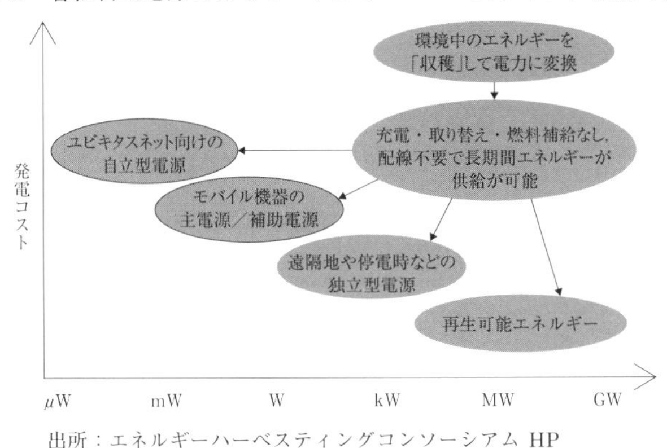

出所：エネルギーハーベスティングコンソーシアム HP

たすべき役割は大きい。

② 再生可能エネルギーの変換にメガソーラー，風力発電，波力発電，地熱発電などの大規模な再生可能エネルギーでも，例えば，発電機のブレードのモニタリングなどに，エネルギーハーベスティング技術の適用が可能である。

③ ユビキタス（ubiquitous）ネット向けの自立電源としていつでも，どこでも，何でも，誰でもネットワークにつながるユビキタスネット社会や，あらゆるものがインターネットにつながるモノのインターネット（IoT: Internet of Things）を実現するためには，いたるところに電源が必要である。電源配線や電池の取り換え，ワイヤレス給電が技術的・コスト的，あるいは環境負荷面で実現困難なケースも想定され，エネルギーハーベスティング技術が，アグリゲーターの普及と共に，自立電源として普及することが期待されている（図4-2参照）。

(3) 価値創造，見える化，共有化の技術としての有用性

① 経済学者マイケル・ポーター（Michael Eugene Porter）のハーバード・ビジネス・レビューに掲載された「Creating Shared Value」[39)]

21 世紀の企業は，そもそも株主価値至上主義のような企業ではなくて，社会と価値を共創（co-create）する，つまりシェアードバリューを創出するような企業になる。企業は，例えば環境とかの外部コストを内部化して価値を作り出す。

② ジェレミー・リフキン（Jeremy Rifkin）の「ZERO MARGINAL COST SOCIETY」[40)]

ゼロ限界コスト社会で彼は，IoT が世の中に入ってくると，限界コスト，つまり，物を 1 ユニットつくるために投入するコストはどんどん小さくなっていく。それが意味するところは，実は所有による価値ではなくて，「共有による価値」，あるいは経験による価値が重要になる世界である。そういう世界を実現するために，「コモンズ（commons）」のような社会が望ましいという議論を展開している。コミュニティによるエネルギーの共有化が示唆される。

③ エコノミスト誌の「How to measure prosperity」[41)]

いわゆる GDP のようなものでは測れない繁栄がある。例えば，フェイスブックの使用，それが価値を生んでいるが，GDP にみえるような価値としてはなかなか計上されない，あるいは健康で長寿であることはなかなか GDP にあらわれない。

IoT で実現しつつある社会は，実は「今までみえていなかった価値が IoT によって顕在化され，それがビジネスにもつながっているという社会」が想定される。みえないものを「みえる化」するためには，センサー系の技術が必要である。この中には半導体とか，センサーとか，無線の技術とか，エネルギーハーベスティングの技術などが含まれる。

国際エネルギー機関（IEA）の報告書[42)] によると，電力系統が大量の再生可

能エネルギーを受け入れるための3つの柱の1一つとして，電力システムと市場と運用の改善が挙げられている。従来の電力システムは計画経済的であり，過去のデータや気象データから未来の需要を予測し，供給計画を立てるという手法が言及されている。しかし出力が絶えず変動する再生可能エネルギーの発電を上手く取り入れながらシステムを運用するには，よりリアルタイムに近い市場経済型の運用への移行が不可欠である。

欧州各国では電力供給の信頼性を大きく損なうことなしに変動電源である再生可能エネルギーの大量普及を達成しており（例：スペインも），電力システムの運用も市場経済型に近づく取り組みが見られる。例えばアイルランドでは負荷配分の時間幅を10分未満に短縮し，リアルタイムに近い需給バランスの運用を行っている。また，卸売市場における入札に基づく負荷配分の最終更新は当該時間前30分未満となっており，柔軟性の高い市場取引を確保している。

日本では2003年に日本卸電力取引所が設立され，取引が行われてきたが，当時の日本は地域独占・垂直統合型の電力システムであり，変動電源の再生可能エネルギーの普及率も低かったため，このようなリアルタイムに近い市場経済型のシステム運用の必要性は強くなかった。現在進行中の電力システム改革の最終段階で2020年までに現在の垂直統合型の電力会社から発電と送配電が法的に分離した構造分離型に移行しようとしているが，この改革の中で市場経済型に近づくことが想定される。

仮に，余剰電力の電力会社への売電価格販売が10円／kWhのケースで，25円で電気を買っている近所の家に22円で売ることができれば，売り手の家庭，買い手の家庭双方ともに経済的メリットが生じる。充分な経済的インセンティブが確保されれば，今後の太陽光発電の普及も促進されよう。この取引のためには電気を流す送配電インフラは電力会社のものを使わざるを得ないが，情報システムは中央の権限が不要で対等な需要家同士の取引（P2P取引）に対応できる「ブロックチェーン（block chain）」が最適である。

(4) ブロックチェーンの分散構造を活かす

現在は家庭の太陽光発電設備で発電した電気を売電するときには，売り先がどの会社（例えば，新興の小売電気事業者）でも，必ず電力会社（関西電力や中部電力など）が電力メーターから情報を集め，売り先の会社に提供する。すなわち，一極集中型の情報システムになっており，電力の取引には直接介在しない電力会社なしに取引が行えないことになっている。使用量を確定できていない顧客の数は2016年9月現在で8000件以上にものぼり，2017年1月時点でも，問題の全面解決には至らず，電力小売自由化に伴い新規参入した小売事業者は，自社の責任ではない不具合のためにせっかく新規確保した顧客からの信頼を失いかねないという状況だった。

各顧客の電力使用量や発電量のデータをブロックチェーン上に記録し，そのデータを複数のノードで保持する分散型システムのブロックチェーンの場合は全てのノードが一度にダウンする可能性は非常に低く，上記のような不具合が起こる可能性は実質的にはゼロに近くなる。

現状の制度では，家庭で太陽光発電などで発電した電力の売り先は電力会社や新電力（小売電気事業者）に限られており，別の家庭や企業との直接取引はできない。また，電力会社に送配電インフラの使用料を払う必要があり，顧客同士の直接取引は難しくなってしまう可能性がある。

しかし，米国 LO3 Energy / TransActive Grid / ConsenSys が Brooklyn Microgrid というプロジェクトで家庭の太陽光発電で発電した電力の直接取引を実証している。欧州でも Electron，Grid Singularity などの企業がブロックチェーンを使った電力システムの検討を開始している。ブロックチェーンを使った新しい電力システムの可能性を探求する先駆者がいることは，今後日本でも電力プロシューマー（生産者兼消費者 : prosumer）[43] が増加する電力の世界でブロックチェーンが価値を提供する可能性を示唆している。つまり，先述の米国型エネルギーデモクラシー（Utility 3.0）の類型になる。エナリスと会津ラボは2017年6月，福島県が実施する「再生可能エネルギー関連技術実証研究支援事業」に採択され，ブロックチェーンを活用した電力取引などの実証事業を2017年6月から2018年2月末まで福島県内で行うと発表した。会津大学が技術実証アドバイザーとして参画する[44]。

・仮想通貨（bitcoin）の中核技術として知られているブロックチェーン。

　二者間の取引を効率的で検証可能な方法で記録できる分散台帳で，海外では電力データをブロックチェーンに記録して電力取引に活用している。実証実験では，福島県内の一般家庭に会津ラボが開発した「スマートタップ」を設置する。同製品はコンセントに接続した電気機器の消費電力量を計測し，スマートフォンアプリに表示する。電力データをブロックチェーン上に記録するハードとソフトで構成されており，電力需給の逼迫時には赤外線コントロールやコンセントの電源を切って，電力使用量をコントロールする。

(5)　連携構造，再エネ，ループフロー

再生可能エネルギー電源の導入拡大が進む欧州では，風力発電の発電電力が，メッシュ状の電力系統において複雑な電力潮流の変動を引き起こす事態が顕在化している。「欧州送電系統運用者ネットワーク（the European Network of Transmission System Operators: ENTSO-E）」やACERなどの機関は，2010年前後から再生可能エネルギー電源の増加により，送電系統内の「ループフロー問題」が顕著になっているとの懸念をさまざまな機会で表明している[45]。

欧州では，電力システムがメッシュ状に連系されているため連系線の潮流管理が難しく，図4-3に示すように，例えばドイツからフランスに送電する場合でも，フランスに直接送電されるもの以外に，一部は近隣国を迂回して送電されることが発生する。これをループフロー（迂回潮流）と呼んでおり，既にドイツでは再生可能エネルギー電源の出力変動のすべてを自国内で調整できず，その分が流出して近隣国の需給運用に影響を与え始めている。(系統の増強が，接続する再エネ電源の増加スピードに追いつかず，特に需要が増加する冬季における供給信頼度の確保が困難になるなど)

実際，過去にドイツからベルギーへ連系線を介して風力発電の電力が流入し

図 4-3　日本と欧州の電力系統の構造的違い

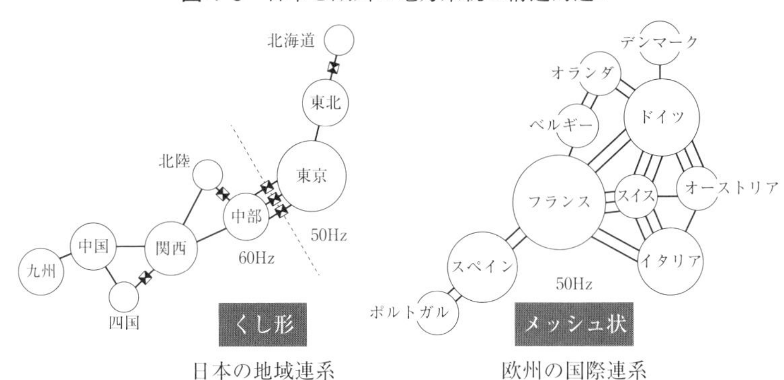

出所：クリーンエネルギー研究所（Clean Energy Research Lab.：CERL）

て計画外の潮流が発生し，ベルギー国内の需給運用に負の影響を及ぼした。そのため，ベルギーでは予防策として 4 つの移相変圧器を導入し潮流制御を行うことで，計画外潮流の問題を回避している。移相変圧器の導入により，送電線の長さが変わったのと同じ効果が得られ，ループ潮流が流れ込みにくくなる。

他方，日本ではこの「ループフロー」が起きにくい様に，くし形の連携構造になっている。つまり，北海道から九州までの電力網を 1 本のくしでさして，(北陸と四国はこの串からのブランチとして) 電力網間でループしにくくしている。また，欧州に比べて細い送電ケーブルを使用しているため，太陽光などで発電された再エネを，電力会社のケーブルに接続する能力は弱いという制約はあるものの，停電はほとんど発生しない (欧州の送電ケーブルは太い。ただし，どこかで断線すると広域停電が起き易い。)。

6．気候変動と関連する最近の米国の政策転換

(1)　オバマ政権のクリーンパワープラン

オバマ政権は2009 年の成立以降，包括的な気候変動法案の制定を目指してき

た。しかし，野党の反対からそれが実現しなかったことから，大統領の権限の範囲内で実施可能な政策を打ち出す方針に変更し，大気浄化法（Clean Air Act）に基づいて，温室効果ガスの削減を目標に掲げた。2013年6月，気候変動行動計画（Climate Action Plan）を発表。法的拘束力はないものの，これには国内のCO_2排出削減，再生可能エネルギーの導入，エネルギー効率性の増加，国際的な気候変動対策への協力などに関する定めを組み込むものだった。その後，2015年8月，大統領と連邦環境保護庁（EPA）は，気候変動行動計画を受け，既設及び新規火力発電所からのCO_2排出規制の規則となるクリーンパワープラン（CPP：Clean Power Plan）を発表。ただし，2016年2月の連邦最高裁判所決定により，クリーンパワープランの合法性についての最終的な判断が下されるまでは，その執行は停止されていた。また，クリーンパワープランでは，各州のCO_2排出削減目標は示されているが，目標達成に向けた各州の具体的な計画は，それぞれの電源構成状況を踏まえて州毎に策定することとされていた。

(2)　トランプ政権による見直し・撤回

しかるに，2017年1月に成立したトランプ政権は，2ヶ月後の3月発令の大統領令でクリーンパワープランの中断・見直し・撤回の方針を打ち出した。2017年10月10日付の報道によると，同日，EPAのScott Pruitt長官が，オバマ前政権が電力セクターにおける二酸化炭素排出削減を目的に導入した同プランを廃止する提案に署名している[46)]。

その後，2018年1月16日を期限として，廃案に対する意見募集が行われたが，廃案に関して口頭で証言する機会を1ヶ所以上で追加して欲しいという意見が多数寄せられたことから，EPAは，2018年1月11日に，2018年2月から3月にかけてミズーリ，カリフォルニア，ワイオミングの3州で公聴会を開催すること，廃案に関する意見募集を2018年4月26日まで延長して行うことを公表[47)]。

(3) 温暖化長期戦略

パリ協定は，全ての締約国は，温室効果ガスの長期低排出戦略を作成し，気候変動枠組条約事務局に提出するよう努力すべきであるとしている。ホワイトハウスはオバマ政権下の2016年11月，国連気候変動枠組条約第22回締約国会議（COP22）の開催に合わせて，このパリ協定に基づく温暖化長期戦略として，「大幅な脱炭素に向けた米国長期戦略（United States Mid-Century Strategy for Deep Decarbonization）」を発表。同長期戦略は，温室効果ガス排出量を2050年時点で2005年比にして80%以上削減する目標が掲げた。目標達成に向けた重要テーマとして提示されていた3分野と主な取組中の「低炭素なエネルギーシステムへの転換」についてはセクター別の取組事項が記載されていた。

長期温暖化への対策戦略で重要テーマとして掲げる3分野・主な取組[48]は以下の通りである。

a） 低炭素なエネルギーシステムへの転換

――輸送，建物，産業セクターにおけるエネルギー消費削減，電力システムの低炭素化，クリーン電力・低炭素燃料の有効利用

b） 森林等やCO_2除去技術を用いたCO_2隔離

――米国の土地に貯留・隔離されたCO_2量の拡大，バイオ燃料CO_2回収貯留（BECCS）等のCO_2除去技術の有効利用

c） CO_2以外の温室効果ガス削減

――主に化石燃料の製造，農業，廃棄物，冷却剤により排出されるメタン，亜酸化窒素，フッ素化ガス等の削減

(4) パリ協定からの離脱

しかるに，2017年6月1日，トランプ大統領はパリ協定からの遺脱を表明。演説で，2016年9月に米国が気候変動枠組条約事務局に対して提出済みの「自国で決定する貢献（NDC：Nationally Determined Contribution）」の実施を含めて，パリ協定の実施を止めることを宣言したもが，長期温暖化対策戦略は言及

しなかった[49]。

(5)　連邦による自主的取組の活発化：州による米国気候同盟の結成

一方，パリ協定からの脱退を表明した2017年6月1日，ワシントン州，ニューヨーク州，カリフォルニア州の知事が中心となり，パリ協定の遵守を確約する米国気候同盟（United States Climate Alliance）が結成されている[50]。この同盟は法的拘束力を有しないが，パリ協定を遵守し，温室効果ガス排出削減目標をコミットする超党派の連合である。同同盟の原則は，以下の通り[51]である。

・気候変動のリーダーであり続ける：同盟加盟州は，気候変動が環境，住民，コミュニティおよび経済への深刻な脅威となっていることを認識する。

・州レベルの気候行動は，経済に便益を与え，コミュニティを強化する：同盟加盟州は，大気汚染を削減し，公衆衛生を改善し，強靭なコミュニティを構築しつつ，クリーンエネルギー経済を成長させ，雇用を創出する。

・意欲的な気候行動は達成可能であるということを米国内および世界に提示する：パリ協定から離脱するという米国連邦政府の決定にもかかわらず，同盟加盟州は国際協定の支持を確約し，目標に向け前進するために積極的な気候行動を追求する。

おわりに

米国，日本，欧州を例として，20世紀型の主要電力会社による地域独占と安定供給によって，経済成長が追求された歴史をたどってみた。いずれも，21世紀が近づくにつれ経済が安定成長へと変化すると，現れ方に違いはあるものの，それまでの電力会社主導の集中システムが新興電力会社も市場に参入する分散システムに移行し始めた。換言すれば，自然独占による垂直体制・地域独占体制の解体プロセスをたどっている。この背景には，気候変動，原発問題など地球規模の問題の鮮明化によって，1）社会が環境を重視するようになり，エネルギー源を化石燃料ベースの高炭素含有型からクリーンエネルギーである再生エネルギーベースの低炭素含有型にシフトさせてきたこと，2）供給体制に「地域」・「コミュニティ」・「個人」が登場してきて，議論・公論に参加し，エネルギー政策の策定に関与するという「エネルギーデモクラシー」に社会の関心と注目が集まってきたことなどがあった。エネルギー問題は国家の中長期的方向性と重大に関わる政治問題，環境問題であるとともに，人々の生活と直結する民主主義の問題でもある。

一方，現代の社会の変化は急速であり，「いつでも，どこでも，何でも，誰でも」がコンピュータネットワーク，インターネットを初めとしたネットワークにつながることにより，様々なサービスが提供され人々の生活がより便利になるといわれるユビキタス社会，IoT 社会に突入しつつある。こうした社会では，既存の再生エネルギー資源に限定・拘束されず，個人・家庭レベルでも常時，生産・回収・再利用可能な電力エネルギー循環が技術的に形成されると想定されている。つまり，現在関心が高まっている「エネルギーデモクラシー」を既存制度に拘束されずに「技術ベースで」超える形で新次元のエネルギーデモクラシーの地平が開かれる可能性がある。

最後にオバマ政権からトランプ政権に移行して転換した米国の最近年のエネルギー政策で，パリ協定からの離脱という世界の潮流に逆行する対外的動きの一方で，国内的には，連邦政府の自主的取り組みが活発化するという相反的動きを見た。これがこれまでのエネルギーデモクラシーを含む世界の潮流にどう影響するのかが注目される。

1）電気事業連合会 http://www.fepc.or.jp/theme/energymix/content6.html（2017年7月9日アクセス）を筆者が加筆修正。
2）なお，10 電力会社以外に，卸発電事業専門の日本原子力発電および電源開発，ならびに島における電力組合などがある（沖縄電力を含む）。
3）南部鶴彦（1998）「電力規制改革の経済学」『経済セミナー』520 号 32 頁以下，および矢島正之（1998）『電力改革』（東洋経済新報社）4 頁以下参照。
4）International Energy Agency,1999. Energy Policies of IEA Countries Japan 1999 Review, pp.65-102, OECD,1999, Electricity Market Reform pp.11-16.
5）矢島正之（1998）『電力改革』4 頁以下を参照。

6）John Farrell, Beyond Utility 2.0 to Energy Democracy why a technological transformation in the electricity business should unlock an economic transformation that grants power to the people. Institute to Local Self-Reliance（ILSR), December 2014 pp.6-7.

7）Reforming the Energy Vision.（NYS Department of Public Service, Staff Report,4/24/14）. pp.49-50.

8）John Farrell, op.cit., p.7.

9）飯田哲也「米国電気事業の規制緩和の動向-その社会・環境への影響を考える」https://www.google.co.jp/webhp?hl=ja&gws_rd=cr,ssl&ei=-9jYVIDzPJL58QXM84KQAQ#hl=j a&q=%E9%A3%AF%E7%94%B0%E5%93%B2%E4%B9%9F%E3%80%80%E7%B1%B3%E5%9B% BD%E9%9B%BB%E6%B0%97%E4%BA%8B%E6%A5%AD%E3%81%AE%E8%A6%8F%E5%88% B6%E7%B7%A9%E5%92%8C%E3%81%AE%E5%8B%95%E5%90%91&spf=149965812778（2017年8月10日アクセス)。

10）同上飯田。

11）同上飯田。

12）武智久典「電気事業者のDSMプログラムを巡る動向（米国）」,『海外電力』1995年11月号海外電力調査会（1995)。

13）海外電力調査会『海外諸国の電気事業』（1993）40頁。

14）矢島正之『電力市場自由化』日工フォーラム社（1994）32頁。

15）前掲飯田。

16）代表的論者および著書としては，Baumol, W.J., J. Panzar, and R.D. Willig（1982), Contestable Markets and the Theory of Industrial Structure, Harcourt, Brace Jovanovichが挙げられる。

17）ルイス・J・パール「アメリカの電力産業の規制緩和」『エネルギー経済』，第21巻第4号（1995.4）5-6頁。

18）J.モース「電力の大変動-加州電気事業界のリストラクチャリング」海外電力調査会（1994)。

19）California Public Utilities Commission 'Order Instituting Rulemaking'

20）環境ビジネスオンライン https://www.kankyo-business.jp/dictionary/005363.php

21）日経新聞1995年7月22日。

22）前掲モース。

23）前掲飯田。

24）同上飯田。

25）佐伯啓思「アメリカニズムの終焉」TBSブリタニカ（1993)。

26）Eric Hirst, Ralph Cavanagh, Peter Miller, DSM in transition: from mandates to markets, Energy Policy, Volume 24, Issue 4, pp.283-371（April 1996).

27）Solar Market Insight Report 2013 Year in Review. (Solar Energy Industries

Association, 2013).

28) LaMonica, Martin. Microgrids Keep Power Flowing Through Sandy Outages. (MIT Technology Review, 11/7/12).

29) Kind, Peter. Disruptive Challenges: Financial Implications and Strategic Responses Changing Retail Electric Business. (Energy Infrastructure Advocates on behalf of Edison Electric Institute, January 2013).

30) https://www.fepc.or.jp/library/kaigai/kaigai_jigyo/usa/detail/1231550_4803.html（2017年7月12日アクセス)。

31) 滝川薫編著，村上敦・池田憲昭・田代かおる・近江まどか著『欧州のエネルギー自立地域』学芸出版社，2012より抜粋。

32) 資料NO.4第17回エネルギー政策検討会「欧州におけるエネルギー政策について（調査内容）（2002年)」参照：コンセンサス会議は，1987年にデンマークの技術委員会（DBT：テクノロジーアセスメント機関）が開発した。テクノロジーアセスメント（TA）や，TA機関は，日本には直接対応する制度や組織が存在しないのでイメージされにくいが，新しい科学技術の社会的影響を「独立の立場」で評価する機関である。この社会的影響の中には，倫理的，法的，経済的なものも含まれる。TAを市民参加で行う方法として考案されたのが，コンセンサス会議の端緒である。1990年代から2000年代にかけてこの手法は世界的に大ヒットし，遺伝子組換え作物やナノテクノロジーなどのテーマに関して，日本を含む各国で，この手法を用いた会議が開催された。

33) James Murray and David King sound the alarm in pointing out that oil's tipping point has passed (Nature p.481, pp.433-435; 2012).

34) 2002年6月に公布された「電気事業者による新エネルギー等の利用に関する特別措置法」。電気事業者に対して，一定量以上の新エネルギー等を利用して得られる電気の利用を義務付けることにより，新エネルギー等の利用を推進していくものであった。その後，電気事業者による再生可能エネルギー電気の調達に関する特別措置法（平成23年法律第108号）が2012年7月1日から施行されたことに伴い，RPS法は廃止された。しかし，再生可能エネルギー特別措置法附則第12条の規定により，廃止前の電気事業者による新エネルギー等の利用に関する特別措置法第4条から第8条まで，第9条第4項及び第5項並びに第10条から第12条までの規定は，当分の間，なおその効力を有すると規定された。

35) http://plus.faz.net/wirtschaft/2017-06-26/deutschlands-teurer-energie-irrweg/362666.html

36) John farrel, DIANE CARDWAELL MARCH 13 2017, The NewYork Times.

37) 太陽光や風力などの再生可能エネルギーを一定価格で買い取る「固定価格買い取り制度」が，2015年度までの買い取り総額が累計で94兆円に達することが電力中央研究所の試算で分かった。買い取り費用は電力会社が電気料金に上乗せしており，国民負担になっている。政府は見直しに着手しているが，制度の継続には国民の理解が必要になりそうだ。（産経新聞 最終更新：2017年7月23日19：09）

制度は，東京電力福島第1原発事故を受けて再生エネの普及を促すため12（平成24）年7月開始。価格の保証で発電設備への投資にかかった費用を回収しやすくし，普及を後押しする仕組である。2016年11月までの約4年間の発電量は約5374万キロワットで，開始前の約2.5倍に拡大した。ただ，買い取り認定を受けた発電量の約9割が割高な太陽光に集中。太陽光の買い取り価格は初年度で1キロワット時あたり40～42円で，バイオマス（13～39円）や風力（22～55円）と比較して高い。その結果，電中研では30年度の買い取り総額が4兆7千億円に上ると試算。政府が想定する3兆7千億～4兆円より最大で1兆円上振れする見通し。買い取り価格は毎年の改定で値下げされているが，認定済みのものは当初の価格が維持される。制度開始当初の12年度に認定を受けた事業用太陽光は1キロワット時あたり40円と，今年度（21円）の約2倍の価格が20年間にわたり払われる。このため今後，買い取り総額の累計が拡大するのは必至。政府は累計を公表していないが，政府の長期エネルギー需給見通しが想定する30年度の総発電量に占める再生エネ比率の「22～24%」を達成すると，累計は59兆円に達する見込み。太陽光は41兆円で，50年度まででは53兆円と累計全体の半分以上を占める。需給見通しが想定する全ての再生エネの買い取り期間が終わる50年度には，累計は国家予算並みに膨らむ。石油火力などを代替した部分の発電コストを差し引いた国民の実質負担となる「賦課金」も，50年度に69兆円に達する見込みである。政府は国民負担を減らすため今年4月に制度を改正し，太陽光の事業者は認定時に供給価格を競う入札を導入した。ただ，対象は大規模な2千キロワット以上に限られ，効果は限定的だ。経済産業省の有識者研究会も7月，再生エネ大量導入時代における政策課題をまとめた。燃料費のかかるバイオマスなどへの支援は当面必要とするが，各再生エネの将来的な制度からの「自立化」の議論を続けている。日本は長期見通しで示された国民負担に抑えるのか，上回っても再生エネルギーを含むエネルギーミックス比率目標の達成を目指すのか，選択を迫られる」。(電力中央研究所「固定価格買い取り制度（FIT）による買い取り総額・賦課金総額の見通し（2017年版 http://criepi.denken.or.jp/jp/serc/source/pdf/Y16507.pdf（産経新聞7月23日)。

38）前掲飯田。

39）Michael Eugene Porter の Creating Shared Value の考え方は，当初，Harvard Business Re-view（2010年12月号）に掲載された。

40）Jeremy Rifkin, THE ZERO MARGINAL COST SOCIETY: The Internet of Things, The Collaborative Commons, and The Eclipse of Capitalism. Palgrave Macmillan, 2011.

41）The Economist（2016/04/30).

42）4 iea 1974-2017 The Power of Transformation OECD/IEA, 2014).

43）William Gerhardt, Prosumers: A New Growth Opportunity Principal Service Provider Practice, IBSG（www.cisco.com/c/.../docs/wp/Prosumer_VS2_POV_0404_FINAL.pdf, 2017年8月31日アクセス)，および techcrunch.com/2007/06/15/

the–rise–of–the–prosumer などを参照。人々は，これまでの消費者から生産者の立場へと移行することで，社会に及ぼす影響力を強化していることが指摘されている。

44）ENERES ニュースリリース，2017 年 6 月 9 日。

45）International Energy Agency, 1999. Energy Policies of IEA Countries Japan 1999 Review, pp.65–102, OECD, 1999, Electricity Market Reform pp.11–16. および，ACER，Loop Flows Work– shop–High–Level Conclusions（16/07/2013）など。

46）米国環境保護庁ウェブサイト https://www.epa.gov/newsreleases/epa-takes-another-step-advance-presidenttrumps-america-first-strategy-proposes-repeal（2017/12/22）。

47）米国環境保護庁ウェブサイト https://www.epa.gov/newsreleases/epa-schedules-three-listening-sessionsproposed-repeal-clean-power-plan（2018/01/19）。

48）"United States Mid–Century Strategy for Deep Decarbonization" 2016 に基づいて作成。

49）The White House ウェブサイト，https://www.whitehouse.gov/briefings-statements/statement-president-trump-paris-climate-accord/（2018/02/14）。

50）カリフォルニア州知事ウェブサイト，https://www.gov.ca.gov/news.php?id=19818（2018/01/16）。

51）米国気候同盟ウェブサイト（https://www.usclimatealliance.org）をベースに作成（2017/12/22）。

第 5 章
日本とヨーロッパのエネルギー問題
――日本とEUのエネルギー政策からの一考察――

上原史子

はじめに

我々21世紀に生きる人類はエネルギーなくして生活できない状況にある。それゆえ，エネルギー問題をグローバルな課題と認識して様々な議論を繰り返してきた。

日本でのエネルギーをめぐる議論はこれまで繰り返し改訂されてきた「エネルギー基本計画」に若干みられたが，議論が活発になったのは，皮肉にも3.11東日本大震災のフクシマのアクシデントからであった。3.11以降の日本は原子力を含めた世界のエネルギー事情に関心を高めてはいるが，自国の新たなエネルギー政策についての具体的なビジョンは未だ明確に打ち出せていない。エネルギーの将来については世界共通の大きな関心事であることから，日本に限らず世界各国・各地域で検討されている。

そのような中，ヨーロッパでは最近になって「エネルギー同盟」を構築しようというプランが浮上している。地球環境問題に積極的に取り組んできているEUの新たな戦略の1つとみられるが，こちらは現在進行形の議論であり，未だ確立されてはいない。このエネルギー同盟が実現した場合，世界の資源・エネルギー問題にどのようなインパクトを与えるであろうか。

以上のような問題意識を踏まえて，本章はエネルギー問題の本質について，エネルギーの歴史と日本・EU のエネルギーをめぐる政策を紐解きながら考えようというものである。

はじめにエネルギー問題そもそもの展開を人類の経済的発展の過程とあわせて見つめなおす。そして日本・EU それぞれのエネルギー政策の展開と，そのエネルギー政策の策定と実施をめぐる議論を分析しながら，21 世紀のエネルギー問題とその行方について展望する。

我々人類の生活に欠かせないエネルギー問題は次世代を担う若者たちとともにがっぷりよつに取り組むべき課題の 1 つである。本章が若い世代とエネルギー政策の将来について議論する際のたたき台となることを期待したい。

1．人間とエネルギー：エネルギー問題の史的展開

我々が一般的にエネルギー問題について考える場合，どのようなエネルギーを，誰が，いつ，どこから調達し，どのように使うのか，という人間とエネルギーとの付き合い方という点に集約される。この節では古代以降人類がいつどのようにエネルギーと付き合ってきたのかを総括しながら，エネルギーそのものについて考察する。

ヒトがエネルギーを必要とするようになったのは 50 万年ほど前の薪の使用，つまり火を発見し，調理や寒さをしのぐための暖房として，あるいは動物から身を守るために利用するようになったころからだとされている。そして 1 万年ほど前にヒトが農耕や牧畜を始めるようになると，馬や牛といった家畜が動力として使われ，風力や水車といった自然エネルギーも活用されるようになっていった。特にヨーロッパで風力エネルギーが重要だったことは，オランダなどで今なお風車が多くみられることにも表れている。

16 世紀に入ると，従来の木炭から石炭へと熱エネルギー源がシフトしていった。1765 年のジェームズ・ワット（James Watt）による蒸気機関の発明は，従来の家畜や自然エネルギーよりも格段と生産力を上げることになり，石炭とい

う化石燃料が大量消費される時代へと移り変わった。

その後18世紀になると石炭を豊富に抱えていたイギリスを中心に産業革命が起こった。産業革命は工業化の進展に一役買うこととなり，また，ヒトがより便利で豊かな生活を享受するようになった。ヒトの便利で豊かな生活の追求は，エネルギーの大量消費を招いたと同時に，エネルギー源の汎用性をさらに広げることを急務とするようになった。このころから我々人類にとってエネルギー問題が重要性を増していったのである。

そして1859年，アメリカのペンシルベニア州で新しい石油採掘方式が出来上がると，石油の大量生産が可能になり，石油の利用方法も格段に広がっていった。こうしてエネルギーの中心が石炭から石油へとシフトしはじめ，20世紀はじめにはアメリカのテキサス州やオクラホマ州，そして中東各国で大規模油田が発見されるようになると，「流体革命（またはエネルギー革命）」と呼ばれる事態となっていった。大量に，そして安価に供給されるようになった石油は工場や輸送機器，火力発電や暖房の燃料，そして石油製品の原料として産業界のみならず一般家庭でも幅広く使われるようになる。

以上のような経緯で石油の世紀となった20世紀後半，ヒトは石油から豊かさを享受するようになったとともに，石油が紛争時の重要な「道具」の役割を担うようになった[1)]。

ところが1970年代の度重なるオイル・ショックは，世界の石油依存体制に大きなダメージを与えることとなった。2度のオイル・ショックは石油への過度な依存に対する警鐘を鳴らすとともに，石油以外のエネルギー導入の必要性を生み出した。その結果，世界は原子力や天然ガスといった石油代替エネルギーの開発に着手したのである。

1990年代に入ると地球環境問題，すなわち温暖化防止の取り組みが急務となる。今では多くの人びとが地球環境問題関連の新聞やニュース報道でしばしば目にするようになった「COP●×」であるが，このCOPは締約国会議（Conference of the Parties）の略である。環境問題に限らず様々な国際条約の中でその加盟国が物事を決定するための最高決定機関として設置されている。我々が頻繁に（特に毎年11月から12月にかけて）耳にするCOPは気候変動枠組条約（Framework Convention on Climate Change：FCCC）のそれである（COP-FCCC）。

1992年にリオデジャネイロの「地球サミット」で締結された気候変動枠組み条約締約国会議は1994年に発効し，1995年の第1回COP会議（以下，COP1と表記）を皮切りに2年間交渉を続けた結果，1997年12月に京都で開催されたCOP3で京都議定書が採択された。京都議定書では地球温暖化防止のために，2008年から2012年までの間の先進国全体のCO_2をはじめとする温室効果ガス排出量を1990年比で，日本6%，アメリカ7%，EU 8%，平均で5.2%をそれぞれ削減することを誓約した。

こうして地球温暖化の防止を世界全体で取り組むための京都議定書が誕生すると，世界では温室効果ガスの排出削減の手段の1つとして再生可能エネルギーの開発を積極的に進めていくこととなった。

図5-1は世界の人口とエネルギー消費量の推移を時系列に示したものである。先進国の多くが人口減少の時代に入るといわれているが，世界全体では人口が

図5-1　世界のエネルギー源別エネルギー消費量の推移

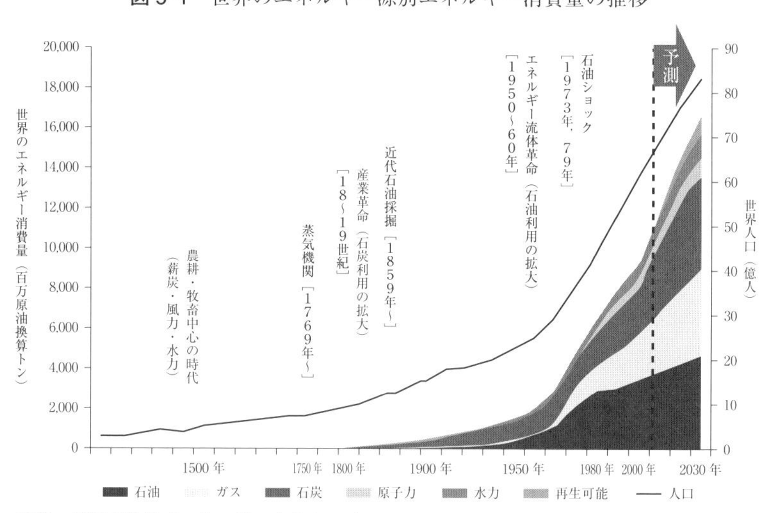

出所：経済産業省「エネルギー白書2013」

増加することが見込まれている。したがって人口増加にともなって，世界中でいずれのエネルギーも増大していくことが予想される。

人口の増加とエネルギー需要の増大が見込まれている世界で，日本はエネルギーをどのように捉え，どのように確保しようとしてきたのか，以下で日本のエネルギーをめぐる問題を検討する。

2．日本のエネルギー事情とその対応

世界はオイル・ショックを契機に石油依存のエネルギー体制からの転換を図りながら現在に至ったことは前章のとおりであるが，日本のエネルギー政策もオイル・ショック前と後で大きく転換している[2)]。

(1)　オイル・ショック以前の日本のエネルギー政策

1973年のオイル・ショックが勃発する以前の日本のエネルギー政策を概観しようという場合，第二次世界大戦後の戦後復興の過程と，その後の高度成長の過程とで変化がみられる。

1945年の戦争終結以降，日本ではエネルギーとしての石炭を増産する必要があったが，敗戦後の人手不足という状況下で，石炭増産に必要となる労働力や資金・資材の確保が最優先課題となった（傾斜生産方式）。その後，朝鮮戦争が長引いたことから石炭不況に直面した日本は，石炭産業を合理化しながら石炭中心のエネルギー供給を進めていった（炭主油従政策）。

1960年代以降のいわゆる高度成長期に入ると，安く安定的なエネルギー供給をエネルギー政策の重点課題に位置づけ，石炭から石油へシフトしていった（油主炭従政策）。この結果1962年，日本では石油が石炭を抜いてエネルギー供給の首位の座につき，このころからエネルギー供給の主体が石油に移る，いわゆる「エネルギー革命」が急速に進展した。

エネルギーの主役が石炭から石油へシフトする状況，つまり構造不況に陥っている石炭産業はその後合理化が進められた。また，石油製品の安定供給を確

保するために「消費地精製」という方法で，石油産業を保護する仕組みを確立した。この「消費地精製」とは，原油を産油国から原油のまま輸入し，文字通り消費地で精製する方式である。石油製品は連産品であり[3)]，国際的な石油製品の市場も未発達で，国内に精製能力を保有しないと特定の製品の不足に対応できない恐れがあったことから，このような方式をとった。日本では石油精製能力や石油生産計画等を政府の監督下に置くことで，石油産業の健全な発展を図ることが期待されていたのである。

(2) オイル・ショック後の日本のエネルギー政策

第四次中東戦争を契機に1973年に発生した第1次オイル・ショック（原油価格の高騰と供給削減）は，当時石油依存度が7割を超えていた日本にとって深刻なダメージを与えることが想定された。日本政府は危機発生に備えるべく，「石油緊急対策要綱」を閣議決定し，消費節約運動の展開，石油・電力の使用節減等の行政指導を行った。これと並行して石油の安定供給等に関する立法作業が進められ，1973年12月には，「石油需給適正化法」と「国民生活安定緊急措置法」が制定された。

この時期，世界共通の石油エネルギーへの取り組みも始まった。1974年にアメリカの呼びかけにより我が国を含む主要石油消費国の間で「エネルギー調整グループ」が結成され，また，同一メンバー国による「国際エネルギー計画」（IEP）協定が採択された。そしてOECDの下部機関として国際エネルギー機関（IEA）が設置されるに至った。この国際協定IEPは，緊急時自給力確立のため，前年の平均純輸入量の90日分の石油備蓄義務と，消費削減措置付きの緊急時石油融通制度を規定している。この規定に沿って日本では1975年に石油備蓄法を制定し，90日備蓄増強計画を策定した。1978年には国家備蓄も法制化され，1998年に国家備蓄目標である5,000万kℓの備蓄を達成した。また1981年度には石油備蓄法が改正され，LPガスについても輸入会社に年間輸入量の50日分に相当する備蓄が義務付けられた。LPガスの民間備蓄は，1988年度末に目標の50日備蓄を達成し，国家備蓄についても150万トンを達成することを目標として，全国５ヶ所で備蓄基地の整備が進められた。

第１次オイル・ショックによって石油供給不足の脅威を経験したことから，日本ではエネルギーの安定供給を確保することが国の将来を左右する最重要課題であるとの認識が高まり，資源に乏しく極めて脆弱な日本のエネルギー供給構造を改善するべく，①石油依存度の低減と石油以外のエネルギーによるエネルギー源の多様化，②石油の安定供給の確保，③省エネルギーの推進，④新エネルギーの研究開発，の４点についての新たな政策を打ち出した。中でも中長期的課題である新エネルギーの研究開発については，1974年に「サンシャイン計画」が打ち出され，2000年を目途とする日本のエネルギー需要の相当部分をまかなう新しいクリーンエネルギーを供給するための技術の開発を目指した。

第１次オイル・ショックを契機に打ち出されたエネルギー安定供給の確保や省エネルギーの取り組みは，第２次オイル・ショック以降も継続されたが，それと同時に石油依存度の低減を図るべく，そしてエネルギー供給構造を改善する必要性から，1980年には石油代替エネルギー法を制定し，日本政府は「石油代替エネルギーの供給目標」を閣議決定した。

また，大型の石油代替エネルギー技術開発を総合的に推進するべく，1980年に新エネルギー総合開発機構（現在のNEDO：独立行政法人新エネルギー・産業技術総合開発機構）を設立した。

その他，1979年には「エネルギーの使用の合理化に関する法律（省エネ法）」を制定・施行し，工場・建築物・機械器具に関する省エネルギーを総合的に進めていった。また，1978年の「ムーンライト計画」では，エネルギー転換効率の向上，未利用エネルギーの回収・利用技術の開発などが進められた。

以上みてきたように，日本のエネルギー政策は，世界のエネルギー情勢の変化と同様に石炭から石油へとエネルギーシフトが試みられ，また，石油依存からの脱却のための数々の政策も施されてきたことがわかる。また，「省エネ」でエネルギー効率をいかに良くするか，いかにエネルギーを消費しないようにするか，という点にも力を注いでいたことが明らかになった。

エネルギーシフトと省エネを進めてきた日本が21世紀にどのようなエネルギーのビジョンを持っていたのか，以下では日本・ヨーロッパそれぞれのエネルギー計画とその改訂の道のりを比較しながらエネルギー問題の核心に迫ってみたい。

3．21世紀日本のエネルギー政策の実態

21世紀に入り，グローバル化の進展と相まって，日本のエネルギー事情も従来とは大きく変化してきている。たとえば1980年に誕生した新エネルギー総合開発機構は，現在はNEDOとなっている。そのNEDOのミッションは「エネルギー・地球環境問題の解決」（新エネルギー及び省エネルギー技術の開発と，実証試験，導入普及業務を積極的に展開し，新エネルギーの利用拡大とさらなる省エネルギーを推進，エネルギーの安定供給と地球環境問題の解決への貢献）と「産業技術の国際競争力の強化」（産業技術について，将来の産業において核となる技術シーズの発掘，産業競争力の基盤となるような中長期的プロジェクト及び実用化開発までの各段階の研究開発の実施，新技術の市場化）とされている[4)]。このようなことからもわかるように，日本でのエネルギー需要はヒトのみならず，産業・機械といった類からのニーズも急増している。

そのような中，2002年6月7日には，エネルギーをとりまく世界情勢を踏まえ，①安定供給の確保，②環境への適合，③市場原理の活用，の3つを基本方針とするエネルギー政策基本法が制定された。

①では石油等の1次エネルギーの輸入における特定の地域への過度な依存を低減し，エネルギー資源の開発，エネルギー輸送体制の整備，エネルギーの備蓄及びエネルギーの利用の効率化を推進すること並びにエネルギーに関し適切な危機管理を行うこと等により，エネルギーの供給源の多様化，エネルギー自給率の向上及びエネルギーの分野における安全保障を図ることを目標とした。

②ではエネルギーの消費の効率化，太陽光や風力といった化石燃料以外のエネルギーの利用への転換及び化石燃料の効率的な利用の推進で，地球温暖化の

防止及び地球環境の保全が図られたエネルギーの需給を実現し，循環型社会の形成に資するための施策を打ち出すことも掲げられた。

また③では，エネルギー市場の自由化等のエネルギーの需給に関する経済構造改革については，①・②を考慮しつつ，事業者の自主性及び創造性が十分に発揮され，エネルギー需要者の利益が十分に確保されることを旨として，規制緩和等の施策を推進することが示された。

その後2003年10月には，エネルギーの需給に関する施策の長期的，総合的かつ計画的な推進を図るため，エネルギーの需給に関する基本的な計画として「エネルギー基本計画」が閣議決定・国会報告された[5)]。エネルギー基本計画では多様なエネルギーの開発・導入・利用が謳われており，その筆頭に原子力の開発・導入・利用が盛り込まれている。これ以降，日本のエネルギー政策では原子力の活用を進めることが重要政策の1つとなっていく。

そしてエネルギーをめぐる情勢変化を踏まえて，エネルギー基本計画は2007年3月に第1次改定が行われ，2010年6月には第2次改定が行われた。

2007年の第1次エネルギー基本計画改定では，原子力の積極的な推進と新エネルギーの着実な導入と拡大，石油等の安定供給確保に向けた戦略的・総合的な取り組みの強化，省エネルギーの強化と地球温暖化問題における実効性のある国際的枠組み作りの主導，といった取り組みがその柱になっていた。また第2次エネルギー計画改定では，2030年に向けた目標として，エネルギー自給率及び化石燃料の自主開発比率を倍増させること，温室効果ガス排出削減とエネルギー効率の強化が掲げられた[6)]。

2010年の第2次エネルギー基本計画改定に際しては，日本の資源エネルギーの安定供給に係る内外の制約のより一層の深刻化，地球温暖化問題の解決に向けたエネルギー政策に関するより強力かつ包括的な対応，エネルギー・環境分野の経済成長の牽引役としての役割，といった点が重点課題とされている[7)]。

こうして日本のエネルギー政策の基盤は，原子力を積極的に取り入れながら，中期的な計画目標を備えながら発展してきた。日本のエネルギー政策の発展過程から改めてわかることは，エネルギー問題は経済と自然環境とにかかわる問題だという点である。また，経済発展・エネルギー安全保障・環境保全の 3 つの課題の同時実現を目指すべくエネルギー計画が発展してきたことも大きな特徴である。

そして 3.11 東日本大震災での福島第一原子力発電所の事故を契機に，エネルギー調達の過程での安全性の確保もエネルギー政策の前提となってきた。また，長期的な視点での計画策定が不可欠な時代となっており，持続可能性（sustainability）も重視されるようになってきている。

このような中でエネルギー基本計画は第 3 次改定が行われることとなった[8)]。計画の改定に先立ち，2017 年の夏になると日本政府は放射性廃棄物の最終処分地の選定を進めるためと思われる処分場候補地マップを発表した[9)]。これ以降，放射性廃棄物の処分が大きなテーマとなることが想定された。

以上のような日本のエネルギー政策の現状を踏まえたうえで，環境問題への取り組みの先進地域と言われているヨーロッパがどのような状況にあるのか，以下でみていく。

4．21 世紀ヨーロッパのエネルギー政策の位置づけ

これまでみてきたように，エネルギー政策は人類の生活基盤そのものであり，また，それぞれの国の主権に大きくかかわる問題である。したがって他国との共通政策を打ち立てにくい分野であり，ヨーロッパにおいてもエネルギーについては EU 加盟各国の政策が EU の共通政策よりも優先されてきた。しかしながらグローバル化の進展にともなって EU 各国のエネルギー市場が 1 つに収れんされつつある中，エネルギー政策の共通化も必要ではないかという議論が高まってきたのが今世紀のヨーロッパである。

ヨーロッパ統合は，第二次世界大戦後の石炭と鉄鋼の共同管理を目指そうという石炭鉄鋼共同体（ECSC）からはじまり，原子力の利用についての共通化を目指した原子力共同体（EURATOM）の発足もあり，エネルギーにかかわる諸制度の共通化がヨーロッパ統合の核として進められてきた。

特にここ数年議論が進んでいるEUのエネルギー同盟構想は，実態は依然として未知数ではあるが，エネルギー同盟をめぐる様々な議論の過程から21世紀ヨーロッパのエネルギー問題の本質を浮き彫りにすることが出来ると思われる。資源・エネルギー問題の調整過程の様相をみせるようになってきているヨーロッパ統合の将来はどのようになっていくだろうか？

以下では21世紀のEUがエネルギー問題にどのように取り組んできたのか，その足跡を追いながら，最新のエネルギー同盟をめぐる議論とともにヨーロッパのエネルギー問題を掘り下げる。

(1)　ヨーロッパにおけるエネルギー問題の認識

2008年夏，ロシアがジョージア（当時のグルジア）を侵攻した。ロシアとジョージアの武力衝突は，当事者間の武力衝突だけでは済まなかった。というのも，ジョージアには石油・天然ガスパイプラインが複数走っており，このパイプラインが機能しなければヨーロッパやトルコへの資源回廊が途絶することを意味していたからである。このハプニングを契機にEUの対ロシア関係は不安定なものになっており，このことがEUとロシアの間のエネルギー問題に影を落としていた。2014年のロシア・ウクライナ関係の悪化は，2008年当時の状況の再来になるのではないかと危惧されている。資源・エネルギー問題はヨーロッパのみならず世界全体が直面している喫緊の課題であるが，特にヨーロッパはロシアへのエネルギー依存度が高いことから，EUにとって政治レベルでのロシアとの建設的協力が不可欠である。そのため，エネルギー・気候安全保障のための枠組みとして効果的な多国間秩序を構築することもEUの課題となっていた。

後掲の表5-1はロシアからの天然ガス輸入量を時系列・国別に並べたものである。ドイツ・イタリア・ポーランドなどのEUの大国はロシアからの輸入量が多いことがわかる。このことからも，ロシアからのガスパイプラインが停止された場合，EUに深刻なダメージが与えられることが予想される。そのため，ヨーロッパにとってのエネルギー問題は安全保障問題の一部分と認識されるようになったのは想像に難くない。

表 5-1　EU・EU 諸国・ウクライナのロシアからの天然ガス輸入量の推移

年　単位：Tj	2005	2006	2007	2008	2009	2010	2011	2012	2013	2014	2015
EU28	136,283	134,976	128,723	132,989	113,767	119,665	121,548	116,460	135,159	115,166	121,689
EURO 圏 19	104,036	100,952	98,555	100,895	86,384	87,502	89,057	86,254	105,268	87,970	98,364
ベルギー	884	738	825	885	511	477	0	0	0	0	0
ブルガリア	3,014	3,195	3,370	3,432	2,604	2,608	2,764	2,485	2,698	2,683	3,010
チェコ	7,119	7,274	6,551	6,620	5,670	7,453	9,041	7,468	8,464	6,550	4,896
デンマーク	0	0	0	0	0	0	0	0	0	0	0
ドイツ	38,225	38,229	37,550	38,772	29,516	33,996	32,859	32,632	39,977	37,201	43,626
エストニア	979	992	986	946	642	701	632	657	678	530	471
アイルランド	0	0	0	0	0	0	0	0	0	0	0
ギリシャ	2,384	2,692	3,120	2,798	2,023	2,066	2,848	2,453	2,574	1,714	1,947
スペイン	0	0	0	0	0	0	0	0	0	0	0
フランス	9,459	7,311	5,955	6,772	7,409	7,524	6,566	6,441	9,247	6,289	5,629
クロアチア	1,134	1,127	1,055	1,083	1,000	1,046	0	0	0	0	0
イタリア	23,326	22,520	22,667	23,486	19,999	14,964	19,743	18,071	28,073	24,036	27,656
キプロス									0	0	0
ラトビア	1,790	1,910	1,645	1,368	1,743	1,125	1,755	1,716	1,698	947	1,306
リトアニア	3,063	3,047	3,656	3,071	2,690	3,053	3,349	3,263	2,661	2,499	2,138
ルクセンブルク	0	0	308	295	305	327	284	290	260	245	221
ハンガリー	8,816	9,253	7,909	8,855	7,964	9,070	7,951	8,010	7,767	8,495	6,450
マルタ								0		0	0
オランダ	4,431	5,064	4,747	5,161	3,627	4,039	2,022	2,931	4,291	6,406	8,006
オーストリア	6,978	6,173	5,709	5,811	7,315	7,922	8,537	8,950	6,562	0	0
ポーランド	6,905	7,525	6,855	7,783	8,166	9,756	10,076	9,774	9,621	8,947	8,786
ポルトガル	0	0	0	0	0	0	0	0	0	0	0
ルーマニア	5,259	5,650	4,428	4,321	1,979	2,230	2,659	2,469	1,341	521	183
スロベニア	680	563	572	509	494	495	434	365	490	283	244
スロヴァキア	7,399	6,940	6,220	6,266	5,834	6,098	5,907	4,801	5,269	4,757	4,407
フィンランド	4,438	4,773	4,595	4,755	4,276	4,715	4,121	3,684	3,488	3,063	2,713
スウェーデン	0	0	0	0	0	0	0	0	0	0	0
英国	0	0	0	0	0	0	0	0	0	0	0
ウクライナ	0	0	0	1,353	21,803	35,969	39,320	32,313	25,399	14,204	6,035

出所：Eurostat データより筆者作成。

(2)　エネルギー問題の安全保障政策への統合

実際にヨーロッパでは気候変動問題が安全保障問題と位置づけられるようになり，気候変動問題とエネルギー安全保障の問題が共通の枠組みで検討されてきた中，2008年3月14日にソラナ（Havier Solana）EU共通外交安全保障政策上級代表とヨーロッパ委員会は「気候変動と国際安全保障に関する報告書」を提出した。報告書では気候変動から生じる様々な現象がヨーロッパの安全保障に与える影響とEUが取るべき対応策が検討された[10)]。ヨーロッパがこのように気候変動問題を外交・安全保障問題として強く意識していたことは，この時期に「北極の雪解けは，ヨーロッパが将来ロシアと衝突する可能性があることを意味する[11)]。」というセンセーショナルな見出しがヨーロッパの紙面を飾っていたことにも現われていた。

この報告書では，「脅威を増殖させるもの」としての気候変動を強調し，EUは国家の脆弱性に起因する政治不安，資源・エネルギーの供給をめぐる緊張や境界紛争，温暖化の進行による移民の発生等の諸問題に備え，危機管理と災害対応のための軍事的・非軍事的能力の強化とEUの境界線地域を監視する能力や早期警戒の能力を向上させることが急務であることが示された。こうしてEUでは気候変動とエネルギー問題を共通の課題と位置づけるようになった。

また報告書は，気候変動が世界的な温暖化と天然資源の争奪戦などを引き起こし，ヨーロッパの自然環境や社会経済全体に多大な影響を及ぼす可能性があることから，EUレベル・二国間レベル・多国間レベルでそれぞれ補完的な方法を用いながら，様々な手段で気候変動の安全保障上の問題に取り組むことがヨーロッパ自身の利益になるとした[12)]。このように報告書は気候変動の国際安全保障への影響を示しながら多国間協力と温室効果ガスの世界レベルでの統制の必要性を強調し，安全保障政策としてもさらなる取り組みの必要があることを訴えていた。

その後2008年12月11日のヨーロッパ理事会はESS（ヨーロッパ安全保障戦略）履行報告を発表した。ここで気候変動はEUの安全保障上の脅威であるということが明記され[13]，ヨーロッパの安全保障にとって気候変動とエネルギー政策が大きな課題であることが改めて示された。また，気候変動が自然災害や環境破壊，紛争や資源争奪戦のために不安定な地域をますます不安定にさせるような脅威を増大させることから，EU は近隣諸国とより一層の協力を推進し，国連・地域機構の枠組みでの緊密な協力を図り，気候変動に関する分析・早期警戒システム能力を向上させていくことが必要だと結論付けた。

ESS 履行報告書が出された翌年 2009 年 12 月 8 日に開かれた閣僚理事会は，気候変動とその国際的安全保障上の諸影響は EU の環境・エネルギー・CFSP（欧州共通外交安全保障政策）といった政策に幅広く及ぶものであり，これが EU の温室効果ガス削減とエネルギー安全保障のために展開される様々な活動を強化する動機付けになるとの結論を示した[14]。こうして EU ではエネルギー問題は安全保障の面で検討されるべき課題と位置づけられた。

(3) エネルギー問題の地球環境問題への統合

ヨーロッパ諸国は地球環境問題を早くから認識しており，EU でも地球環境問題への積極的な取り組みが見られた。21 世紀の現在，世界共通の問題であり，EU における重要な課題の 1 つと捉えられているのが気候変動との戦いである。EU はかねてからポスト京都議定書の時代の気候変動問題をめぐる新秩序の行方（後に 2015 年に誕生したパリ協定となる）に強い関心を持っていた。それは 2012 年に京都議定書の拘束力が無くなった後，新たな枠組みに備えた EU の制度設計が不可欠になるという認識からであった。

このような中，ヨーロッパ委員会は 2006 年 3 月にエネルギー政策に関するグリーンペーパーを策定した。このペーパーは 2005 年 10 月の EU 首脳会議による EU エネルギー政策の枠組み構築の要請を受けて発表されたものであり，EU 共通の政策課題として競争性・持続性・安定性を掲げて，これらの課題のための具体的な政策を示した。特に気候変動との戦いのための統合アプローチ[15]という考え方がエネルギー政策の中に盛り込まれたことは，その後の EU 気候変動政策に大きな影響を及ぼすこととなった。

翌2007年1月には「EU戦略エネルギーレビュー」がヨーロッパ委員会から発表された。このレビューではこれまでに蓄積された様々な気候変動・エネルギー関連政策の相互連関が明示されるとともに，EU共通エネルギー政策の再構築が試みられた。これによって，個別のエネルギー政策が気候変動対策と統合され，以下に示すような気候変動・エネルギー政策パッケージとして打ち出されていくことになった。

2008年11月になると，EUは持続的で競争力のある安定したエネルギー供給のための課題に合意した。この課題とは，この先数年にわたって世界のエネルギー市場と国際関係が激動することが予想される中，ヨーロッパのエネルギーシステムを改革してヨーロッパに気候変動に関する多様な政策の選択肢を生み出し，投資を促そうというものである。

これをうけてヨーロッパ委員会はヨーロッパにおけるエネルギー安全保障を新たに促進することを目的として，幅広い分野にまたがるエネルギーパッケージを提案した。この提案にはEUの「第二次戦略エネルギーレビュー」のほか，加盟国がエネルギー問題で団結するための新たな戦略，より効率的で低炭素のエネルギー供給網への投資を刺激するための新しい戦略が盛り込まれた。

「第二次戦略エネルギーレビュー」では，EU内で持続的なエネルギー供給を確保するために更なる活動が必要な5つの分野を規定した「EUエネルギー安全保障・団結アクションプラン[16]」が提案されており，ヨーロッパが2020年から2050年の間に直面すると予想される課題についても考察している。その5分野とは，①インフラの必要性とエネルギー供給の多様化，②ヨーロッパ以外の国とのエネルギー関係の構築，③石油・ガス備蓄及び危機対応メカニズム，④エネルギー効率，⑤EU原産のエネルギー資源の有効利用，である。①のインフラ建設プロジェクトには効果的な支援が必要となるし，⑤の観点からはEU原産の再生可能エネルギーと化石エネルギーの双方をより効率的に使うことが求められる。また②・③については，パートナー国の情勢に細心の注意を払いながら，石油備蓄やガス供給途絶の場合への対処なども計画しておかねばならないことが想定された。

この一連のヨーロッパ委員会の提案を盛り込んだ「気候変動・エネルギーパッケージ」は2009年4月に採択された。このパッケージには「EUの20・20・20（2020年までに温室効果ガス排出量を20%削減，最終エネルギー消費量に占める再生可能エネルギーの割合を20%に引き上げ，EU全体でのエネルギー消費を20%削減するという目標）」を達成するための加盟国の排出量削減努力に関する決定，EU排出権取引制度（ETS）に関する指令の改正案，温室効果ガスの回収貯蓄（CCS）指令案，再生可能エネルギーの利用促進指令案などが含まれていた。

これらの制度はEU域内で既に稼動しているものであったが，このパッケージによって具体的な気候変動戦略の目標と内容を設定したのは，この制度をEU域内で拡充させ，グローバルな枠組みへと発展させることで，ヨーロッパが気候変動問題において今後も国際的優位性を維持・発展させようという狙いからであった[17)]。また，このパッケージはエネルギーに関するネットワークの構築・整備を重視しており，エネルギーの相互依存が進んできた国際関係においてEUの気候変動・エネルギー政策が新たな方向性を持つこと，EU域内の社会基盤・経済情勢にも大きな影響を及ぼすことが予想された。

また，ヨーロッパは域内のエネルギー政策のみならず，国際社会全体での取り組みを促進するべく世界に働きかけることも忘れなかった。2007年4月17日の国連安全保障理事会では，議長国イギリスが主導して気候変動問題が初めて「エネルギー，安全保障および気候に関する安保理公開討論」として取り上げられることとなった[18)]。イギリスはこの問題に関するコンセプトペーパーを提出し，気候変動が国境問題，移民の発生，資源の供給不足あるいは人道危機など安全保障上の様々なリスクに影響を与えることから，国連安全保障理事会がこの問題に積極的に取り組む必要があると訴えた。

こうして国際会議の場で気候変動問題が「気候安全保障」の問題として位置づけられることとなった。これにより世界は気候変動問題の安全保障問題化を重要課題であると認識し，世界共通で取り組むべき優先課題と位置づけるようになった。他方EUでは世界に先駆けてEU共通の安全保障政策において気候変動問題をどう位置づけていくか，という模索が始まった。

2009年年末のCOP15会議はヨーロッパの一員デンマークでの開催が予定されていたこともあり，EUは新たな気候変動の枠組みへの他国の参加を条件に，2020年のCO_2排出量を20%から30%にまで引き上げるという具体的な削減目標数値を提示するなど，この10年余り，気候変動やエネルギー問題を中心とした分野で新たな制度を構築するために目覚ましい努力を続けてきた。

2010年3月になると，EUでは成長と雇用のためのリスボン戦略の後継として，ヨーロッパのエネルギー・気候変動目標を含む2020年に向けたEU経済の道筋を示す新たな経済戦略「ヨーロッパ2020（スマートで，持続的な，更なる成長のためのヨーロッパ戦略）」が示された[19]。この戦略では前述の「EUの20・20・20」を気候変動問題における主要目標とし，「資源効率の高い低炭素経済」を実現するべく，EUレベル，加盟国レベルでの努力目標も掲げた[20]。EUではこの戦略の実施が低炭素経済の実現のみならず，エネルギー安全保障や雇用創出にもつながるとしている。

またヨーロッパ2020では，グローバル経済の現代世界ではいかなる加盟国も単独ではグローバルな挑戦に取り組むことはできないことから，新戦略の推進でEUのガバナンス強化を図ることにも言及しており[21]，ヨーロッパ各国の団結の必要性が改めて示された。

以上のような経緯で，EUのエネルギー政策は安全保障の課題として，また同時に地球環境問題として改訂が進められていくこととなった。

5．EUエネルギー同盟構想の行方

EUでは早くからエネルギー問題を気候変動・安全保障問題と位置づけて取り組んできた。そのEUが新たに提示したのがエネルギー同盟という計画である。本節ではエネルギー同盟構想の進捗状況を見据えながら，EUがエネルギー問題にどのように取り組もうとしているのかを考察する。

ヨーロッパ委員会は2014年1月22日に2020年から2030年を期間とする気候変動・エネルギー政策枠組みを発表した[22]。この気候変動・エネルギー政策枠組みでは，2030 年までに温室効果ガスを 1990 年比で 40%削減し，再生可能エネルギーを 27%増加させることを目標に掲げた。しかしながらエネルギー効率については具体的な目標設定は先送りされた。

EU がこの気候変動・エネルギー政策枠組みの具体的数値目標の設定に苦心している最中，EU のすぐ東，ウクライナとロシアの間ではエネルギー供給をめぐる危機が生じかねない状況にあり，ヨーロッパにもその余波が襲ってくる可能性が生じていた。というのも，ウクライナが 2013 年 11 月以降ロシアからの天然ガス輸入代金を支払っておらず，その対抗策としてロシアが天然ガスの輸出を停止する可能性が浮上していたのである。ヨーロッパはウクライナ経由でロシアからの天然ガスを輸入していることから，万一ロシアがウクライナ向けの天然ガス輸出を停止した場合，ロシアへのエネルギー依存度が高いヨーロッパも影響を受ける可能性が危惧された。

このように対ロシアエネルギー依存度が高いヨーロッパにとって，ウクライナの危機とそれにともなうロシアからのエネルギー供給の停止の可能性は大きな懸念材料となっていた。そのため，エネルギーの安定供給と対ロシアエネルギー依存の低減を目指すことも含めたヨーロッパの新たなエネルギー政策としての「エネルギー同盟」案がポーランドのトゥスク（Donald Tusk）首相から提案された[23]。以上のようにウクライナ・ロシア危機の可能性を意識しながら開催された 2014 年 6 月の EU 首脳会議ではエネルギー安全保障の改善，EU の 2030 年までの気候変動・エネルギー目標が議題となったが，やはり具体的な結論は出なかった。ただ，EU 加盟 28 ヶ国は EU が対ロシアエネルギー依存から脱却し，EU 自身のエネルギー効率を上げることがヨーロッパのエネルギー政策の新たな方向性を築くのに重要な役割を担うとの認識では一致していた。

そして 2014 年 10 月 23 日に開催された EU 首脳会議では前掲の温室効果ガスと再生可能エネルギーの目標に加え，エネルギー効率を 27%上げることがようやく合意された[24]。

2014 年 11 月に新たな顔をそろえたヨーロッパ委員会で新委員長となったジャン＝クロード・ユンカー（Jean-Claude Juncker）はヨーロッパ統合の重要な

10課題を示し[25]，その中の1つにエネルギー同盟の構築を据えた。そして2014年11月1日付のマレシュ・シェフチョビチ（Maroš Šefčovič）氏宛てのエネルギー同盟担当ヨーロッパ委員会副委員長職委嘱状の中で，シェフチョビチエネルギー同盟担当副委員長に取り組んでほしい重要課題として，① Europe 2020戦略の一部分を含めた2020年から2030年を期間とするエネルギー分野で，EUが自身の目標達成を確実にするべく委員会のそれぞれの成果を調整すること，②域内エネルギー市場を完成すること，③ヨーロッパレベルでのエネルギー安全保障を強化するための諸活動の調整，④産業界，特に輸送部門での温室効果ガスの削減をマネージすること，⑤「みどりの成長」関連産業の潜在性を高めてヨーロッパを再生可能エネルギー分野で世界一にする，といったことを挙げた[26]。こうして半年ほど前のポーランドのトゥスク首相（現ヨーロッパ理事会常任議長）の提案が具体化することとなった。

以上のようにエネルギー同盟案の発表に向けての政策基盤を整えながら，2015年2月25日，ヨーロッパ委員会はエネルギー同盟案を発表した[27]。このプレスリリースではエネルギー同盟は特に①団結条項，②エネルギーフロー，③エネルギー効率ファースト，④最終的な目標となる低炭素社会への移行，を意味することが示されるとともに，エネルギーの確実で安定した供給の確保，手ごろな価格を保証するエネルギー市場の創出，持続可能なエネルギー社会の実現，といったことが目的とされた。つまり，エネルギー同盟案はEU全体で取り組むべきエネルギー問題の総合戦略となっていくこと，しかしながらエネルギー関連の一機関の創設を意図しているものではないこと，が明らかになった。

このエネルギー同盟案は3月19日のEU首脳会議で承認され[28]，EUの諸機関で検討した上で再審議されることとなった。

ヨーロッパ委員会はエネルギー同盟を5つのポイントに絞って推進していこうとしている。その5つのポイントとなるのが，①エネルギー安全保障・団結・信頼，②ヨーロッパエネルギー市場の完全な統合，③エネルギー需要の抑制に貢献するようなエネルギー効率の向上，④経済の脱炭素化，⑤研究・イノベーション・競争力の向上，である。

①のエネルギー安全保障については，エネルギー供給の分散化を進めること，具体的には中央アジアからのガス供給を実現するための南回廊のガスパイプライン整備やLNGの導入，再生可能エネルギーへのシフトといった具体策を掲げた。また，供給の安全保障に向けて，現状の各国別エネルギー輸入体制からEU共通の窓口でのガス購入などの可能性を探ることも盛り込まれている。

②のEU域内エネルギー市場の構築については，様々な基金の投入や電力供給安全保障に関する指令を提案するなど，新たな枠組みが検討される見通しである。

また，③のエネルギー効率の向上についてはビルや運輸部門の効率化を進めて，④の脱炭素化に向けては再生可能エネルギーを促進するべく，EU-ETSの整備や再生可能エネルギー促進のための再生可能エネルギーパッケージが提案された。さらに⑤では，戦略的エネルギー技術計画などが提案された。

このようにエネルギー同盟案は①と②に重点が置かれており，背景にはやはりロシアのガス供給が滞る可能性への懸念が付きまとっていることがわかる[29)]。2015年11月にヨーロッパ委員会が発表したエネルギー同盟についてのプレスリリースには，エネルギー同盟担当のシェフショビチ副委員長の「EUが低炭素経済へ移行していくことで世界をリードする存在になってほしい」というメッセージと共に，この気候変動エネルギー同盟がパリで予定されていたCOP21交渉へのヨーロッパの貢献を強調することになることが示されていた[30)]。

おわりに

本章では人類のエネルギーの歴史を紐解きながら，日本とヨーロッパのエネルギー政策の展開について検討してきた。

日本の21世紀におけるエネルギー政策は低炭素社会の構築に向けて化石燃料から原子力へシフトすることが中心課題となり，それはエネルギー基本計画とその改訂作業で積極的に打ち出されてきた。3.11東日本大震災以降，その方針が揺らぐかに見えたが，最近は原子力エネルギーの利用で必ず出てくる「核のゴミ」の処分にようやく手を付けようとしている様子がうかがえる。経済産業省を中心に放射性廃棄物の最終処分場の選定方法が提案されている段階だが，おそらく決定にはまだまだ時間がかかり，その間も原発を稼働すれば核のゴミは増える一方であることから，この問題への対応が急務である。

このような中，2018年7月3日に第5次エネルギー基本計画として新たなエネルギー計画が閣議決定された。最新のエネルギー基本計画では海外への資源依存などといった日本の構造的問題がエネルギー自給率を8%と低迷させているとしている。また，世界的な温室効果ガス排出量の増大とそれに対応するべく世界で脱炭素化を目指す技術競争・国家間競争・企業間競争が激しさを増しつつあることを指摘しながら，日本のエネルギー政策の将来像を示している。そして，原子力発電所の稼働後の処理，いわゆるバックエンド問題に対処する必要性にも言及している。

今回の基本計画の特徴は，2030年と2050年のそれぞれに向けての方針のようなものが示されている点であるが，緩慢な表現が多く，はっきりした政策ビジョンが打ち出されていない。たとえば，2030年に向けて原子力エネルギーへの依存度を可能な限り低減させるとしながらも，福島事故後の原子力政策の再構築を掲げており，原子力政策の行方は明確にされていない。また，2050年に向けて原子力が脱炭素に向けての選択肢であると言及しており，2030年以降2050年に向けては原子力エネルギーを積極的に取り入れる可能性を示唆する内容となっている。

それに対してヨーロッパではエネルギーを安全保障問題・気候変動問題と位置づけ，それらをひっくるめた総合的エネルギー政策の模索が続いている。その試みがエネルギー同盟案とその実践である。

2017年2月，エネルギー同盟の現状についての第2回報告書が発表され，そこでは温室効果ガスの削減・エネルギー効率の向上・再生可能エネルギー比率の向上というEUの2020年目標を達成できる見込みであることが示された[31)]。アイデアとしてのエネルギー同盟が具体的な政策実現の機能を持つようになるのか，今しばらく注視する必要がある。

いずれにしても我々の死活問題となるエネルギーをめぐって，どのような対応が必要なのか，世界共通の悩みは当面尽きそうにない。なお，本章ではヨーロッパにおける放射性廃棄物の処分の実態について言及できなかったが，紙幅の都合から稿を改めたい。

1）Yergin, Daniel, 1990, *The prize: the epic quest for oil, money and power*, Simon & Schuster.（ダニエル・ヤーギン『石油の世紀：支配者たちの興亡』日本放送出版協会，1991 年。）
2）日本のエネルギー政策の変遷は毎年刊行されるエネルギー白書にみられる。
3）連産品とは，同一原材料と同一の作業工程を利用して 2 種以上の製品が作られ，これらの経済価値の間に主従の区別がつけがたい場合のこれらの製品のこと。石油精製業ではガソリン・灯油・重油・軽油などの用途が異なる製品を必然的に生産することになる。
4）独立行政法人新エネルギー・産業技術総合開発機構『NEDO30 年史エネルギー・環境技術，産業技術への取り組み』，2010 年。
5）エネルギー基本計画は政府が策定すると定められており，少なくとも 3 年ごとに当該計画に検討を加え，必要があればこれを変更しなければならない，という規定がある。
6）具体的には，自主エネルギー比率を現状の 38%から 70%程度まで向上させ，ゼロ・エミッション電源比率を現状の 34%から約 70%に引き上げ，「暮らし」（家庭部門）からの二酸化炭素排出量の半減，産業部門での世界最高のエネルギー利用効率の維持・強化，我が国企業群のエネルギー製品等の国際市場でのトップシェア獲得，といった目標が掲げられた。
7）テロや地震などのリスクは減じておらず，エネルギーの輸送・供給や原子力などについては一層の「安全」確保が必要となり，「エネルギー安全保障」を総合的に確保していくことが不可欠との認識も示されている。
8）「経済産業省は 8 月 9 日，総合資源エネルギー調査会（経産相の諮問機関）の分科会を開き，国のエネルギー政策の方針を定めた『エネルギー基本計画』の改定に向けた議論を始めた。」との報道があった。毎日新聞，2017 年 8 月 9 日。
9）経済産業省が「科学的特性マップ」を作成し，2017 年 7 月に公表した。http://www.enecho.meti.go.jp/category/electricity_and_gas/nuclear/rw/kagakutekitokuseimap/
10）Europäische Union, *Klimawandel und internationale Sicherheit*. Papier des Hohen Vertreters und der Europäischen Kommission für den Europäischen Rat, 14. März 2008, S. 2.
11）The Guardian, 10 March 2008.
12）Europäische Union, op.cit., S. 3.
13）European Union, *Report on the Implementation of the European Security*

Strategy–Providing Security in a Changing World, Brussels, 11 December 2008, p.5.

14）Council conclusion on climate change and security, Brussels, 8 December 2009.

15）An integrated approach to tackling climate change.

16）EU Energy Security and Solidarity Action Plan. http://ec.europa.eu/energy/strategies/2008/doc/2008_11_ser2/strategic_energy_review_memo.pdf

17）Climate change: Commission welcomes final adoption of Europe's climate and energy package, Brussels, 17 December 2008. http://europa.eu/rapid/press-release_IP-08-1998_en.htm

18）イギリス政府は2005年7月に世界銀行チーフエコノミストであったスターン（Sir Nicholas Stern）に気候変動による影響とその対策について2006年秋までに報告書としてまとめるように依頼し，2006年10月に気候変動問題の経済的側面の分析報告書として発表されたいわゆる『スターン・レビュー（「気候変動の経済学」)』が出来上がった。スターンは「今後20年から30年の間に我々がとる行動は今世紀末から来世紀の経済・社会活動に大きな混乱を引き起こす危険性がある。このまま具体的な行動を取らなかった場合，1930年代の世界恐慌と同等の混乱を引き起こす可能性がある。こうして一度引き起こされた変化は元に戻すことはほぼ不可能であろう。」と指摘し，気候変動対策にかかる費用と，適切な気候変動対策をとらない場合の損失や深刻な影響とを比較した場合，対策をとらないという選択肢を選んだ結果生じるダメージのほうがはるかに大きいという点について警告を発した。これ以降イギリスは国際社会に気候変動への取り組みを強く訴えるようになる。

19）Communication from the Commission, *EUROPE 2020–A strategy for smart, sustainable and inclusive growth*, Brussels, 3 March 2010.

20）Communication from the Commission, EUROPE 2020.

21）*Ibid.*, p.25.

22）European Commission, COM（2014）15 final.

23）Financial Times, April 21th 2014.・Economist, April 29th 2014.

24）European Council, *Conclusions on 2030 Climate and Energy Policy Framework*, 23 and 24 October 2014.

25）10項目とは①雇用・経済成長・投資促進への新たな刺激策，②ネットワーク化された単一デジタル市場，③未来を見据えた，気候変動対策を含む柔軟なエネルギー同盟，④産業基盤の強化を通じた，より深くより公正な域内市場，⑤より深くより公正な経済通貨同盟，⑥合理的でバランスの取れたアメリカとの自由貿易協定，⑦相互信頼に基づく司法・基本的人権の領域，⑧新たな移民政策の構築，⑨より強力なグローバルアクター，⑩より民主的に変化するEU，である。これらはすでに2014年7月15日の委員長就任内定の際にユンカーが発表していた。http://www.euractiv.de/section/europawahlen-2014/news/juncker-will-engereinterinstitutionelle-kooperation/

26) Jean-Claude Juncker, President of the European Commission, Mission Letter to Maroš Šefčovič of Vice-President for Energy Union of the European Commission, Brussels, 1 November 2014.

27) European Commission, *Press release: Energy Union: secure, sustainable, competitive, affordable energy for every European*, Brussels, 25 February 2015.

28) European Council Conclusions on the Energy Union, 19 March 2015.

29) Remarks by President Donald Tusk after the first session of the European Council meeting, 19/03/2015.

30) European Commission, *Press release: The Energy Union on track to deliver*, Brussels, 18 November 2015.

31) European Commission, *Press release: Europe's energy transition is well underway*, Brussels, 1 February 2017.

第 6 章
持続可能な国際的循環型社会の構築に向けて

松波淳也

はじめに

わが国では，2000年に，「循環型社会形成推進基本法」，「建設リサイクル法」，「グリーン購入法」，「食品リサイクル法」，さらに，「廃棄物処理法」の改正，「新リサイクル法」といった循環型社会関連六法が通常国会にて成立した。1970年の「公害国会」になぞらえて，この年の国会は，「循環国会」と呼ばれている。また，2000年は「循環型社会元年」とも言われた。さらに，2001年には「家電リサイクル法」が本格施行され，また，廃棄物行政は環境省に移りリサイクルを含めた一元的な施策を展開することとなった。

循環型社会元年（2000年）以降，ごみ減量は効果的に進み，リサイクル・ルートも整備されてきた。

国レベルの廃棄物行政の展開に加え，地方自治体における政策も社会情勢の変化や住民意識の変化に従って進展してきた。ごみ運搬・処理費用の負担の公平化およびごみ減量インセンティヴ（誘引）を目的とする「家庭ごみの有料化」を実施・検討する自治体も大幅に増加している[1]。

従来の廃棄物行政は，生産・流通・販売・消費といったいわゆる「動脈経済部門」にメスを入れることなく排出された廃棄物を，広く浅く徴収された租税を使って処理することのみに重点を置きすぎてきた。そのため，廃棄物の発生自体を抑制するシステムの構築と廃棄物処理費用の負担の公平・効率性の達成が十分になされなかった。

「循環型社会」の概念は，そのような反省から生まれてきた概念である。この概念に従って廃棄物行政は進展してきた。すなわち，生産・流通・販売・消費といった，いわゆる「動脈経済部門」におけるごみ発生抑制が基本と考えられるようになってきたのである。循環型社会の精神に従えば，ごみ減量化のための方策として重要なのはいわゆる「3つのR」（Reduce＝リデュース＝ごみの発生抑制，Reuse＝リユース＝再使用・再利用，Recycle＝リサイクル＝再資源化・再商品化）である。すなわち，まず，ごみ自体が出ないようにすることである（ごみの発生抑制）。次に，使いまわしたり修理したりすることで，ごみにする前になるべく再使用・再利用することである。そして，どうしても「ごみ」として出さなければならない場合でも，再資源化可能なものは最大限，再資源化回収ルートに乗せることである。

このように，循環型社会形成を目指して，わが国は廃棄物管理政策の法体系を整えてきた。しかし，あくまで法体系が想定してきたのは，いわゆる「国内」循環であり，循環資源等の国外への流出や国外からの流入を想定したものではなかった。経済のグローバル化もあいまって，製品の「動脈」物流のみならず，中古品，使用済み品，廃棄物等の「静脈」物流に関しても国際的な移動は拡大してきた。循環は国内で「閉じた」ものではなくなってきている。中古品，使用済み品，廃棄物等は潜在的に環境汚染リスク（潜在汚染性）を有する。国内循環の枠組みで法体系を整備し，いかにそうしたリスクが軽減されるとしても，国内循環の枠組みを越えて，中古品，使用済み品，廃棄物等が国外に流出されてしまえば，政策的に管理困難な状況となるのは自明である。さらに，国外において，流出した中古品，使用済み品，廃棄物等が原因で環境汚染の問題が生じた場合，国際的な責任問題も発生するだろう[2)]。

本章の目的は，以上のような問題意識[3)]に基づき，従来の「国内」循環型社会の概念を拡張した「国際的循環型社会」の概念を検討し，また，その「国際的循環型社会」が成立するための諸条件を明示し，さらに，政策的実現に向けた課題を整理することにある。本章の構成は以下のようになる。まず，第1節において，「循環型社会」の概念の基本的な精神を確認する。続いて，第2節において，国内循環を想定した「循環型社会」の概念を，国際的な循環をも視野に入れて拡張する際に，留意しなければならない諸要素を検討し，「国際的循環型社会」の成立条件を明示する。さらに，第3節において，「国際的循環型社会」の政策的実現を視野に入れた当面の課題を整理する。

1．循環型社会

「循環型社会」の概念，および基本的な精神は，わが国の「循環型社会形成推進基本法」（循環基本法）に規定されている。循環基本法は，大量生産，大量消費，大量廃棄型の社会の在り方を見直し，天然資源の消費が抑制され，環境への負荷の低減が図られた「循環型社会」を形成するため，平成12年6月に公布され，平成13年1月に施行された。この法では，対象物を有価・無価を問わず「廃棄物等」として一体的にとらえ，製品等が廃棄物等となることの抑制（Reduce）を図るべきこと，発生した廃棄物等についてはその有用性に着目して「循環資源」としてとらえ直し，その適正な循環的利用，すなわち，再使用（Reuse），再生利用（マテリアル・リサイクル），熱回収を図るべきこと，循環的な利用が行われないものは適正に処分することを規定し，これにより「循環型社会」を実現することとしている（図6-1）。また，施策の基本理念として排出者責任と拡大生産者責任（EPR, extended producer responsibility）という2つの考え方を定めている。

排出者責任とは，廃棄物を排出する者が，その適正処理に関する第一義的な責任を負うべきであるとの考え方である。拡大生産者責任とは，生産者が，その生産した製品が使用され，廃棄された後においても，当該製品の適切なリユース・リサイクルや処分に一定の責任（物理的又は財政的責任）を負うという考え方である。これにより，生産者に対して，廃棄されにくい，またはリユースやリサイクルがしやすい製品を開発・生産するようにインセンティヴを与えることが期待されているのである。循環基本法を枠組み法として，廃棄物処理法，

図 6-1　循環型社会の姿

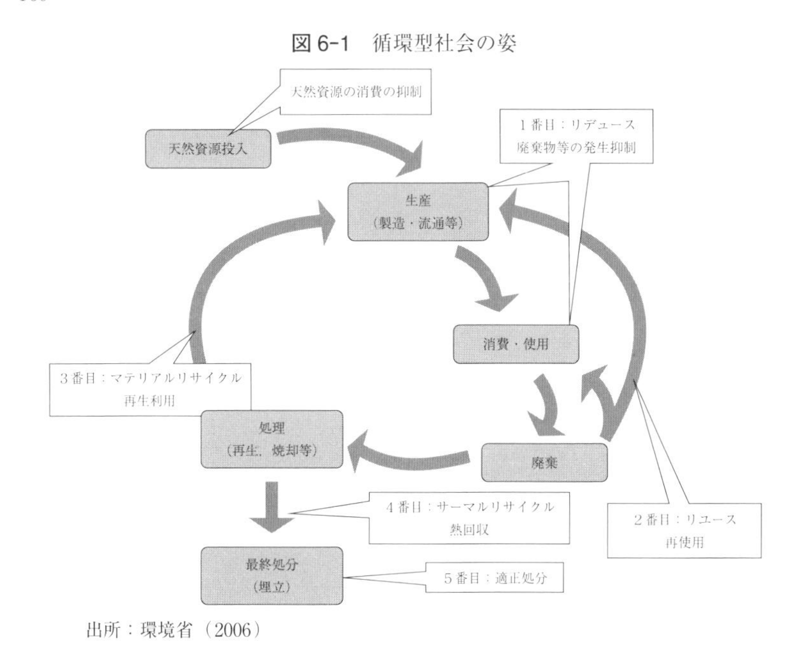

出所：環境省（2006）

資源有効利用促進法，個別リサイクル法，および，グリーン購入法が，わが国の循環型社会形成推進のための体系となっている（図 6-2）。

2．国際的循環型社会の概念と成立条件

(1)　循環資源等の国際状況と問題点の整理

2000 年当時，アジアの人口は約 36 億人，GDP は約 9 兆ドルであったが，2014 年には約 43 億人，約 24 兆ドルとなっている[4)]。さらに，発生する廃棄物の質も多様化しており，生ごみなど従来からの廃棄物に加え，有害物質を含む廃電気電子製品（E-waste）や医療施設からの感染性廃棄物の適正処理が特に途上国において大きな課題になっている[5)]。つまり，わが国の近隣諸国において，廃棄物発生量は大幅に増加し，その質も多様化し，環境汚染のリスクが高まって

図6-2　循環型社会形成推進のための法体系

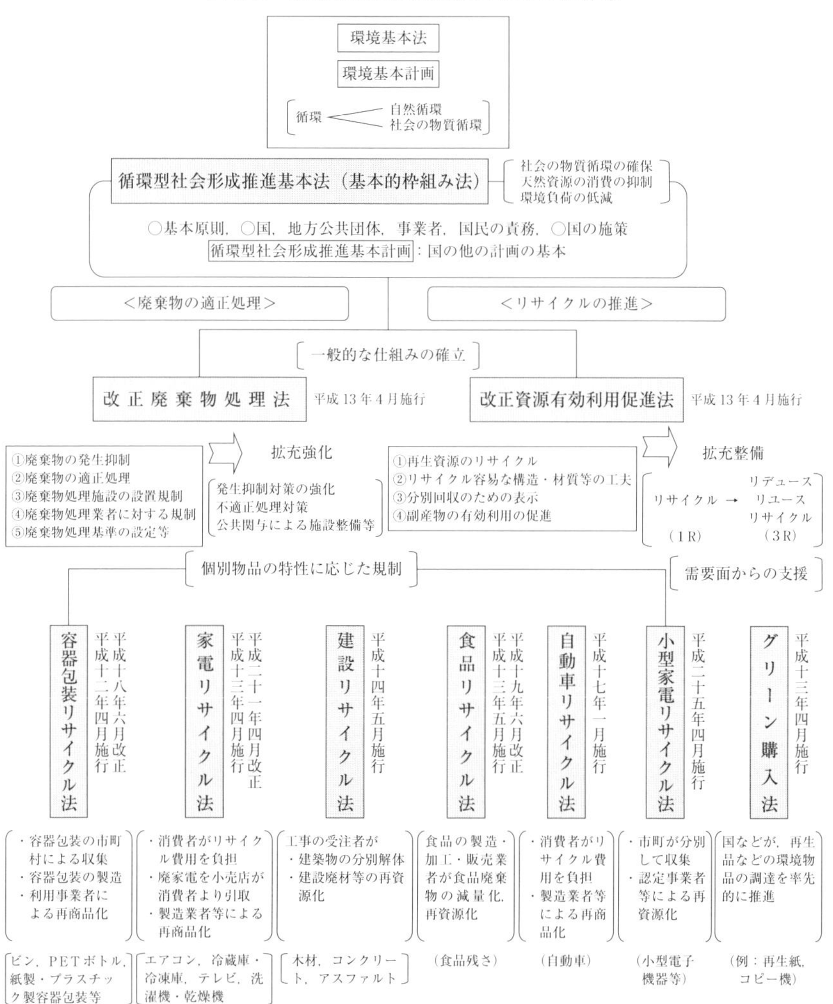

出所：環境省（2006）

きたということを意味する。

また，経済のグローバル化に伴い廃棄物を含めた循環資源もグローバルに移動している。また，鉄鋼くずやスラグ，古紙，使用済みペットボトル等の循環資源のわが国からの輸出量は急増している。わが国の循環資源の輸出先の大半が東アジア諸国であり，こうした傾向はアジアの急速な経済成長による資源需要の増大を背景に今後も継続していくと予想される[6)]。

したがって，循環資源等に係わる国際的状況を次の3点に整理することが出来る。

①廃棄物発生量の大幅増加
②廃棄物の質の多様化
③循環資源の国際間移動の拡大

これらの状況は，各国における環境リスクを高める要因となる。すなわち，廃棄物等の適正処理を行うシステムが十分に整備されていない場合，環境汚染を発生させることになる。途上国では，インフォーマル・セクターと呼ばれる公的な位置づけを持たない事業者がリサイクルの相当部分を担っており，不適正な処理による環境汚染が懸念される状況にある。また，環境負荷を有する循環資源等の越境移動それ自体が環境汚染のリスクを有している。

循環資源の輸出に伴う国外への資源の流出は，国内のリサイクル産業の停滞・空洞化の原因となりうることにも留意すべきである。循環資源等の流出が，国内循環を前提に構築されてきたわが国の廃棄物処理・リサイクルのシステムの安定的な維持・強化に支障を及ぼしうるのである。

さらに，家電や自動車などの中古製品は，輸入国において安価に利用され，資源の有効利用が図れる反面，短期間で廃棄物になってしまうため，潜在的な廃棄物の越境移動と見なしうる。また，途上国での産業発展を阻害しうるとも指摘されている。

廃棄物も含めた循環資源等の国際間移動は，以上のような問題点がある反面，リユースやリサイクルがより安価かつ効率的に実施できる可能性がある[7]。

（2）　国際的循環型社会の構築

廃棄物・循環資源をめぐる国際的課題を克服するためには，循環型社会を国内だけでなく国際的にも構築していく必要がある。すなわち，国内循環を前提にした循環型社会の概念を国際的循環にまで拡張することが求められる。その際，基本的な視点は次のようになる（図6-3）。

①各国の国内での循環型社会の確立
②廃棄物の不法輸出入の防止
③循環資源の輸出入の円滑化

図6-3　国際的循環型社会のイメージ

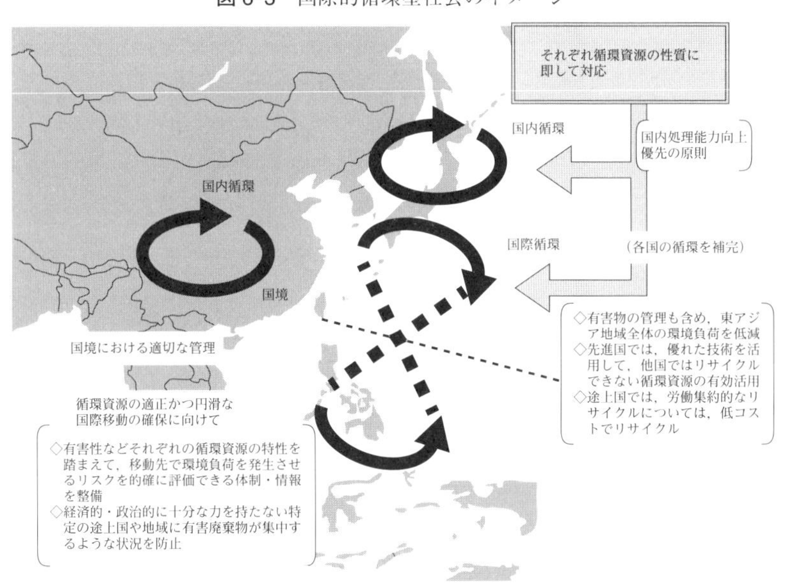

出所：環境省（2006）

①各国の国内での循環型社会の確立

国際的循環型社会形成のためには，まず各国の国内において循環型社会を形成することが第１の条件となるだろう。各国において，適正処理体制を確立することが求められる。

②廃棄物の不法輸出入の防止

各国で循環型社会を可能な限り構築した上で，ある国で実施不可能な廃棄物・循環資源の有効な利用・処分を他の国で行うことにより，有害物の管理も含め地域全体の環境負荷低減に資することになるだろう。このような「適正な」廃棄物・循環資源の越境移動を実現させなければならない。

③循環資源の輸出入の円滑化

各国の国内で循環型社会が構築され，廃棄物の不法な輸出入が防止される要件を満たすことにより環境汚染の防止が十分に確保されるとともに地域全体の環境保全に資する場合にはじめて，補完的に循環資源の越境移動により資源としての有効利用が可能となる。具体的には，優れた技術を有する国が他国では困難なリサイクルを引き受ける場合や，低コストでのリサイクル，生産拠点の立地に対応したリサイクルが可能な場合において，循環資源の越境移動を円滑化していくことが，地域全体の環境保全と資源の効率的利用に貢献するのである。

(3)　循環資源等の性質に応じた対応

国際的循環型社会を目指して具体的な対応を進めていく際，全ての循環資源を一律に扱うのではなく，さまざまな循環資源の性質に応じた対応を図っていく必要がある。環境省（2006）に従えば，循環資源等については，①環境負荷の程度を表す有害性と，②経済的価値を表す有価性[8)]に即して以下のように分類することが出来る（図6-4）。

バーゼル条約の規制対象物を始めとした「有害物」については，発生国内での処理を原則とすべきであろう。しかし，現状で，途上国で処理できない有害

図6-4　循環資源の性質に応じた分類

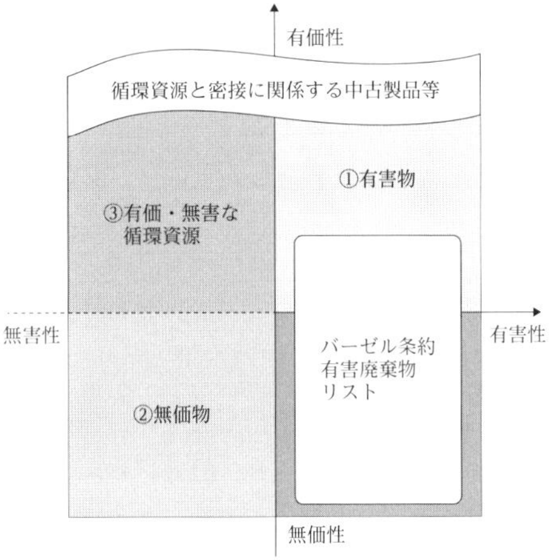

有価性
循環資源と密接に関係する中古製品等
①有害物
③有価・無害な循環資源
無害性
有害性
バーゼル条約有害廃棄物リスト
②無価物
無価性

出所：環境省（2006）

物について，わが国の高いリサイクル・処理技術を活用しリサイクルが可能な場合，国内での適正処理が確保されることを前提にその受け入れを進めることも考えられる。

「無価物」(廃棄物処理法上の廃棄物）は，有害物質を含まない場合でも，その適正処理を行う経済的なインセンティヴがないことから，不適正な処理がなされる可能性が高いため，その処理は発生国内で行うことが基本となる。一方，わが国では不用でも，輸出先国ではリサイクル資源として活用される場合等，越境移動によって資源の有効利用が促進される場合，輸出先国において適正処理が確保されることを前提にその輸出を進めることも考えられる。

廃プラスチック等の「有価・無害な循環資源」は，現状ではその越境移動についての枠組みが整備されておらず，基本的には通常の製品と同様に取り扱うことが適当と考えられる。ただし，その場合にも輸出先国での不適正な処理による二次的な環境汚染の可能性や資源の急激な国外流出による国内の廃棄物・リサイクル体制への影響を十分考慮し激変緩和のための措置を検討する等，状況に即した対応を図っていくべきである。

「中古製品」や再製造物品，とりわけ，通常の製品と同等の安全性・耐久性を有する製品については，国際的な移動を通じてその再使用，再生利用を促進していくことにより，資源の有効利用を進めることが考えられる。ただし，「中古製品」などは短期間で廃棄物となるためその耐久性などを勘案して，それぞれに含まれる循環資源の性質に即して，循環資源となった場合と同様に関係国が相互に理解できる取扱いを進めていかなければならない。

3．国際的循環型社会形成に向けた課題[9)]

(1) わが国近隣諸国の循環利用・処分の能力向上への貢献

各国の国内で循環型社会を確立していくために，わが国は日本国内での循環型社会の実現はもとより，東アジアの各国においても廃棄物が適正に処理され，3Rが実現されるよう各国の循環利用・処分の能力の向上に貢献していくことが必要である。わが国の廃棄物・リサイクル対策におけるこれまでの改革の蓄積を東アジア各国の貴重な共有財産として活用していくよう尽力すべきであろう[10)]。

(2) 循環資源等の不法輸出入の防止

有害廃棄物などの不法な輸出入を防止する取組として

①循環資源の国際移動の把握・分析の高度化
②規制対象物品の明確化
③トレーサビリティーの向上
④不法輸出入防止のネットワークの充実
⑤わが国の知的財産権の保護

などを図っていくことが重要となっている。

(3)　循環資源の輸出入の円滑化

循環資源の輸出入の円滑化のための取組として，バーゼル条約上の有害物質の捉え方に各国の間で相違が生じている現状を考慮し，アジア共通の有害廃棄物のデータベースを構築することや環境保全効果が確認された再製造物品等に対する貿易障壁を低減していく方策の検討が挙げられている。このほか，わが国の優れた3R技術を活かし，途上国では適正に処理できない有害性を持つ循環資源について，国際的な3Rの推進やアジア地域全体での環境負荷の低減，わが国の希少資源の確保などの観点から，わが国で円滑に受け入れていくための措置など，環境保全に資する形での貿易の円滑化の方策を検討していくことも重要になっている。

おわりに

国際的循環型社会は，各国の国内の循環型社会の確立努力があって初めて形成される。循環資源等の国際的移動は，各国において適正処理・適正リサイクルされる保証のもとで初めて許容されるものでなければならない。

循環資源の2面性（潜在資源性と潜在汚染性）[11]に十分配慮しつつ，不法移動がなされないような厳正なシステム構築が第1であり，その上で，国際的な循環資源移動が効率的になされることが地域全体の持続可能性と社会厚生を高めることになる。

いずれにせよ，もともと国内循環を基本的に想定した循環型社会の概念は，各国個別の適正な循環を確保することにおいてはそのまま適用され，さらに，拡張して国際的循環を把握する際にも基本的な精神は変わらない。すなわち，国内レベルでも，国際的レベルでも，（真の意味で[12]）効率的かつ持続可能な社会を形成すべきということなのである。

1）家庭ごみ有料化に関しては，例えば，山谷（2007）参照。
2）循環資源等の越境移動，特に国際循環型社会に関して最も詳細な研究は，小島（2005）が先駆けである。
3）本章は，同様の問題意識に基づく松波（2007）の加筆修正版である。
4）環境省（2016），p.1
5）環境省（2006），p.53
6）例えば，小島（2010）参照。
7）途上国において環境上適正な処理が困難な有害物質を含む循環資源について，わが国の高度な技術を用いた処理により，希少資源などの資源回収が可能となる場合があるという。また，テレビのブラウン管ガラスカレットのように生産拠点の海外への移転が進み，日本国内では廃棄物として処分せざるを得ないものが海外の製造工程では循環資源として有効な利用が可能となる場合もある（環境省（2006）p.57）。なお，循環資源等の域内処理が収益性を満たさず困難でも他地域に移動することで適正に処理・リサイクルするほうが効率的である可能性を示した理論分析として，松波（2002）がある。
8）細田（2015）では，循環資源の 2 面性として①を潜在汚染性，②を潜在資源性と呼んでいる。
9）環境省（2006）pp.60-62 参照。
10）環境省は，近年，わが国の循環ビジネスの海外展開を推進しているところである。環境省（2016）参照。
11）細田（2015）参照。
12）ネット（純）としての社会厚生の最大化がもたらされるという意味である。

参考文献

環境省（2006）:『循環型社会白書』
――（2016）:『我が国循環産業の海外展開に向けて』
小島道一編（2005）:『アジアにおける循環資源貿易』アジア経済研究所
――（2010）:『国際リサイクルをめぐる制度変容――アジアを中心に――』アジア経済研究所
細田衛士（2015）:『資源の循環利用とはなにか』岩波書店
松波淳也（2002）:「廃棄物リサイクルと地域間連関――費用価格関係と技術選択――」『地域学研究』第 32 巻第 3 号，日本地域学会
――（2007）:「国際的循環型社会形成の可能性」『大原社会問題研究所雑誌』No.580，法政大学大原社会問題研究所
山谷修作（2007）:『ごみ有料化』丸善

第 7 章
中国の気候変動政策に関する研究

飯 嶋 佑 美

は じ め に

国際社会における気候変動交渉には約30年の歴史がある。中国はその当初から交渉に参加してきたが，削減義務の負担を拒否するその交渉態度はたびたび否定的な評価を受けてきた。しかしながら，2015年にパリ協定という新たな気候変動制度が誕生する中で，このパリ協定の採択及び発効を促した勢力として中国に注目が集まっている。さらにはアメリカがパリ協定を離脱しようとする状況下において，中国はパリ協定を支持し，国際的な気候変動への取り組みを推進しようとする立場を堅持している。

このように中国が気候変動問題に対処するための共同行為を支持している背景には，中国国内において気候変動問題を含む環境問題への取り組みが重要視されるようになってきていることがある。2017年10月18日の中国共産党第19回全国代表大会の開幕式において習近平総書記が行った報告には，生態文明の建設について多くの言及がなされ，環境保護への取り組み（生態文明の建設）が現在の中国政府にとって非常に重要な政策分野の1つとなっていることがわかる。この報告では気候変動政策に関しても言及がなされ，生態文明建設の成果の一部として，中国が「気候変動対策の国際協力をリードし，地球規模の生態文明建設の重要な参与者・貢献者・先導者となった」[1)]と説明された。加えて，気候変動分野の南南協力や低炭素素型の発展などは「一帯一路」などの国家戦略においても重要視されており，中国において気候変動対策の政治的重要度が向上していることが確認できる。

中国が，気候変動問題に対処するための国際的な共同行為を支持し，国内においても積極的に対策に乗り出すといった立場をとるに至るには，段階的な過程が存在し，また国内における政策形成の発展が背景にあり，多くの研究者がこの発展過程を分析してきた。本章では，中国の約30年に亘る気候変動外交と気候変動政策の歩みを回顧すべく，主に政治学や国際関係学，公共政策学の分野から関連する先行研究を整理していく。第1節では，中国の気候変動政策研究の大部分が気候変動外交関連であることや，気候変動外交の歩みが国内の気候変動政策の形成に左右することに鑑み，中国の気候変動外交の進展について分析している先行文献を取り上げる。第2節では，中国気候変動政策研究を分析の方法或いは視角から分類して，それぞれの研究について紹介していく。第3節では，先行研究の傾向と現状について分析し，先行研究が明らかにしてこなかった側面について言及する。

1．中国気候変動外交の進展

中国における環境問題を対象とする研究の中でも，環境外交は最も取り上げられる分野の1つであり，その中でも気候変動外交は特に関心を集めるテーマである。中国の気候変動外交に関する研究が関心を寄せてきたのは，30年に亘る気候変動交渉において中国がどのような立場を採用してきたのか，中国の気候変動外交はどのような変化と発展をみせたのか，中国はいつ温室効果ガスの排出削減義務を国際的に承諾するのかといった問題である。このような問題意識を持ちながら，これまでに多くの学者が中国の気候変動外交の歴史を説明することを試みてきた。先行研究が採用する説明の方法についてはいくつかの種類が存在するが，多くはその歴史を何段階かの時間軸に分け，その特定のフェーズにおける特徴的な中国の立場や戦略などについて分析している。本節では先行研究を説明方法に従って3つに分類した上で紹介していきたい。

まず1つ目は，中国の気候変動外交を環境外交の発展プロセスにおける一部分としてみなし，気候変動外交を中国環境外交の大きな枠組みから捉えるものである。中国の環境外交の始まりは，一般的には1972年にスウェーデンのストックホルムで開催された国連人間環境会議であると考えられている。長年国際環境外交に従事し，中国初の中国環境外交をテーマとした書籍である『中国環境外交』（1999年）[2]を編著した王之佳は，中国環境外交を3つの段階――開闢段階（1972～1978年），深い発展の段階（1979～1992年），徐々に成熟していく段階（1992年以降）――に分けて回顧している。この分類によれば，中国の気候変動外交は「徐々に成熟していく段階」に属すことになり，王はこの時期の特徴として外交官の質の向上などを挙げ，中国環境外交は中国独自の道を歩み出したと分析している[3]。中共中央党校法学博士の黄全勝の著書『環境外交総論』（2008年）では，中国を積極的な参加者としてみなし，中国は「主要な発展途上国として，“77＋1”グループに依拠し，絶対多数の発展途上国の立場と利益を代表し，積極的に気候変動外交に取り組み，建設的に気候変動分野の国際協力に参加」してきたと評価している[4]。黄は中国の環境外交を4つの段階に分けているが，王の分類とは異なり，1992年以降の進展を2つの段階に分け，2006年以降の変化を強調している。黄によると，2006年以降中国では国内の環境悪化や国際社会の圧力が強く意識され，資源節約型・環境友好型社会の建設が提起され，環境外交の面でも次第に成熟していったと分析している。

2つ目は，国際的な気候変動交渉の進展に基づき，中国の気候変動政策の発展を分析・整理しているものである。このような分析方法は，気候変動枠組条約や京都議定書などの国際的な気候変動制度の誕生が中国の気候変動政策の節目でもあると認識している。例えばIda Bjørkum（2005年）[5]は，国際気候変動交渉のプロセスやPaul Harrisと于宏源（2005年）[6]の時代区分を参考にしながら中国気候変動政策の段階を分析している。Bjørkumは，気候変動問題が中国の政治的アジェンダに入った段階（1988～1992年），リオの地球サミットから地球温暖化防止京都会議までの段階（1992～1997年），ポスト京都時代（1997年以降）に時代分けし，各段階の中国気候変動政策の傾向を分析したのち，15

年間の気候変動交渉において中国の立場は固定的で一貫性がある一方，積極性は低いと結論付けた。一方で馬建英は，博士学位論文（2011 年）[7] において気候変動交渉における中国の態度を 4 つの段階に分けている。すなわち，第 1 に 1990 ～ 1992 年の積極的な参加の段階，第 2 に 1992 ～ 1998 年の慎重な参加の段階，第 3 に 1998 ～ 2005 年の参加を深化させる段階，第 4 に 2005 ～ 2010 年の全面的な参加の段階である。馬の時代区分の特徴は，以前に馬の執筆した国際気候変動交渉の進展段階の区分[8] とほぼ一致しており，グローバルな交渉の各段階における中国の立場を分析している点である。他にも厳双伍と肖蘭蘭（2010 年）[9] が国際気候変動制度の発展に基づいた上で調整を加え，1990 ～ 1994 年を「受動的だが積極的な参加の段階」，1995 ～ 2001 年を「慎重で保守的な参加の段階」，2002 年以降を「活発かつオープンな参加の段階」と時期区分して中国の交渉態度を形容している。馬建英や厳双伍と肖蘭蘭のどちらの分析も，区分は異なるものの中国の立場が積極的な参加から慎重な参加へ，そしてさらに参加を深化させていく段階に推移したと説明している。彼らによると，中国が慎重な立場を取っていた原因には，発展途上国にも削減義務を負担させようとする先進国の政治的意図に対する不信や，新しく誕生した気候制度による国内経済への影響に対する懸念などがあるとしている。

3 つ目は，張海浜（2006 年）[10] が採用した方法で，気候変動交渉の歴史をいくつかのフェーズに分けるのではなく，特定の年における中国の立場を比較・分析する方法である。張は 1991 年，1999 年，2001 年，2005 年という 4 つの時期を選択して中国の立場の比較を行い，その変化を明らかにした。張はこれらの 4 つの年の選出理由を明確には述べてはいないが，これらの 4 つの年は中国が気候変動交渉に参加する初期，中期，そして最近という時期をカバーしているとした。張はこれらの時期の比較を通じ，中国の気候変動外交の立場を安定的であるとともに変化も存在していると要約した。すなわち，中国は一貫して温室効果ガスの排出削減義務を負わない姿勢を堅持しているが，「過去に比べるとより柔軟になり，より協力的な態度で国際気候変動交渉に参加する」ようになっているとした[11]。

上記の通り，研究者ごとに説明方法に加え，時期区分も異なり，中国の気候変動外交の発展と変化は多様な形で説明されてきた。ただし，これらの説明には共通点も存在し，中国の立場が過去と比べてより積極的になっていることは共通認識であると考えられる。長年に亘って中国は国際的な削減義務の負担を拒否していたため，中国の立場は比較的固定的であると考えられてきたが，先行研究が指摘するように中国の立場には変化も存在している。中国の気候変動外交の進展を要約すると，その初期（気候変動枠組条約の準備期間）においては，中国の態度は学習者としての一面があり，技術，資金，データなどの面において先進国に頼らざるを得ない状況もあり，観測方法や条約締結手続きなどの学習を目的に積極的に交渉に参加していた。また，中国がこの時期に気候変動外交に積極的に参与した理由として，1989年の天安門事件を契機とした外交的孤立を打破する目的もあり，気候変動外交は中国にとって国際社会に参与する1つの良い機会でもあった[12)]。そして中国環境外交の中期（気候変動枠組条約締結から京都会議まで）においては，中国は自国及び発展途上国の利益を代表して意見を表明し，新たな気候変動レジームの創設や京都議定書及び京都メカニズム（柔軟性措置）に反対し，一貫して発展途上国の排出削減義務の負担を拒否した。こうした態度は海外の研究者やメディア，市民団体などによりしばしば批判され，非協力的な参加者とみなされることもあり，中国の研究者からは保守的で慎重な態度であると評価された。しかしながら，その後中国の態度には徐々に変化がみられていく。中国は2002年に京都議定書を批准し，柔軟性措置に対する認識も改め，その中でもクリーン開発メカニズム（CDM）ついては経済的な利益の観点から意欲的に取り組み始めた。またこれ以降，バイ・マルチの気候変動分野の国際協力を活発化させ，国内においても関係する法政策の整備を展開していった。さらには情報公開への態度と対応の柔軟化も中国気候変動外交の進展であると理解されている。

その後の中国の気候変動外交の転換期に関しては様々な見方が存在するが，代表的な見方の1つは「中国気候変動対応国家方案」が公布され，国家気候変動対応指導グループが成立した2007年を節目と考えている。このように2007

年には国内における気候変動ガバナンスが強化された年であり，気候変動問題の重要性に対する認識が高まった。また，国内における排出削減の数値目標を公表した2009年や，パリ協定の締結に貢献した2015年も中国の気候変動外交における大きな変化を体現していると考える見方もある。先行研究の全体的な傾向は中国の気候変動外交は絶えず進化しており，特にパリ協定のもと国際社会の共同行為を推進する姿勢には大国の責任を果たそうとする姿勢が表れているとの見解も存在する。

2．中国気候変動政策の分析類型

(1) 中国の核心的利益

上記では中国の気候変動外交の流れがどのように説明されているかについて述べたが，本節ではどのような要素が中国の気候変動政策に影響を与えているかについて分析を行っている先行文献を見ていきたい。中国の気候変動政策の決定要素に関しては様々な観点から研究が行われているが，主なものは3つに分類できる。1つ目は，国家は合理的な行為主体であり，国家が自国の利益の最大化を追求するため，中国の国家利益がその気候変動政策に影響を与えると考える研究である。2つ目は，政策は国内の官僚らによる競争と妥協の産物であるとの観点から，中国の官僚政治が気候変動政策に影響を与えていると考える研究である。3つ目に分類した研究は，主に知識や情報，理念などのコンストラクティビズムの要素に注目するもので，こうした要素が政策決定者の見解や観念を変化させ，結果的に気候変動政策の変化に繋がると考えるものである。以下では3つの類型に当てはまる研究を紹介しながら，中国気候変動政策の変化や発展がどのような要因によるものなのかについて検討していきたい。

1つ目は，気候変動政策における中国の国家利益は何なのかに関して探究している研究である。2003年の論文執筆当時，国際連合工業開発機関（UNIDO）において中国のエネルギー効率プログラムに従事していたZhihong Zhangは，中国の気候変動政策は外交政策の影響を受けていると考え，国家利益の向上，国家主権の維持，国際的イメージの向上の3つが主要な考慮要素であるとした[13)]。Zhangによると，中国の政策決定者にとって経済の発展が何よりも重要な原則（国益）であり，これが中国が経済に損害を与えかねない一切の行動を拒否している要因である。つまり，中国の政策決定者は温室効果ガスの排出削減義務を負うことは自国の経済成長に悪影響を及ぼすと考えており，そのため中国は一貫して削減義務を拒否していると考えられる。また，経済面での利益に加え，主権の不干渉や国際的なイメージの向上は常に中国外交の主要な利益であり，これらの要素が中国気候変動政策の方向を決定づけているとした。

同じようにHo-Ching Lee（2005年）[14)] も利益の観点に着目し，国家利益が中国の気候変動交渉における立場を代表していると考え，発展途上国である中国にとって経済発展が最重要の利益であるとした。Leeによると，気候変動交渉中，中国は温室効果ガスの主要排出国の1つとして大きな影響力を持っており，さらに他の発展途上国と連携することで影響力を拡大し，先進国から資金援助と技術移転を獲得することを目指してきた。それと同時に，発展途上国の代表として振る舞うことで，自らの国際的評価の向上に努めてきたという。

張海浜（2007年）[15)] は，利益の観点に着目し国家の環境外交の立場を分析した代表的な研究であるDetlef SprinzとTapani Vaahtoranta（1994年）[16)] に基づき，中国の気候変動交渉における立場を分析した。SprinzとVaahtorantaは脆弱性とコストに着目し，国家の環境悪化への脆弱性と汚染を除去するコストが国家の環境外交政策の方向を決定づけると考え，環境外交交渉における国家の取り得る態度を4つに分類した。その一方，張は脆弱性とコストの他に衡平の原則を加えた3点が中国の交渉立場を決定付けると考えた。張によると，中国がこれまで温室効果ガスの排出削減義務を拒否してきたのは，中国にとって排出削減のコストが高く，気候変動に対する脆弱性への認識が比較的低く，気候変動レジームにおいて締約国間の責任の衡平性が十分でないと認識されているからである。そのため，コストが安くなり，脆弱性への認識が高まり，責任の衡平性がより確保されるような状況になれば，中国が削減義務を負う決断に至る可能性が高くなると主張した。

多くの研究が示唆しているのは，中国にとって何よりの核心的利益は経済発展であるということだ。中国政府は経済発展や，貧困の減少，社会の安定の促進を優先する一方で，経済に負の影響を与えかねない気候変動を含む環境問題への対処には長い間真剣に取り組むことはなかった。利益の観点から見れば，国際的に削減義務を負うこと或いは国内において積極的な気候変動政策を展開することは，中国の国益に沿わないのであった。このように利益に注目した研究は，中国の非積極的な態度に合理的な説明を提供した。

(2) 官僚政治の影響

2つ目に分類した研究は国内の官僚政治に着目し，中国の気候変動政策の分析を行っている。こうした研究は，国家が単一な行為主体であるとの考えに基づいて中国の政策決定過程を分析することに反対しており，中国の政策決定過程において国内の要素への関心は欠くことのできない重要な要素であると考えている。代表的な中国研究者であるKenneth LieberthalとMichel Oksenbergは，中国の政策決定モデルを「分断化された権威主義（fragmented authoritarianism）」と呼び，様々な政府部門やアクターが関与し，比較的分散された意思決定体系であることを指摘したが[17]，このような「分断化された権威主義」の体制或いは官僚政治に中国気候変動政策の研究も多くの関心を寄せている。

官僚政治の観点からの分析は，特に中国環境外交の初期段階についての研究に多く見られる。例えば米外交問題評議会の研究員で中国の環境外交の代表的な研究者であるElizabeth C. Economyは，初期（1990年代前半）の中国気候政策の形成過程を官僚政治の観点から分析し，以下のようなエピソードを紹介している[18]。1990年に国務院環境保護委員会が気候変動問題への対応のため，国家科学技術委員会，国家環境保護局，外交部，国家気象局，エネルギー部と国家計画委員会のメンバーからなる国家気候変動協調グループという組織を設立した。そして第2次気候大会に向けての交渉立場について議論を開始すべく，同年春に国家科学技術委員会，国家計画委員会，外交部，国家環境保護局がエネルギー部，林業部と農業部の代表を招集し会議を開催した。その際，大部分の参加者は，気候変動の農業に対する悪影響への憂慮から，中国が積極的に気候変動問題に対処し，国際社会に貢献すべきだという意見であったという。しかしながら，彼らは気候変動問題への対処が経済発展を制限すべきではないと考えるとともに，気候変動問題は先進国が引き起こした問題であり，その責任は西側諸国にあると認識していた。その一方，国家科学技術委員会と国家環境保護局はより積極的な立場であり，中国は積極的に気候変動ガバナンスに参与すべきであり，積極的な参加は国際的なイメージを向上させると同時に，関連する技術や管理方法を学ぶ機会を得ることもできると考えていた。しかしながら，この会議で最終的に決定された原則はより保守的（非積極的）な政策の実行であり，この決定は国家計画委員会と外交部の意向を強く反映していると考えられた。つまり，より環境意識の高い国家科学技術委員会と環境保護局は官僚政治の中での権力が小さく，経済発展と主権の擁護を職責とする国家計画委員会と外交部の意見が優先され，非積極的な原則が採用されたというわけである。

Michael T. Hatch（2003年）[19] は，気候変動に関する国際交渉が与える中国への圧力や国際的な要素が，気候変動問題を中国国内の政治議題に組み込ませ，中国がグローバル・イシューや国際社会の決定に対応せざるを得ない状況を作り上げげたと考えた。また気候変動交渉の初期において，気象局，中国科学院，国家環境保護局などの官僚は，アメリカ，IPCCなどの国際組織と協力し，学習の機会を得てきたことが，中国の科学コミュニティーに気候変動がもたらしうる中国への危害について認識させた。Hatchはこれらの点において国際的な要素の影響力を評価する一方で，中国の気候変動政策の形成過程は官僚政治モデルによって分析されるべきだと考える。なぜならば，政策は行政組織同士の競争の結果であり，国内政治の制約が中国の気候変動レジームへの協調的参加を制限していると考えるからだ。Hatchによると，中国の国内政治において環境問題の重要性は低く，また国家計画委員会と外交部が気候変動交渉に関わる意思決定を支配しているため，積極的な気候変動対策の実行を望む勢力の影響力は抑制されてしまうという。ただし，京都議定書が採用した柔軟性措置，特に共同実施（JI）とクリーン開発メカニズム（CDM）に対する中国の態度の軟化と積極化が中国の政策決定過程にも一定の流動性が存在することを示しているとHatchは指摘する。言い換えれば，政策形成者が気候変動問題に対処する国際共同行為が自国の経済発展に有利であると判断した場合，中国は気候変動外交及び国内の気候変動対策に積極的に取り組むようになるということである。

Gørild Heggelund（2007年）[20]は，国際的な圧力といった国際的要素が中国の気候変動政策に与える影響は限定的であり，エネルギー問題と気候変動への脆弱性の程度も中国の気候変動政策を有効に促進できていないと考える。Heggelundは気候変動問題に関与する部門の推移に着目し，中国の気候変動対策が非積極的である要因について以下の分析を行った。1998年の国務院の改組以前は，中国気象局が気候変動問題に関する部門間の調整を担当していたが，気候変動問題の焦点が科学的問題から経済への影響に移るとともに，気象局の影響力が低下した。その後，社会科学院や中国人民大学などの経済学者が気候変動政策の形成に関与するようになり，経済学者の影響力が高まった。さらに，その後の行政改革により，経済発展を職是とする国家計画委員会（後に国家発展改革委員会）が気候変動問題を担当するようになり，気候変動問題は経済・政治問題と認識され，国家の発展を阻害しかねる温室効果ガスの削減は積極的に推進されなかった。こうした背景により，Heggelundは中国の気候変動問題への対応が初期の頃と比べて非積極的になったと見ている。

またHyung-Kwon JeonとSeong-Suk Yoon（2006年）[21]は80年代末から90年代末の中国気候変動政策を分析し，初期の国際気候変動交渉において中国は「協力者」であったが，交渉の進展とともに中国の態度はまるで「離反者」のようになったと認識している。それは，初期の交渉過程において国際的なリンケージ（international linkage）が中国の気候変動政策形成過程において重要な要素であったが，その後国内の制約（社会主義市場経済，階級官僚制）が国際的要素の影響力を限定化させたからだという。具体的には，80年代末において国内の環境保護勢力は国外の認識共同体と結びつき影響力を強めたが，気候変動交渉の議論が科学的な問題から政治問題に移った後，中国の気候変動外交の主体は官僚となり，気候変動外交に参加する目的は，先進的な環境技術と資金を獲得すること，及び主権の擁護と国際的な干渉を阻止することへと変化した。また，中国の特色ある市場経済も外部からの圧力と国際的な影響力を避ける作用を果たしたと説明している。

官僚政治に着目する研究は，気候変動問題を担当するようになった国家発展改革委員会の権力が最も大きいことと，その利益が経済発展の促進にあること，反対に環境保護部や科学技術部，気象局などの気候変動対策に比較的積極的な部門の権力が小さいことを指摘した。その結果，中国の気候変動外交は消極化し，慎重な態度をとるようになり，国内においても積極的な対応がとられることはなかったことを説明している。

(3)　知識や理念などへの着目

上記では，一時期において中国の気候変動政策が慎重に展開されたことが何度か指摘されたが，2000年代の後半になると中国の気候変動政策はより積極的な方向に進んでいく。現在の中国の立場は気候変動問題に対応する国際社会の共同行為を支持するというものであるが，十数年前までは，中国指導層においてこのような積極的な共通認識は存在していなかったと考えられる。それでは，中国の政治指導者の間で認識が改められ，このような積極的な認識が共有されるに至った原因はなんなのであろうか。どのような要素が中国の気候変動政策を変えたのであろうか。このような疑問に対し，コンストラクティビズムの観点から分析を行った研究者は，知識，情報，信念，理念などの要素の役割及び，専門家コミュニティーや非政府組織（NGO）などの市民団体の影響力に着目している。これが第3の分類の研究であり，以下でいくつかの研究について見ていきたい。

Iselin Stensdalの研究レポート（2012年）[22]は，中国に気候変動政策を推進する勢力が存在すると考え，アドボカシー連合フレームワークを利用して，中国に存在するという「気候変動アドボカシー連合」について説明した。中国の気候変動アドボカシー連合は，気候科学者，環境NGO，環境メディア（例えば中国緑色新聞，中国緑色時報），官僚（国家発展改革委員会，環境保護部，科学技術部，気象局），地方公務員及び企業から構成されるという。Stensdalによると，彼らは核心的理念（core idea）を共有しており，即ち彼らは気候変動に関する政府間パネル（IPCC）の評価報告書を信じており，気候変動は中国に対する脅威であり，中国は温室効果ガスの排出削減を実行すべきであると認識している。社会経済発展という外部の変化に加えて，気候変動アドボカシー連合の蓄積した知識は，中央の政策決定者の認識を変更させるに至り，政策形成・決定過程に影響を及ぼし，結果的に2007年の「中国気候変動対応国家方案」の成立に導いた。またStensdalは，気候変動アドボカシー連合は気候変動と中国政治の核心的問題（エネルギー安全保障，食糧安全保障やその他の発展問題）とを関連付けることにより，政策決定者の気候変動問題への認識を中国に対する脅威であるという認識に変えたと指摘している。

次にJost Wübbeke（2013年）[23]は，気候変動分野の専門家の政策への影響力を，無知，参加，重大な意義，行動の4段階[24]に分け，中国の専門家は最低でも重大意義のレベルにあり，時には政治行動を変化させ得るレベルに達すると評価した。Wübbekeの研究によると，気候変動問題において，「半官半民」の研究機関や一部の大学のみが政府に対し定期的な政策提言の機会を有し，こうした専門家は政府との距離が近く，ほぼ政府職員のような性質を有する（Wübbekeは彼らを「専門家公務員」，「専門家官僚」と表現する）。こうした専門家らの小さなコミュニティーは気候変動政策に大きな影響力を持ち，気候変動に対する脆弱性の認知を普及させ，現在中国が掲げる削減目標の設定にも貢献したという。ただし，Wübbekeは専門家の影響力も限定的であり，中国が堅持している基本的な原則である「共通だが差異ある責任」の概念に影響を与え変更させることは難しく，政府に拘束力のある削減目標を承諾させることはこれまでできなかったと述べている。このように専門家の影響力を高く評価する一方で，専門家が入り込めない高度な政治領域が存在することも指摘された。

一方，中国の環境NGOや市民社会については，徐々に研究が蓄積されている状況であり，これまであまり知られていなかった市民社会の政策形成過程への影響力に関する研究も登場してきている。直接的には気候変動政策に関係しないものの，興味深い研究を１つ紹介したい。Jessica Teets（2017年）[25] はインタビュー調査に基づいて，中国の市民社会組織（CSOs）がいかに政策ネットワークを形成し，政策を変更させることに成功してきたのかについて分析を行った。Teets は，中国は権威主義国家であり，市民社会の発展を抑制しているにも関わらず，中国の政策ネットワークは民主主義国家と同様の役割を果たしており，政策を変化させるパワーを持っていると評価する。Teets によれば，中国の社会組織は二重管理体制という社会組織の管理方法[26] を利用し，自らの監督機関及びその指導者を通じて人的ネットワークを広げ，関心分野の政策決定者に接触することに成功し，さらには彼らと政策目標を共有することで政策ネットワークを形成し，最終的には政策変更に影響力を行使するようになったという。Teets は全球環境研究所（GEI）を事例の１つとして具体的に分析しており，GEI が政策変更に成功した代表的な例として，草原保護に関する政策の成立させた件を挙げている。GEI は自らのネットワーク内に取り込んだ政策決定者の利益を変更するのではなく，彼らの問題意識や解決方法の選択肢についての認識を変化させたことで政策形成過程に影響を及ぼすことに成功したという。この論文では気候変動政策については言及されていないものの，GEI が作り出したネットワーク内の人物として解振華が紹介されている。この解振華は気候変動分野における最重要幹部の１人であり，GEI が気候変動政策に対しても影響を及ぼすことができる環境を形成していたことが伺える。

以上のように知識や理念などに着目する研究では，知識や理念を共有する団体が政策ネットワークを形成していく様子や，政策決定者の認識を変更していく影響力を持つことが指摘された。こうした研究は，気候変動政策の変化を利益や官僚政治に着目する研究とは違った形で上手く説明していると言える。

3．先行研究の傾向と現状

(1) 新たな国際気候変動制度の誕生と新傾向

国連の気候変動交渉の歴史の中で，国際社会は世界の平均気温の上昇を２度以内に抑えるために排出国に法的拘束力のある排出削減を課すことに尽力してきたものの，理想を追求したトップダウン型のガバナンスは早くから行き詰まりを見せていた。そこで，国際社会はボトムアップ型のガバナンス[27]を採用する方向に傾き，2015年にはパリ協定が採択された。この協定は国際社会が過去に目指してきた形とは異なり，それぞれの国の自主的な貢献に依拠した新たなガバナンス手法となっている。

李慧明（2017年）[28]は，パリ協定を「自らが定める貢献＋５年ごとの検証」を中核としたボトムアップ型のガバナンスモデルと要約し，京都議定書の附属書Ⅰ国と非附属書Ⅰ国の二元構造を取りやめ，事実上，国家を先進国，新興発展途上国，後発開発途上国と小島嶼開発途上国の３つに分けたシステムであると説明している。また，李はパリ協定が中国にもたらした責任と義務の変化について，現在の中国は環境技術の面では優勢ではないものの，全体的に見れば気候変動交渉において世界最大の影響力を持つ国家であるため，国際社会の中国に対する削減要求は日に日に強くなる一方，中国の自身への能力についての評価は低く，国際社会の期待と差があることが中国を苦境に陥らせていると分析した。京都プロセスにおいては削減義務を負っていなかった中国も，パリ協定の下では自らの能力と国情に合わせた削減目標を負っており，また南南協力への資金提供も表明するなどの変化を見せている。李によると，中国政府は国連気候変動コペンハーゲン会議で多くの批難を受けた失敗を契機に，気候変動外交を積極化させており，「アメリカを引っ張り，ヨーロッパと連合し，発展途上国を支援する（拉美連欧支持発展中国家）」という戦略をとっている。こうした全方位外交を通じて国際的圧力を徐々に軽減させることに成功しているという。

以上のように2015年に採択されたパリ協定は，気候変動レジームの在り方を変えるとともに，中国の義務にも変化をもたらした。このことは，中国の気候変動政策研究にも変化をもたらした。例えば，多くの研究者がパリ協定締結の背景に中国とアメリカの協力があると着目したことにより，米中協力の研究が盛んになった[29)]。気候変動分野での米中協力で注目すべき点の1つは，米中の同意が国際気候変動制度の基本原則である「共通だが差異ある責任及び各国の能力（CBDRRC 或いは CBDR）」に変化を加えたことである。CBDR 原則とは，気候変動問題に対する国家の責任は共通であるものの，先進国と発展途上国とでは歴史的な責任に差異があることを示した原則であるが，先進国は責任の共通性を強調する一方，発展途上国は差異を強調し，双方の衝突と妥協を代表する文言であった。この CBDR 原則は，パリ協定第2条第2項では，「この協定は，衡平並びに各国の異なる事情に照らした共通に有しているが差異のある責任及び各国の能力に関する原則を反映するように実施される」と規定されている[30)]。新たに追加された「各国の国情に照らした」という表現の由来は，2014年の米中共同声明で用いられた文言であり[31)]，共同声明の中では「双方は野心的な2015年合意を達成するために尽力し，共通だが差異ある責任と各国の能力の原則を実現し，各国の異なる状況を考慮する」と記されている[32)]。このCBDR原則の新しい表現方法は，中米双方が互いに受け入れ可能な文言を模索した結果，採用されたものであった[33)]。その後，CBDR に言及する際は「各国の異なる事情に照らして」という文言が加えられるようになり，米中の合意が気候変動レジームの新たな規範の形成に繋がったと考えられる。

(2)　先行研究の現状

気候変動問題をめぐる国際交渉において中国は長らく，①先進国に気候変動問題に対処する主要な責任があり，率先して行動をとるべきである，②発展途上国には発展する権利があるため，削減義務を負う必要はない，③先進国は発展途上国に資金援助と技術移転を提供すべきである，④共通だが差異ある責任の原則を尊重すべきである，⑤主権の擁護と内政不干渉，を主に主張してきた。

しかし現在では，中国はパリ協定を批准し，自ら定める削減目標を負担し，長年拒否していた国際的なMRV（測定・報告・検証）体制を受け入れ，南南協力への資金提供を表明している。さらには，アメリカがパリ協定を離脱しようとする中で，EUと共同し国際社会の気候変動に対処する共同行動を推進することを支持している。国際的な動きとともに，中国は国内においても気候変動への対応を加速している。このような中国の一貫した主張，あるいは立場の変化は，気候変動政策の研究者に恰好の研究材料を提供してきた。

中国の気候変動外交及び政策に関する先行研究は，大きく2つの種類に分けることができる。その1つは中国の気候変動政策が固定的で変化のない時期の背後にある原因の探究，もう一方は中国の気候変動政策に変化が生じた際の背後にある原因（中国の態度が積極化した要因）について探究した研究である。1つ目の研究では，中国が長期に亘って同じような外交立場を堅持していることにより，研究者は中国の気候変動外交の核心的な原則や利益を探究し，なぜ中国は非協力的な態度をとるのか，なぜ積極的に参加しないのか，中国はいつ削減義務を負うのかなどの問題について考察した。2000年代後半から中国の気候変動外交に変化が見られるようになり，中国国内においても気候変動問題に対処する取り組みが本格的に開始され法制度の整備が進められるようになると，研究者はこのような変化に着目し考察を行った。研究者は，気候変動レジームのフラグメンテーションや，バイとマルチの気候変動協力の比較の観点から分析を行ったり，国内政策制定過程の行為主体に着目し，専門家や学術界の関与及び市民社会の影響力，地方や都市の行動について研究を行ったりした。

中国の気候変動外交及び気候変動政策の大きな流れとしては，徐々に積極化していることには疑いがなく，多くの研究者がこの積極化の原因を分析してきた。いつから中国は気候変動対応を積極化させたのかについては，先行研究は異なる視点から異なる説明を行っており様々な見解があるものの，多数の研究で2007年前後が転換点ではないかと指摘されている。例えばStensdal（2012年）は，2007年の「中国気候変動対応国家方案」の成立は気候変動アドボカシー連合が政策形成者の認識を変えた結果であり，政策形成と決定に影響を与えた重要な成果であると考えている。また田村堅太郎（2011年）[34]は第11次5カ年規画や「中国気候変動対応国家方案」は，気候変動問題と省エネルギーへの取り組みに政治的地位を与え，また2007年から省エネルギー目標の達成度合いが地方幹部の昇進の審査要素として組み込まれ，地方政府が真剣に省エネルギー政策に取り組み始める契機となったことを評価している。斉曄ら（2008年）[35]は，地方政府が気候変動対策に真剣に取り組む転換点となったのは2007年であり，主に中央政府が「中国気候変動対応国家方案」を成立させるとともに，国家気候変動対応指導グループを設立させたことが原因であると考えている。気候変動外交に関しては，陳宝明（2011年）は中国気候変動外交が戦略転換期に突入したのは2007年だと判断している。孫学峰と李銀株（2013年）[36]は，2008年の金融危機が中国の地位を上昇させ，中国とG77の間に分裂を生じさせたとし，2008年が中国気候変動外交の1つの転換期であることを示唆している。

中国国内の気候変動政策に着目すると，多くの研究が指摘するように2007年前後は確かに重要な節目となっている[37]。2006年3月に開かれた第10期中国全国人民代表大会により第11次5カ年規画が採択されたが，この規画は資源節約型・環境友好型社会の建設や，省エネルギー・汚染物質排出削減の分野で拘束性のある目標を提起し，また初めて温室効果ガスの排出抑制について言及した。同年4月温家宝首相が第6次全国環境保護大会上で，科学発展観の全面的実施，環境友好型社会建設の加速を強調し，また「先に汚染して，後で対処する」及び「対処しながら破壊する」といった状況から脱する必要があることなどを述べた[38]。同年12月，科学技術部，気象局，中国科学院らが中国版IPCC評価報告書「気候変動国家評価報告」を発表した[39]。そして2007年になると環境保護と省エネルギー対策の足取りがさらに加速され[40]，国務院は国家発展改革委員会と関連部門が策定した「省エネ・排出削減総合作業方案」を発表，また前述した「中国気候変動対応国家方案」を公布し，国務院総理をグループ長とした国家気候変動及び省エネ・排出削減対応指導グループを設置した。2008年6月中国共産党政治局は気候変動対応に関する勉強会を開催し，同年10月には国務院が気候変動政策白書「中国気候変動に対応する政策と行動」を発表した。

以上のような気候変動問題に関連する政策や規定の制定は，中央指導層の中でも気候変動対策の重要性の認識が高まっていることを示していると考えられる。特に2007年の「中国気候変動対応国家方案」の公布や国務院総理が率いる国家気候変動対応指導グループの設置は，中国の気候変動対策の歴史の中でも象徴的な出来事であった。しかしながら，2007年の時期に政策形成者の間において国際的な排出削減義務を負うという決定はなされていなかったと考えられる。気候変動対策はその後も重要視され，2009年8月に全国人民代表大会常務委員会が「気候変動への積極的な対応に関する決議」を可決し，同年9月にアメリカ・ニューヨークで開催された気候変動サミットにおいて胡錦涛国家主席は中国国内における削減目標の実施を発表し，同年11月には国務院常務会議で具体的な削減数値目標が決定された（2020年までにGDP単位当たりのCO_2排出量を2005年比で40～45%削減する）。しかしながら，同年12月のコペンハーゲン会議では中国代表団の態度は強硬であり，発展途上国の削減義務や世界全体の長期的かつ具体的な削減目標に反対した。実際にはこの時，中国の代表団内部でも意見が一致しておらず，外交部は他国からの批判を避けるために妥協の方向で検討しおり，温家宝も外交部を支持したが，国家発展改革委員会は削減目標の設定に反対する態度を堅持したため，最終的には妥協がなされることはなかった[41)]。このことから，2009年の時点において国家発展改革委員会が国際的な義務を負担することは時期尚早であると考えていたことがわかる。

中国の気候変動政策研究における重要な問題の1つは，気候変動政策の発展過程における国家発展改革委員会の役割をどのように捉えるかということである。Economy（1997年），Hatch（2003年），Heggelund（2007年）などの研究は，官僚政治における国家発展改革委員会の優勢が気候変動政策の積極的な発展を妨げ，交渉上の中国の立場を非積極的なものにしたと示している。一方で田村（2011年）は国家発展改革委員会が先に省エネ政策を推進し，監督報告体制を整備しておくことで条約の履行を確保できる環境を作り出せると考えている。つまり，エネルギー政策やその他の開発政策を担当し，比較的大きな権力を有する発展改革委員会が気候変動対策を担当することは有効な気候変動対策の実施に繋がるという考えも存在する。Stensdal（2012年）は，気候変動アドボカシー連合が政策形成者の認識に変化をもたらし，これが気候変動対策の積極化に繋がったと考える。この見方によれば，かつては気候変動対策に消極的であった国家発展改革委員会も，外部の影響を受けることにより認識を改め，対応を積極化させたということである。国家発展改革委員会の役割を時期で分けてみれば，2000年代前半頃まではあまり積極的な役割を果たすことはなく，気候変動対策にも慎重であったが，気候変動対策の経済的利益に関心が寄せられるようになる2000年代後半頃からは，利益や認識の変化などの要因，または指導層の政治的決定を受けてか，国家発展改革委員会は気候変動対策を加速化させたと考えられる。しかし，国家発展改革委員会にとって気候変動対策が核心的利益になったかどうかは確かではない。

もう1つの重要な問題は，政策形成過程における参加者（アクター）の多様化である。Linda Jakobson と Dean Knox（2010年）[42] は中国の外交政策決定過程におけるアクターの増加とともに，外交部の外交政策に与える影響力の低下を指摘した。さらに彼らは，一部の研究者や知識人は中国が気候変動問題などのグローバル・イシューの解決において積極的な役割を果たすべきであり，更なる責任を負担すべきだと考えているが，こうした立場は少数派の意見であると述べている。一方で Stensdal（2012年）は，中国の気候変動政策を突き動かす勢力の存在を肯定し，学者，メディア，NGO などの政策への影響力を評価している。Wübbeke（2013年）は気候変動の専門家が政策に与える影響力は大きいと認めながらも，影響力を行使し得る集団は数少なく，影響力を持つ専門家らは政府職員のような性質と政治に奉仕する精神を有しているため，政府が受け入れられないような提案をすることはあまりないことを指摘している。かつてよりも中国社会が多様化し，政策形成過程に一定の影響力を持つアクターも多様化していることは間違いない。しかしながらどこまで外部のアクターが影響力を持っているのか，政策決定に影響を行使し得るのかなどについては未だ不確かである。

(3) 先行研究の不足

本文では，中国の気候変動政策に関わる先行研究について整理してきたが，ここではこれまでの先行研究が明らかにしてこなかった点について指摘したい。

まず1つ目は，中国は長年削減義務の負担を拒否してきたが，その非積極的な態度を説明した先行研究は近年の中国の協調的態度を予測できず，この変化を説明できていない点である。中国が削減義務を負わない合理的理由を分析した張海浜（2007年）は，気候変動レジームの衡平性の程度が高まれば中国が削減義務を負う確率が高くなるとしたが，パリ協定の枠組みの衡平性の程度が中国の参加を促したのか否かに関する研究はまだ存在していない。また，薄燕（2013年）は中国の「協力能力」が不足していることが削減義務を負わないことに影響しているとしたが[43]，中国の「協力能力」がどのように向上し，パリ協定の批准に繋がったのかについても明らかになっていない。一方でWübbeke（2013年）は，気候変動の専門家には中国のCBDR原則に対する立場を変更させる力はなく，国際的な削減義務を負うという決断を促すことは失敗してきたと述べたが，結果的には中国は削減目標を公表し，パリ協定に基づき目標を達成する義務を負うようになった。これまで様々な研究が様々な観点から中国の立場や気候変動政策の展開を分析・説明してきたが，近年の中国の態度の変化を説明するには利益，官僚政治，理念などの要素だけでなく，ハイレベルな政治決定，気候変動レジームそのものの変化，国際政治のパワーシフト等の影響など，様々な観点からの複合的な説明がなされる必要があるように感じられる。

2つ目は，これまでの先行研究は様々な観点から中国の気候変動政策を研究しており，研究論文の数も増え，中国の気候変動政策研究を発展させてきたが，理論研究に属するものは少数で理論的な貢献が限定的であることである。大部分の研究が，中国の気候変動外交や気候変動ガバナンスの発展を実証的に説明する性質のものであり，理論を分析の軸とする研究は少数派であった。これは中国における環境政治研究が発展途上の学問分野であることもあり，中国の気候変動政策に関する詳細な研究や理論研究については更に研究が待たれる状況であることが背景に存在する。ただし，近年においては研究も多様化し，これまであまり研究がなされてこなかった地方政府における気候変動政策への取り組みに関する研究[44]や，NGOなどの市民社会や専門家の影響に着目する研究[45]も登場し，将来において理論研究がさらに発展することが予想される。

3つ目は，国際制度の中国に対する影響についての研究は数多くあり，これまで国際制度の国内化に関心が寄せられてきた一方，中国が国際システムに与える影響に関してはあまり検討されてこなかった点である。長年に亘って，中国の国際システムへの参加に関する研究は多くなされてきたが[46]，中国が自らの利益をどのように国際制度に反映しようと試みたのかに関してはあまり関心が注がれて来なかった。例えば気候変動交渉において中国は，戦略的に交渉グループを選択し，自らの意見をグループの意見として表明して国際制度に反映させようとしてきたが，中国がG77やBASIC諸国，同志途上国といったグループをどのように使い分けてきたかに関する研究は存在しない。さらに近年においては国際政治における中国の台頭に伴って，中国は国際的な規範形成にも興味を示すようになってきており，中国が国際制度にどのような規範を反映させようとしているのかといった視角も今後ますます重要になってきている。

最後に，中国の政策決定過程は不透明な部分が多く，情報公開も制限されていることなどの原因もあり，気候変動政策の形成過程モデルもいまだに明確にはされていない点である。1980年代末の気候変動交渉の初期においては，中国の政策決定者にとって気候変動政策は科学的問題であり，気象局や科学技術委員会，環境保護局の職員が積極的に取り組んでいた。90年代に入ると，気候変動政策は経済に影響を与える外交問題であると捉えられるようになり，政策形成者は気候変動政策を持続可能な発展の問題或いは低炭素発展，エネルギー安全保障の問題と絡めて理解するようになった。同時に，気候変動政策の形成過程におけるアクターも多様化していき，現在では気候変動対応指導グループには33人のメンバーがおり，27の部門の代表者からなる組織になっている。また，国家気候変動専門家委員会の政策提言や，シンクタンク，大学機構などの情報やデータの提供も政策形成過程において重要になっており，これらの外部の専門家は気候変動交渉にも参加している。このように，気候変動問題の複雑性が顕著になると同時にアクターも多様化した現在，例えば政府部門間でどのように協調が図られているのかに関する研究は乏しく，外部の参加者の参与方法や影響力の程度に関してもまだまだ研究の余地が存在している。今後，気候変動政策に関与するアクターをさらに特定化し，影響力を有する人物や団体についての研究が行われ，気候変動政策の形成過程がもう一歩明らかになることが期待される。

おわりに

気候変動問題は代表的なグローバル・イシューとして，世界的に注目されてきた問題であり，近年中国国内においても高い関心が寄せられている。現在，中国は世界第1位の二酸化炭素排出国かつ世界第2位の経済大国であり，また世界有数の再生可能エネルギー大国でもあり，気候変動問題をめぐるグローバル・ガバナンスにおいてかつてよりも大きな責任と役割を背負っている。中国指導層も気候変動対策を重要視するようになり，気候変動問題は高い政治的な地位を得たといってもよく，特に国際協力の面において頻繁に強調される問題となっている。

学術界においても，本章で扱った先行研究を含め，これまで中国の環境外交や気候変動政策について盛んに研究がなされ，約30年の歴史の中での変化について説明されてきた。中国にとって気候変動問題は単なる外交問題ではなくなり，国内の発展の問題としても認識されるようになり，現在の中国気候変動政策は，外交政策，経済政策，持続可能な開発政策，エネルギー政策，環境政策，科学技術政策，一帯一路政策など様々な側面を有しており，利害の多様化からステークホルダーが増加し，その政策形成及び決定過程が複雑化している。近年においては，中国気候変動政策に関する研究は，国際政治における中国の台頭や中国社会の多元化などの要素と関連しながら多様な研究がなされている。公開情報の面で制限がありながらも，大規模なインタビュー調査やアンケート調査に基づく研究も登場してきていることにより，中国の気候変動政策に関する政治過程は徐々に解明されつつあり，今後の更なる研究の発展が期待される。

1）日本語訳は中国大手国営メディアの新華社による翻訳に依拠する。新華社「習近平氏：小康社会の全面的完成の決戦に勝利し，新時代の中国の特色ある社会主義の偉大な勝利をかち取ろう――中国共産党第19回全国代表大会における報告」http://jp.xinhuanet.com/201710/28/c_136711568.htm（最終アクセス：2018年8月23日）

2）王之佳編著『中国環境外交』北京：環境科学出版社，1999年。

3）王之佳編著『中国環境外交　上』北京：中国環境科学出版社，2012年，157頁。

4）黄全勝『環境外交総論』北京：中国環境科学出版社，2008年，202頁。

5）Bjørkum, Ida, *China in the International Politics of Climate Change: A Foreign Policy Analysis*, FNI Report 12/2005, Lysaker: Fridtjof Nansen Institute, 2005.

6）Harris, Paul G., and Hongyuan Yu, "Environmental Change and the Asia Pacific: China Responds to Global Warming," *Global Change, Peace & Security*, vol. 17, no. 1, 2005, pp. 45-58.

7）馬建英「国内結構与制度影響：国際気候制度在中，美両国的影響研究」，復旦大学博士学位論文（国際関係），2011年。

8）馬建英「全球気候外交的興起」『外交評論』2009年第6期，30-45頁。

9）厳双伍，肖蘭蘭「中国参与国際気候談判的立場演変」『当代亜太』2010年第1期，79-90頁。

10）張海浜「中国在国際気候変化談判中的立場：連続性与変化及其原因探析」『世界経済与政治』2006年第10期，36-43頁。

11）同書，38頁。

12）Harrington, Jonathan, "'Panda Diplomacy': State Environmentalism, International Relations and Chinese Foreign Policy," in Paul G. Harris, ed., *Confronting Environmental Change in East and Southeast Asia: Eco-politics, Foreign Policy and Sustainable Development*, Tokyo: United Nations University Press, 2005, p. 110.

13）Zhang, Zhihong, "The Forces behind China's Climate Change Policy," in P. G. Harris, ed., *Global Warming and East Asia: The Domestic and International Politics of Climate Change*, London: Routledge, 2003, pp. 66-85.

14）Lee, Ho-Ching, "China and the Climate Change Agreements: Science, Development and Diplomacy," in Harris, Paul G., ed., *Confronting Environmental Change in East and Southeast Asia: Eco-politics, Foreign Policy and Sustainable Development*, Tokyo: United Nations University Press, 2005, pp. 135-150.

15）張海浜「中国与国際気候変化談判」『国際政治研究』2007 年第 1 期，21–36 頁。
16）Sprinz, Detlef, and T. Vaahtoranta, "The Interest-Based Explanation of International Environmental Policy," *International Organization*, vol. 48, no. 1, 1994, pp. 77–105.
17）Lieberthal, Kenneth, and Michel Oksenberg, *Policy Making in China: Leaders, Structures, and Processes*, Princeton, N.J.: Princeton University Press, 1988; Lieberthal, Kenneth, and David M.Lampton, eds., *Bureaucracy, Politics, and Decision Making in Post, Mao China,* Berkeley: University of California Press, 1992.
18）Economy, Elizabeth, "Chinese Policy-making and Global Climate Change: Two-front Diplomacy and the International Community," in Schreurs, Miranda A., and E. Economy, eds., *The Internationalization of Environmental Protection*, Cambridge: Cambridge University Press, 1997, pp. 19–41.
19）Hatch, Michael T., "Chinese Politics, Energy Policy, and the International Climate Change Negotiations," in Paul G. Harris, ed., *Global Warming and East Asia: The Domestic and International Politics of Climate Change*, London: Routledge, 2003, pp. 43–65.
20）Heggelund, Gørild, "China's Climate Change Policy: Domestic and International Developments," *Asian Perspective*, vol. 31, no. 2, 2007, pp. 155–191.
21）Jeon, Hyung-Kwon, and Seong-Suk Yoon, "From International Linkages to Internal Divisions in China: The Political Response to Climate Change Negotiations," *Asian Survey*, vol. 46, no. 6, 2006, pp. 846–866.
22）Stensdal, Iselin, *China's Climate-Change Policy 1988–2011: From Zero to Hero?*, FNI-report 9/2012, Lysaker: Fridtjof Nansen Institute, 2012.
23）Wübbeke, Jost, "China's Climate Change Expert Community: Principles, Mechanisms and Influence", *Journal of Contemporary China*, vol. 82, issue 22, 2013, pp. 712–731.
24）Wübbeke による影響力の 4 つの段階を説明すると，無知のレベルでは，専門家と政治との交流はなく，参加のレベルでは専門家は時おり政治領域との接触があるものの，彼らの意見は政策形成過程においてあまり重要であると認識されていない段階である。重大な意義のレベルになると，政治家は科学の共通認識が政策決定の基礎であると認識するようになり，専門家は政府に対する政策提言などで影響力を発揮し，政治家と官僚の交流が制度化されている段階になる。そして，行動のレベルにおいては，専門家の意見は革新的な政策に繋がり，科学知識が政治行動を変化させる作用を果たすようになる。
25）Teets, Jessica, "The Power of Policy Networks in Authoritarian Regimes: Changing Environmental Policy in China," *Governance*, 2018, vol.31, pp.125–141.（https://doi.org/10.1111/gove.12280）

26）中国では民政部が二重管理体制と呼ばれる方法で社会組織を管理しており，社会組織が民政部に登録を申請する際には必要条件として監督機関（スーパーバイザー）を要求していた。この監督機関は社会組織の業務内容に関連する機関である必要があり，1つの監督機関は1つの社会組織しか担当できないことになっている。そして監督機関は，社会組織の財政や人事，研究活動や国外機関との接触，資金援助などを監督する。この二重管理体制は社会組織の発展と自立性を抑制することを目的に設置された制度であった。

27）Charles F. Sabel と David G. Victor（2015年）によると，実験と学習を行いながらボトムアップ式にガバナンスを行っていくのも1つの良い方法であるという。ボトムアップ式の気候変動ガバナンスが有効に機能するためには，彼らは実験主義ガバナンス（experimental governance，XG）の視角から，しっかりとした検証と評価制度を確立して，国家の温室効果ガス削減に向けた行動を管理することが必要であると考える。ただし，実験主義ガバナンスは，暫定的な目標を設定し，検証を経て修正したのち普及へと向かうといった制度化のプロセスを必要とするが，彼らは現在の気候変動レジームにはこのような制度化がなされていないと指摘している。ボトムアップ型の気候変動ガバナンスが有効に機能するには，今後削減目標の設定や審査メカニズムなどを改善し，国家の行動を促し，審査機能を担うNGOなどの市民社会の参加を同時に促していく必要があるという。

28）李慧明「全球気候治理新変化与中国的気候外交」『南京工業大学学報（社会科学版）』第16巻第1期，2017年，29-39頁。

29）中米協力に関する研究としては例えば以下のものがある。李志東「『パリ協定』の合意形成における米中の『率先垂範』とCOP21後の課題」『環境経済・政策研究』第9巻第1号，2016年3月，93-97頁；陳定定「合作，衝突与過程建構主義：以中美新型大国関係的建立為例」『世界経済与政治』2016年第10期，59-74頁；李強「中美気候合作与『パリ協定』」『理論視野』2016年第3期，67-70頁；Cheng, Fang-Ting, “The Strategic Partnerships on Climate Change in Asia-Pacific Context: Dynamics of Sino-U.S. Cooperation,” in W. L. Filho, ed., *Climate Change in the Asia and Pacific Region*, Cham: Springer, 2015, pp. 227-244.

30）パリ協定は外務省の日本語訳を参照。最終アクセス：2018年8月29日，https://www.mofa.go.jp/mofaj/files/000151860.pdf

31）高村ゆかり「パリ協定における義務の差異化――共通に有しているが差異のある責任原則の動的適用への転換」松井芳郎他編『21世紀の国際法と海洋法の課題』東信堂，2016年，244頁。

32）人民網「中美気候変化連合声明発表」，最終アクセス：2018年8月29日，http://politics.people.com.cn/n/2014/1115/c70731-26030589.html

33）張海浜「『中美気候変化連合声明』凸顕四大亮点」『新華網』2014年11月15日。現在新華網上では閲覧できず，鳳凰網で新華網からの転載を閲覧できる。最終アクセス：2018年8月29日，http://news.ifeng.com/a/20141115/42478397_0.shtml

34）田村堅太郎「国際気候変動レジームにおける中国の交渉ポジションと国内政治」

亀山康子／高村ゆかり編『気候変動と国際協調――京都議定書と多国間協調の行方』慈学社出版，2011 年，278-309 頁。

35）Qi, Ye, et al., "Translating a Global Issue into Local Priority: China's Local Government Response to Climate Change," *The Journal of Environment & Development*, vol. 17, no. 4, 2008, pp. 379-400.

36）孫学峰，李銀株「中国与 77 国集団気候変化合作機制研究」『国際政治研究』2013 年第 1 期，88-102 頁。

37）小柳秀明は 2008 年の北京オリンピック開催が気候変動政策を含む環境政策の発展に影響を与えたと考えている。参照：小柳秀明「北京オリンピックと中国環境問題」『東亜』第 487 号，2008 年 1 月，2-35 頁。

38）中国人民政府ウェブサイト「温家宝出席第 6 次全国環境保護大会並作重要講話」，最終アクセス：2018 年 8 月 29 日，http://www.gov.cn/ldhd/2006-04/18/content_256946.htm

39）評価報告の中では，2020 年の GDP 単位当たりの CO_2 排出量を 2000 年比で 40％以上削減する目標を示した。青山周『政策空間としての中国環境――中国環境政策研究』明徳出版社，2011 年，94 頁。

40）次の文献を参照されたい。小柳秀明「最近の中国の環境政策動向――『節能減排』（省エネ・排出削減）」『環境研究』第 149 号，2008 年 5 月，5-12 頁。

41）Jakobson, Linda and D. Knox, *New Foreign Policy Actors in China*, Solna, Sweden: SIPRI, 2010.

42）*Ibid.*

43）薄によれば「協力能力」とは具体的に言うと，経済発展レベルや技術レベル以外にも「気候変動に対する科学研究や評価能力，国際気候変動交渉における交渉能力，気候変動対策関連の法政策の制定能力，及び国際条約や関連政策の履行能力」を含む。参照：薄燕「合作意願与合作能力：一種分析中国参与全球気候変化治理的新枠架」『世界経済与政治』2013 年第 1 期，135-155 頁。

44）Qi, Ye, et al., 2008.

45）Teets, Jessica, 2017; Wübbeke, Jost, 2013.

46）例えば次のような研究が存在する。Economy, Elizabeth and M. Oksenberg, *China Joins the World: Progress and Prospects*, NY: Council on Foreign Relations Press, 1999; Jacobson, Harold K., and M. Oksenberg, *China's Participation in the IMF, the World Bank, and GATT: Toward a Global Economic Order*, Ann Arbor, MI: The University of Michigan Press, 1990; Johnston, A. Iain, *Social States: China in International Institutions 1980-2000*, NJ: Princeton University Press, 2008; Oksenberg, Michel, and E. Economy, "China's Accession to and Implementation of International Environmental Accords 1978-1995," Occasional paper, Asia/Pacific Research Center, Stanford University, 1998；謝喆平『中国与連合国教科文組織的関係演進』北京：教育科学出版社，2010 年。

参考文献

日本語文献：

青山周『政策空間としての中国環境――中国環境政策研究』明徳出版社，2011年。

小柳秀明「北京オリンピックと中国環境問題」『東亜』第487号，2008年1月，22-35頁。

小柳秀明「最近の中国の環境政策動向――『節能減排』（省エネ・排出削減）」『環境研究』第149号，2008年5月，5-12頁。

高村ゆかり「パリ協定における義務の差異化――共通に有しているが差異のある責任原則の動的適用への転換」松井芳郎他編『21世紀の国際法と海洋法の課題』東信堂，2016年，228-248頁。

田村堅太郎「国際気候変動レジームにおける中国の交渉ポジションと国内政治」亀山康子／高村ゆかり編『気候変動と国際協調――京都議定書と多国間協調の行方』慈学社出版，2011年，278-309頁。

李志東「『パリ協定』の合意形成における米中の『率先垂範』とCOP21後の課題」『環境経済・政策研究』第9巻第1号，2016年3月，93-97頁。

英語文献：

Bjørkum, Ida, *China in the International Politics of Climate Change: A Foreign Policy Analysis*, FNI Report 12/2005, Lysaker: Fridtjof Nansen Institute, 2005.

Cheng, Fang-Ting, "The Strategic Partnerships on Climate Change in Asia-Pacific Context: Dynamics of Sino-U.S. Cooperation," in W. L. Filho, ed., *Climate Change in the Asia and Pacific Region*, Cham: Springer, 2015, pp. 227-244.

Economy, Elizabeth, "Chinese Policy-making and Global Climate Change: Two-front Diplomacy and the International Community," in Schreurs, Miranda A., and E. Economy, eds., *The Internationalization of Environmental Protection*, Cambridge: Cambridge University Press, 1997, pp. 19-41.

Economy, Elizabeth and M. Oksenberg, *China Joins the World: Progress and Prospects*, NY: Council on Foreign Relations Press, 1999.

Harrington, Jonathan, "'Panda Diplomacy': State Environmentalism, International Relations and Chinese Goreign Policy," in Paul G. Harris, ed., *Confronting Environmental Change in East and Southeast Asia: Eco-politics, Foreign Policy and Sustainable Development*, Tokyo: United Nations University Press, 2005, pp. 102-118.

Harris, Paul G., and Hongyuan Yu, "Environmental Change and the Asia Pacific: China Responds to Global Warming," *Global Change, Peace & Security*, vol. 17, no. 1, 2005, pp. 45-58.

Hatch, Michael T., "Chinese Politics, Energy Policy, and the International Climate Change Negotiations," in Paul G. Harris, ed., *Global Warming and*

East Asia: The Domestic and International Politics of Climate Change, London: Routledge, 2003, pp. 43–65.

Heggelund, Gørild, "China's Climate Change Policy: Domestic and International Developments," *Asian Perspective*, vol. 31, no. 2, 2007, pp. 155–191.

Jacobson, Harold K., and M. Oksenberg, *China's Participation in the IMF, the World Bank, and GATT: Toward a Global Economic Order*, Ann Arbor, MI: The University of Michigan Press, 1990.

Jakobson, Linda and D. Knox, *New Foreign Policy Actors in China*, Solna, Sweden: SIPRI, 2010.

Jeon, Hyung-Kwon, and Seong-Suk Yoon, "From International Linkages to Internal Divisions in China: The Political Response to Climate Change Negotiations," *Asian Survey*, vol. 46, no. 6, 2006, pp. 846–866.

Johnston, A. Iain, *Social States: China in International Institutions 1980–2000*, NJ: Princeton University Press, 2008.

Lee, Ho-Ching, "China and the Climate Change Agreements: Science, Development and Diplomacy," in Harris, Paul G., ed., *Confronting Environmental Change in East and Southeast Asia: Eco-politics, Foreign Policy and Sustainable Development*, Tokyo: United Nations University Press, 2005, pp. 135–150.

Lieberthal, Kenneth, and Michel Oksenberg, *Policy Making in China: Leaders, Structures, and Processes*, Princeton, N. J.: Princeton University Press, 1988.

Lieberthal, Kenneth, and David M. Lampton, eds., *Bureaucracy, Politics, and Decision Making in Post-Mao China*, Berkeley : University of California Press, 1992.

Oksenberg, Michel, and E. Economy, "China's Accession to and Implementation of International Environmental Accords 1978–1995," Occasional paper, Asia/Pacific Research Center, Stanford University, 1998.

Qi, Ye, et al., "Translating a Global Issue into Local Priority: China's Local Government Response to Climate Change," *The Journal of Environment & Development*, vol. 17, no. 4, 2008, pp. 379–400.

Sabel, Charles F. and David G. Victor, "Governing Global Problems under Uncertainty: Making Bottom-up Climate Policy Work," *Climatic Change*, 2015, pp. 1–13.

Sprinz, Detlef, and T. Vaahtoranta, "The Interest-Based Explanation of International Environmental Policy," *International Organization*, vol. 48, no. 1, 1994, pp. 77–105.

Stensdal, Iselin, *China's Climate-Change Policy 1988–2011: From Zero to Hero?*, FNI-report 9/2012, Lysaker: Fridtjof Nansen Institute, 2012.

Teets, Jessica, "The Power of Policy Networks in Authoritarian Regimes: Changing Environmental Policy in China," *Governance*, 2018, vol. 31, pp.125–141.

Wübbeke, Jost, "China's Climate Change Expert Community: Principles, Mechanisms and Influence", *Journal of Contemporary China*, vol. 82, issue 22, 2013, pp. 712–731.

Zhang, Zhihong, "The Forces behind China's Climate Change Policy," in P. G. Harris, ed., *Global Warming and East Asia: The Domestic and International Politics of Climate Change*, London: Routledge, 2003, pp. 66–85.

中国語文献：

薄燕「合作意願与合作能力：一種分析中国参与全球気候変化治理的新枠架」『世界経済与政治』2013 年第 1 期，135–155 頁。

陳宝明『気候外交』上海：立信会計出版社，2011 年。

陳定定「合作，衝突与過程建構主義：以中美新型大国関係的建立為例」『世界経済与政治』2016 年第 10 期，59–74 頁。

黄全勝『環境外交総論』北京：中国環境科学出版社，2008 年。

李慧明「全球気候治理新変化与中国的気候外交」『南京工業大学学報（社会科学版）』第 16 巻第 1 期，2017 年，29–39 頁。

李強「中美気候合作与『パリ協定』」『理論視野』2016 年第 3 期，67–70 頁。

馬建英「全球気候外交的興起」『外交評論』2009 年第 6 期，30–45 頁。

馬建英「国内結構与制度影響：国際気候制度在中，美両国的影響研究」，復旦大学博士学位論文（国際関係），2011 年。

王之佳編著『中国環境外交　上』北京：中国環境科学出版社，2012 年。

孫学峰，李銀株「中国与 77 国集団気候変化合作機制研究」『国際政治研究』2013 年第 1 期，88–102 頁。

謝喆平『中国与連合国教科文組織的関係演進』北京：教育科学出版社，2010 年。

厳双伍，肖蘭蘭「中国参与国際気候談判的立場演変」『当代亜太』2010 年第 1 期，79–90 頁。

張海浜「中国在国際気候変化談判中敵立場：連続性与変化及其原因探析」『世界経済与政治』2006 年第 10 期，36–43 頁。

張海浜「中国与国際気候変化談判」『国際政治研究』2007 年第 1 期，21–36 頁。

第 8 章
放射性物質汚染廃棄物処理の現状と課題

齋藤俊明

はじめに

2011年3月11日午後2時46分，東日本大震災津波が発生した。被害の全容も明らかにならないままに，3日後の14日から15日未明にかけて，福島第一原子力発電所から放射性物質が漏洩し，15日の午前には，全国各地で放射性物質が観測された。文部科学省は，16日に，全国の大気中の放射線量を公表した。茨城県や栃木県など10都県で，過去の平常値の上限を超える放射線量が測定された。

アメリカ合衆国エネルギー省は，3月17から19日にかけて，米軍機に空中測定システムを搭載して，福島第一原子力発電所から半径約45kmの地域の放射線量を計測した。その結果，福島県浪江町や飯舘村を含む北西方向に，30km超にわたり，1時間あたり125μSvを超える地域が広がっていることが判明した。この線量は8時間で一般市民の年間被曝線量の限度を超える数値であった。

3月17日の夕方には，初日の測定結果が明らかにされ，測定結果をもとに作製された汚染地図は，3月18日と20日の計2回，在日米大使館経由で外務省に電子メールで提供され，直後に，経済産業省の原子力安全・保安院と文部科学省に転送された。しかし，原子力安全・保安院と文部科学省は，データを公表しなかっただけでなく，首相官邸や原子力安全委員会にも伝えなかった[1)]。

3月18日，包括的核実験禁止条約機構（CTBTO）は，福島第一原子力発電

所の事故によって放出された放射性物質と見られるキセノン133が，15日から16日にかけて，アメリカ合衆国カリフォルニア州サクラメントで検出されたと発表した。同様の放射性核種は，ロシア，カナダをはじめとする北半球の全観測所において観測され，南半球もあわせ，63か所のうち38か所で検出された[2)]。

文部科学省は，4月1日，大気や土壌などの放射能汚染についての調査結果を発表した。大気中の放射線量は，8都県で，平常の最大値を上回ったが，放射線量が高かった福島県葛尾村，浪江町の土壌についても，プルトニウムはいずれも検出されず，ウランも自然界に存在する程度の値であった。大気中の放射線量は，その後，多くの地点で，微減傾向が続いた。

4月8日，京都大学や広島大学の調査によって，被害の新たな可能性が明らかにされた。福島第一原子力発電所から30㎞圏外にある福島県飯舘村では，土壌汚染によって，3か月後も，最高地点で，平常時の約400倍の放射線が出続ける可能性があった。3か月間の放射線積算量は，国が避難の目安として検討中の20mSvを超える値であった。土壌汚染は，広範囲にわたって不規則に広がっている可能性があった。

4月11日，東日本大震災復興構想会議の開催が閣議決定された。大規模な地震と津波に加え，原子力発電施設の事故が重なるという未曾有の大災害の発生から1か月が経過していた。14日には，東日本大震災復興構想会議が開催され，東日本大震災復興構想会議議長に対して，「東日本大震災による被災地域の復興に向けた指針策定のための復興構想について」という諮問がなされた。

東日本大震災復興構想会議においては，被災地の現状と取り組みについて示した資料として，「東日本大震災の被災地の状況等について（総論）」のほかに，「被災者支援の状況」，「原子力対策の状況」，「地震災害と原子力災害の指揮系統について」が添付された。「原子力対策の状況」については，福島第一原子力発電所等の状況，被災者等の状況，原子力被災者生活支援の3項目について報告された。

東日本大震災復興構想会議による提言「復興への提言～悲惨のなかの希望～」が答申されたのは，6月25日であった。提言は，冒頭で，〈復興構想7原則〉を示したうえで,〈前文，本論（第1章　新しい地域のかたち，第2章　くらしとしごとの再生，第3章　原子力災害からの復興に向けて，第4章　開かれた復興），結び，資料編，参考資料〉という構成において復興の方向性を明らかにした。

東日本大震災復興構想会議の提言によって対策の全体的方向性は明らかになった。しかし，原子力災害に関する提言は抽象的，消極的なものにとどまった。提言は,「放射性物質の除去については，知見が十分に得られていない状況にあるため，関係研究機関の叡智を結集させて，現場レベルでの実証を行いつつ，除染に関する手法を早期に確立し，これを着実に実施すべきである」というものであった[3)]。

福島第一原子力発電所の事故について，東日本大震災復興構想会議の提言は,「パンドラの箱があいた時に，人類の上にありとあらゆる不幸が訪れたのと類似の事態が，思い浮ぶ。……それから人類はあらゆる不幸の只中にあって，この『希望』を寄りどころにして，苦しい日々をたえた」と述べている。提言においては,「希望」が将来へ展望を切り開く拠りどころであった。

大量の放射性物質が大気中に放出されるという事態は，環境政策においても，エネルギー政策においても，想定外のことであった。事態を前にして，まさに「希望」以外に拠り所はなかった。事故から3か月後に発表された平成23年版環境白書の環境汚染リスクに対する認識は希薄であり,「原子力政策を含むエネルギー政策全体についての議論が必要である」と指摘するにとどまっていた[4)]。

事故から7年が経過して，平成30年版までの環境白書を一瞥するとき，原子力政策は，国際的循環型社会の構築という枠組みの外において再構築されようとしている。しかも，2017年7月には，放射性廃棄物の最終処分地として可能性の高い地域を色分けした日本地図が公表され，8月に開催された「総合資源エネルギー調査会基本政策分科会」では，原子力発電所の新増設や建て替えの必要性を訴える意見が相次いだ[5)]。

福島第一原子力発電所の廃止措置などに向けた中長期ロードマップの進捗状況に関する最新の報告によれば，廃炉・汚染水対策は安全かつ着実に進められている[6)]。そうしたなか，事故に伴う諸問題のなかでも，置き去りにされつつあるのが，除染特別地域に指定されている福島県以外の，汚染状況重点調査地域に指定された市町村における放射性物質によって汚染された指定廃棄物の処理の問題である。

指定廃棄物の処理については，2011 年 11 月 11 日に，「放射性物質汚染対処特措法に基づく基本方針」において，指定廃棄物の処理は排出された都道府県内で行うという方針が閣議決定され，2012 年 3 月 30 日には，「指定廃棄物の今後の処理の方針」が示された。8,000Bq/kg を超える廃棄物は指定廃棄物として環境大臣が指定を行い，国の責任において処理することになった[7)]。

「指定廃棄物の今後の処理の方針」では，〈基本的な処理の方針〉と〈都道府県別の指定廃棄物の処理の方針〉が示され，都道府県別の指定廃棄物の処理については，〈基本的な処理の方針〉に基づいて処理の具体化を進めるという方針が明らかにされた。2012 年 3 月 26 日時点で，13 都道県において保管されている 8,000Bq/kg を超える廃棄物の推計量はおよそ 5 万トン程度と見込まれていた。

3 月 26 日時点で，指定廃棄物として指定されているのは，焼却灰，浄水発生土，下水汚泥であり，農林業系副産物（稲わら，牧草等）は指定されていなかった。12 月 28 日時点では，指定廃棄物の量は，11 都県で，98,793 トンであった。指定廃棄物の大部分は焼却灰で，農林業系副産物は，宮城県，福島県，栃木県において指定され，6,983.2 トンであった。宮城県，福島県，栃木県以外の都県では，指定されなかった[8)]。

環境省は，「指定廃棄物の今後の処理の方針」に基づいて，岩手県，宮城県，茨城県，栃木県，群馬県，千葉県に対して相応の対応を求めた。岩手県は，農林業系副産物の処理については，一関市において，各家庭などから排出される生活ごみと放射性物質を含む牧草（8,000Bq/kg を超えるものを含む 1,400 トンを予定）を混焼しながら焼却処理する実証事業を環境省の委託事業として受け入れた。

8,000Bq/kg を超える廃棄物の発生量が多く，保管が逼迫していた宮城県，茨城県，栃木県，群馬県，千葉県に対して，環境省は，最終処分場の選定を要請した。環境省は，2012 年 9 月 3 日には，栃木県及び矢板市に対して，9 月 27 日には，茨城県及び高萩市に対して，最終処分場の候補地を提示した。しかし，矢板市では，地元の反発が強く，説明は未実施に終わった。

環境省は，2013年２月25日，「指定廃棄物の最終処分場候補地の選定に係る経緯の検証及び今後の方針」において，事態についての検証を行った。市町村との意思疎通不足，候補地の提示にあたっての詳細な調査，専門的評価の不足，状況を踏まえた対応の不十分さなどを指摘するとともに，今後の方針として，共通理解の醸成，専門家による評価の実施，候補地の安全性に関する詳細調査の実施を指摘した[9)]。

環境省は，その後，宮城県，茨城県，栃木県，群馬県，千葉県において，市町村長会議の開催，県や市町村との意見交換，有識者会議の開催を通して，科学的・技術的な観点からの議論や丁寧な説明を行い，最終処分場をどこに確保するのかという，最終処分場候補地の選定手順の考え方を示した。宮城県と栃木県においては，2013年12月に，地域特性に配慮すべき事項等々，候補地の選定手法が決定された。

環境省は，2014年１月20日，宮城県に対して，詳細調査を行う候補地を３か所公表した。同日，加美町長は，選定経過や評価項目に疑義があり，詳細調査に協力できないとした。加美町では，反対運動によって現地調査が実施できなかった。加美町が市町村長会議で白紙撤回を申し入れたことを受け，調査を容認してきた栗原市，大和町も候補地の返上を表明した[10)]。問題は，環境省の方針転換によって解決されるものではなかった。

最終処分場の候補地選定をめぐって事態は錯綜しているが，指定廃棄物の処理方法には，３つのタイプがある。第１のタイプは，分散保管されている指定廃棄物を集約して処理するために最終処分場（長期管理施設）を整備するものである。第２のタイプは，現地保管を継続して，8,000Bq/kg以下に自然減衰後，段階的に既存の処分場等で処理するものである。

第３のタイプは，「廃棄物の混焼，希釈などにより放射性物質濃度を8,000Bq/kg以下に抑制しながら既存の廃棄物焼却施設，最終処分場等を活用して埋立てる」という岩手県の方針である。一関市における環境省の実証事業の結果を受け，岩手県では，この方針に基づいて，既存の廃棄物焼却施設において農林業系副産物の焼却処理が進められ，焼却灰は最終処分場に埋め立てられた。

指定廃棄物の処理方法について３つのタイプを示したが，環境省の方針からすると，放射能濃度は自然減衰するとはいっても，いずれの処理方法においても，指定廃棄物は長期にわたって残存することになる。岩手県においても，セシウム濃度が高い稲わらや堆肥，ほだ木などについては，仮設テントで一時保管されている。最終処分場（長期管理施設）の問題は，岩手県においても，なくなったわけではない。

最終処分場（長期管理施設）の問題は解決の糸口を見つけだせない状況にあるが，宮城県，栃木県における反対運動からも明らかなように，根はさらに深いところにあるように思われる。そこで，本章では，放射性物質によって汚染された指定廃棄物の処理をめぐる諸施策の展開を，国，県，市においてあとづけ，放射性物質汚染廃棄物処理の現状と課題について検討する。

検討にあたっては，具体的事例として，放射性物質汚染対策措置法に基づいて汚染状況重点調査地域に指定された岩手県一関市を取り上げる。一関市の事例は，放射性物質汚染廃棄物処理問題にとどまらず，仮設焼却施設，新焼却施設，新最終処分場の建設が，「循環型社会・低炭素社会の形成」という理念のもとに構想され，環境基本計画の理念や地球生態系の持続可能性という視点と複雑に交錯していて，対象として好例である。

１．国の放射性物質対策

東日本大震災復興構想会議に対する諮問は，原発事故関連について次のように述べている。「原子力発電施設の事故による被災地域については，まずは，原子力発電所の安全確保，放射性物質の飛散防止等の対策に万全を期し，不安の解消に取り組むべきであり，こうした点に十分配慮することが復興に向けての不可欠な大前提である[11)]。」事故から１か月ということもあるが，内容は形式的なものにとどまっている。

諮問に対する東日本大震災復興構想会議の答申は，６月25日に，提言「復興への提言～悲惨のなかの希望～」という標題において提出された[12]。提言は，冒頭で，「復興構想7原則」を確認している。原発事故については，「原則6：原発事故の早期収束を求めつつ，原発被災地への支援と復興にはより一層のきめ細やかな配慮をつくす」と述べている。

提言の構成は，〈Ⅰ．前文，Ⅱ．本論－第1章　新しい地域のかたち，第2章　くらしとしごとの再生，第3章　原子力災害からの復興に向けて，第4章　開かれた復興，Ⅲ．結び，Ⅳ．資料編，Ⅴ．参考資料〉となっている。〈前文〉の記述は，答申とは思えない「文学的な」表現に終始している。しかも，その文体には，事態の深刻さを真正面から引き受けているとは思えないような軽さが感じられる。

提言は，原発事故について次のように述べている。「そして続けて第三の崩落がこの国を襲う。言うまでもない，原発事故だ。一瞬の恐怖が去った後に，収束の機をもたぬ恐怖が訪れる。かつてない事態の発生だ。かくてこの国の『戦後』をずっと支えていた“何か”が，音をたてて崩れ落ちた。」提言は，「希望」という言葉を20か所において使用しているが，崩落の後には，「希望」以外に拠りどころはなかった。

原発事故については，具体的には，第3章において，一刻も早い事態の収束と国の責務，被災者や被災自治体への支援，放射線量の測定と公開，土壌汚染等への対応，健康管理，という項目立てにおいて方向性が示されている。〈序〉における記述は，「パンドラの箱」と「希望」という修辞によって，事故の向こう側に「希望」に満ちた復興を思い描いているが，事態の深刻さに対する意識は微塵も感じられない。

第3章の記述はいずれも形式的なものである。〈土壌汚染等への対応〉については，「汚染状況などの専門的・継続的な把握だけでなく，一元的な情報の集約と提供を図る必要がある」，「放射性物質の除去については，知見が十分に得られていない状況にあるため，関係研究機関の叡智を結集させて，現場レベルでの実証を行いつつ，除染に関する手法を早期に確立し，これを着実に実施すべきである」と述べている。

また，〈7．復興に向けて〉における「大学，研究機関，民間企業等の協力の下，内外の叡智を結集する開かれた研究拠点を形成する。そこでは，環境修復に関する国際的にみて最先端の取組を推進することが重要である」という記述は，別の意味において，「この国の『戦後』をずっと支えていた“何か”」としての原子力政策，原子力発電所の増設は一体何だったのか，という疑問を呈せざるをえないものである。

東日本大震災復興構想会議に対する諮問の原発事故に関する記述は，次のようなものである。「原子力発電施設の事故による被災地域については，まずは，原子力発電所の安全確保，放射性物質の飛散防止等の対策に万全を期し，不安の解消に取り組むべきであり，こうした点に十分配慮することが復興に向けての不可欠な大前提である。」放射性物質によって汚染された廃棄物の処理については何も言及されていない。

4月15日の閣議後の記者会見で，海江田経済産業相は，「原発敷地内にある放射性物質で汚染されたがれきは原子炉等規制法で対応できるが，……福島第一原子力発電所から敷地外にまき散らされた放射性物質に汚染されたがれきの扱いを，従来の法律では想定しておらず，撤去の大きな障害になりかねない」と述べている。放射性物質汚染廃棄物は，廃棄物処理法が想定していない「法の空白に生まれた問題」であった[13]。

環境省は，5月2日，「福島県内の災害廃棄物の当面の取扱い」方針を明らかにした。「当面の取扱い」となっているのは，汚染された災害廃棄物を適切に処理する方法を科学的かつ具体的に定めるには一定程度の時間が必要であるという理由によるものである。環境省は，同じ日に，厚生労働省，経済産業省との連名でも「福島県内の災害廃棄物の当面の取扱いについて」という方針を公表している[14]。

「福島県内の災害廃棄物の当面の取扱い」の趣旨は，汚染されたおそれのある災害廃棄物の処分を当面保留するというものであった。環境省は，災害廃棄物安全評価検討会を立ち上げ，5月15日に，第1回目の災害廃棄物安全評価検討会を開催した。議題は，福島県内の災害廃棄物の当面の取扱い，仮置き場における災害廃棄物の放射線モニタリング調査，災害廃棄物の処分方法などであった。

その後，福島県内外から，下水汚泥及びその焼却灰等の放射能濃度が高いことが相次いで報告された。原子力安全委員会は，6月3日，「東京電力株式会社福島第一原子力発電所事故の影響を受けた廃棄物処理処分等に関する安全確保の当面の考え方」を公表した。6月16日には，原子力災害対策本部が「放射性物質が検出された上下水処理等副次産物の当面の取扱いに関する考え方」を公表した。

原子力災害対策本部の通知を受け，環境省は，災害廃棄物安全評価検討会における「放射性物質により汚染されたおそれのある災害廃棄物の処理方針（案）」の検討を受け，6月23日に「福島県内の災害廃棄物の処理の方針」を公表した。これによって，上下水処理等副次産物と同様に，8,000Bq/kgまでの放射性物質を含む廃棄物については，一般廃棄物最終処分場（管理型最終処分場）で埋立処分が可能となった。

しかし，まもなくして，東京都の一般廃棄物焼却施設の飛灰から8,000Bq/kgを超える放射性セシウムが検出された。環境省は，事態を受けて，「一般廃棄物焼却施設における焼却灰の測定及び当面の取扱いについて」を作成して，6月28日付けで，東北地方及び関東地方等の16都県に対して，焼却灰の測定を要請するとともに，当面の取扱いを示した。8月29日には，測定結果を公表するとともに，対応方針を示した。

災害廃棄物安全評価検討会における検討課題は，第5回までは，福島県内の災害廃棄物の処分方法等を中心に，「福島県内の災害廃棄物の当面の取扱い」におけるテーマが取り上げられた。8月27日に開催された第6回の検討会では，26日に成立した放射性物質汚染対処特措法が取り上げられ，その後は，放射性物質汚染対処特措法に基づく基本方針などについて検討が行われた[15)]。

他方，原子力災害対策本部会議は，原子力緊急事態に関する緊急事態応急対策を推進するために，3月11日より断続的に開催され，8月26日には，原子力災害対策本部によって「除染推進に向けた基本的な考え方（案）」，「除染に関する緊急実施基本方針（案）」，「市町村による除染実施ガイドライン」が示され，公表された。当面の対応は，「除染に関する緊急実施基本方針」において明らかにされた。

「除染に関する緊急実施基本方針」は，放射性物質汚染対処特措法案の成立を待たずに対応する必要があること，施行にあたっては，区域の設定，技術基準の策定に時間を要すること，抜本的な除染措置が実施できるまでには一定期間の経過が必要であることから策定されたものである。同方針の内容は，放射性物質汚染対処特措法案が成立し，枠組みが立ち上がり次第，順次移行することとされた。

除染に伴って生じる土壌などの処理については，次のように述べられている[16)]。「国は，除染に伴って生じる放射性物質に汚染された土壌等の処理について責任を持って対応します。」「除染に伴って生じる土壌等は，当面の間，市町村又はコミュニティ毎に仮置場を持つことが現実的であり，国としては，財政面・技術面で市町村の取組に対する支援に万全を期して参ります。」

放射性物質汚染対処特措法が公布されたのは，8 月 30 日であった。放射性物質汚染対策の枠組みが示され，除染特別地域と汚染状況重点調査地域が規定された。除染特別地域は，警戒区域または計画的避難区域の指定を受けたことがある地域が指定された。また，年間の追加被ばく線量が 1mSv を超える地域は汚染状況重点調査地域として指定され，市町村が除染実施計画を定め，除染区域を決定することになった。

環境省は，10 月 29 日に，「東京電力福島第一原子力発電所事故に伴う放射性物質による環境汚染の対処において必要な中間貯蔵施設等の基本的考え方について」を公表した。これは，廃棄物や土壌の処分とそれに必要となる仮置場や中間貯蔵施設の基本的考え方を示したものである。福島県以外の都道府県については，中間貯蔵施設は設置せず，一般廃棄物最終処分場の活用によって処分を進めることとした[17)]。

11 月 11 日には，放射性物質汚染対処特措法に基づき，汚染状況についての監視・測定，汚染廃棄物の処理，土壌等の除染，除去土壌の収集・運搬・保管・処分に関する基本方針が閣議決定された。汚染廃棄物の処理については，現行の廃棄物処理法に基づく処理体制，施設などの積極的活用が明記された。指定廃棄物の処理は，排出された都道府県内で行うことになった。

12月14日には，汚染廃棄物対策地域の指定要件などを定める省令が公布され，汚染廃棄物対策地域及び除染特別地域には福島県の11市町村，汚染状況重点調査地域には福島県を含む8県104市町村が指定された。汚染状況重点調査地域の要件は，平均的放射線量が1時間あたり0.23μSvを超える地域である。岩手県では，一関市，奥州市，平泉町が指定され，除染実施計画を定め，除染区域を決定することになった。

12月27日には，「廃棄物関係ガイドライン」（事故由来放射性物質により汚染された廃棄物の処理等に関するガイドライン）が公表された。ガイドラインは，汚染状況調査方法，特定一般廃棄物・特定産業廃棄物関係，指定廃棄物関係，除染廃棄物関係，放射能濃度等測定方法の5部構成となっている。これによって，汚染廃棄物の調査，保管，収集・運搬，処分などの方法が周知されることになった[18]。

2012年1月1日，放射性物質汚染対処特措法が完全施行された。同法成立以前は，放射性物質汚染廃棄物の処理や除染について根拠法令や処理基準が存在していなかった。原子力災害対策本部や環境省は，以上のように，対応策を次々打ちだすことによって対処せざるをえなかった。しかし，同法は，福島第一原子力発電所の事故によって放出された放射性物質による環境汚染に対処するために定められたものであった。

汚染廃棄物は，放射性物質汚染対処特措法に基づいて，特定廃棄物と特定一般廃棄物及び特定産業廃棄物に区別され，特定廃棄物は，さらに，汚染廃棄物対策地域内にある廃棄物と指定廃棄物（8,000Bq/kg超）に区別された。指定廃棄物は，焼却灰，浄水発生土，下水汚泥，農林業系副産物，その他である。指定廃棄物の処理については，2012年3月30日に，「指定廃棄物の今後の処理の方針」が示された[19]。

「指定廃棄物の今後の処理の方針」においては，〈基本的な処理の方針〉に基づいて，〈都道府県別の指定廃棄物の処理の方針〉が示された。岩手県については，一関市において，2012 年 1 月から，各家庭などから排出される生活ごみと放射性物質を含む牧草（8,000Bq/kg を超えるものを含む）とを混焼しながら焼却処理するための実証事業を環境省の委託事業として実施していることを指摘している。

岩手県以外の 12 都道県については，〈基本的な処理の方針〉にしたがって処理の具体化を進めるという方針が示されるにとどまった。この時点では，指定廃棄物に指定されているものはないが，今後，指定廃棄物の指定申請が見込まれるものについて指摘されている。2013 年 8 月 31 日時点で，農林業系副産物の指定を受けているのは，宮城県，福島県，栃木県の 3 県である。

最終処分場の設置については，2012 年の 4 月から 5 月にかけて，8,000Bq/kg を超える廃棄物の発生量が多く，保管が逼迫している栃木県，茨城県，宮城県，群馬県，千葉県に対して，最終処分場の選定にかかる協力を要請した。7 月から 9 月にかけて，栃木県，茨城県，宮城県において市町村担当課長会議を開催して，選定手順，評価基準，提示方法について説明を行ったが，市町村から特段の意見はなかった。

環境省は，9 月 3 日には，栃木県及び矢板市に対して，9 月 27 日には，茨城県及び高萩市に対して最終処分場の候補地を提示した。しかし，10 月には，高萩市長，矢板市長が副大臣を訪問して，候補地の白紙撤回を要望した。環境省は，事態を受け，2013 年 2 月 25 日に，「指定廃棄物の最終処分場候補地の選定に係る経緯の検証及び今後の方針」において方針の転換を明らかにした[20]。

「指定廃棄物は，排出場所での保管が長期化しており，多量の指定廃棄物の処分を迅速に進めることが必要である一方，地元の理解と協力をいただかなければ，指定廃棄物の最終処分場等の設置は困難である。今後の最終処分場の候補地選定にあたっては，有識者会議の関与の下で安全の確保を図るとともに，県や市町村との意見交換等を重視し，手順を踏んで着実に前進できるよう全力で取り組む」と述べた。

汚染状況重点調査地域も含め，指定廃棄物は，2018 年 6 月 30 日の時点で，11 都県において，焼却灰，浄水発生土，下水汚泥，農林業系副産物など合計約 21

万トンが指定を受けている。指定廃棄物の指定について特徴的なのは，汚染状況重点調査地域に指定されている7県のうち，宮城県，福島県，茨城県，栃木県の4県では，農林業系副産物が指定されているが，その他では指定されていないという点である[21]。

農林業系副産物の数量は，順番に，栃木県が8,137トン，福島県が5,492.5トン，宮城県が2,274.4トン，茨城県が0.4トンである。数量の割合は，栃木県が全体の約60%，宮城県が約68%である。農林業系副産物が指定廃棄物に指定されているのには，理由がある。農林業系副産物を指定廃棄物として申請したかどうかである。岩手県は，申請せずに，一般廃棄物として処理することを選択した[22]。

指定廃棄物は，各地域のごみ焼却施設や下水処理施設，農地などにおいて，国のガイドラインにそって，遮水シート等で厳重に覆って飛散・流出を防ぐとともに，空間線量率を測定して周辺への影響がないことを確認しながら，一時保管されている。指定廃棄物の管理と処分は，放射性物質汚染対処特措法で，国が費用を負担して減容焼却と最終処分をするとして，各県が最終処分場候補地を決めることになっている。

宮城県，栃木県，千葉県，茨城県では，最終処分場の安全性を適切に確保するための対策や最終処分場を新たに設置するために候補地の選定手順などについて検討が行われ，宮城県，栃木県，千葉県においては，最終処分場の選定方法が確定した。茨城県と群馬県においては，現地保管継続・段階的処理の方針が決定した[23]。栃木県では，調査候補地を選定してから3年余りになるが，解決の糸口は見えていない。

宮城県における最終処分場の選定方法は，利用可能な国有地・県有地の中から，安全等の観点から避けるべき地域を除外したうえで，地域特性に配慮すべき事項を踏まえた地域を抽出，その後，必要面積が確保可能な土地を抽出したうえで，安心等の観点から候補地としてより望ましい土地を絞り込み，そのうえで，詳細な調査を行い安全等の評価を行ったうえで，国が最終的な候補地1か所を提示する，というものである。

茨城県における現地保管継続・段階的処理の方針は，「現地保管を継続し，8,000Bq/kg以下に自然減衰後，段階的に既存の処分場等で処理」，「8,000Bq/kg以下となるのに長期間を要する比較的濃度の高いものについては，1か所集約が望ましく，引き続き協力を依頼」，「自然減衰で8,000Bq/kg以下となったものについては指定解除の仕組み等を活用しながら，段階的に既存の処分場等で処理」というものであった。

千葉県では，柏市，松戸市などの東葛地域を中心に，9市で計3,710トン余りが分散保管されている。2014年4月に，市町村長会議で1か所に集約保管する方針が決まり，環境省は，2015年4月，東京電力千葉火力発電所（千葉市）を候補地に選定した。しかし，千葉市は，2016年7月に，保管する指定廃棄物の放射能濃度が指定基準を下回り，指定が解除されたことから，最終処分場の建設を拒否した。

環境省が2012年3月に示した「今後3年程度（平成26年度末）を目途とし……必要な最終処分場等を確保することを目指す」という目標は反故にされたまま，事態は深刻さの度を増している。他方で，2015年5月には，「特定放射性廃棄物の最終処分に関する基本方針」が閣議決定され，2017年7月には，高レベル放射性廃棄物の最終処分地として可能性の高い地域を示した「科学的特性マップ」が公表された[24]。

「特定放射性廃棄物の最終処分に関する基本方針」から「科学的特性マップ」へという展開は，「現世代の責任として将来世代に負担を先送りしない」という決意よりは，遅々として進まない高レベル放射性廃棄物の処理・処分問題を，福島第一原子力発電所の事故による放射性物質汚染廃棄物の処理問題を契機に，一挙に解決しようとするものである。放射性物質の性質からして，問題解決は先送りされたままである。

2018年7月に閣議決定された「第5次エネルギー基本計画」においては，原子力について，2030年に向けては，「存度を可能な限り低減と不断の安全性向上と再稼働」が，2050年に向けては，「脱炭素化の選択肢と安全炉追求／バックエンド技術開発に着手」が示された[25]。「事故の経験，反省と教訓を肝に銘じて取り組む」という決意は，資源の構造的脆弱性という脅し文句の背後に隠れてしまっている。

2．岩手県の原発放射線影響対策

(1)　復興基本計画と復興実施計画

岩手県においては，2011年3月11日の東日本大震災津波の発災から1か月後の4月11日に，緊急に取り組む内容，復興ビジョン及び復興計画の策定などについて明らかにした「東日本大震災津波からの復興に向けた基本方針」が決定された。5か月後の，8月11日には，「岩手県東日本大震災津波復興計画　復興基本計画」及び「岩手県東日本大震災津波復興計画　復興実施計画」が決定された[26)]。

復興基本計画は，「震災を乗り越えて力強く復興するための地域の未来の設計図」として，〈復興の目指す姿――いのちを守り海と大地と共に生きるふるさと岩手・三陸の創造」〉，〈3つの原則――「安全の確保」，「暮らしの再建」，「なりわいの再生」〉，そして復興基本計画の役割を明示するとともに，復興期間を2011年度から2018年度までの8年間とした。

復興実施期間は，第1期（基盤復興期間）を2011年度から2013年度まで，第2期（本格復興期間）を2014年度から2016年度まで，第3期（更なる展開への連結期間）を2017年度から2018年度までとした。岩手県は，年度ごとに計画の進捗状況を明らかにするとともに，社会資本の復旧・復興ロードマップ，主観指標・客観指標，県民意識調査などによって，復旧・復興の進捗状況を公表してきた。

福島第一原子力発電所の事故に関連する施策は，第2期においては，「原子力発電所事故に伴う放射線量の測定など監視体制の充実・強化及び放射性物質に係る健康不安の解消など安全対策の推進」という観点から，原発放射線影響対策事業（情報発信）」，「環境放射能水準調査事業」，「放射性物質除去・低減技術実証事業」,「放射性物質汚染廃棄物処理円滑化事業」が実施され，第3期においても継続されている。

(2) 「原発放射線影響対策の基本方針」他

福島第一原子力発電所から放射性物質が漏洩し，3月15日の午前には，全国各地で放射性物質が観測された。岩手県滝沢村の牧草から飼料の暫定許容値（300Bq/kg）を超える放射性セシウムが検出されたのは，2か月後の5月13日であった。6月に入って，一関市，遠野市，陸前高田市，藤沢町，平泉町，大槌町の牧草から放射性セシウムが検出された。事態を受け，岩手県は，6月22日に，原発放射線影響対応本部を設置した。

6月22日には金ケ崎町で放射能対策本部が設置され，7月には，盛岡市，8月には，岩泉町，二戸市，奥州市，9月には，滝沢村で放射能対策本部が設置された。一関市では，10月24日に，災害対策本部に放射線対策部会，放射線対策調整班が設置された。岩手県は，6月には，原発放射線影響対応本部を，7月には，原発放射線影響対策本部を設置した。

岩手県は，県内各地で，側溝など，空間線量率の高い箇所が見つかったため，7月に,「原発放射線影響対策の基本方針」を定めた[27)]。基本方針は5項目によって構成され,「基本的な考え方」では,「県は，全力を挙げて放射線影響に係る測定及び迅速・適切な公表を行うとともに，本県への影響等を把握し，的確な対策を速やかに講じることにより，県民の安全・安心の確保及び風評被害の防止を図る」と述べられた。

岩手県は，放射性物質の影響から県民の健康と安全を守るために，市町村と連携し，8月に,「原子力発電所事故に伴う放射線量等測定に係る対応方針」を策定することによって対応方針を明らかにするとともに，放射線量等の測定体制の整備等に取り組んだ。これによって，県内全域できめ細かい測定を，放射線の影響について把握するとともに，迅速かつ効果的な情報提供を行うことができるようになった。

9月には,「放射線量低減に向けた取組方針」によって，県が市町村と連携して行う地域における放射線量低減の取り組みの基本的な考え方を示した。日常生活から受ける追加被ばく線量の目標は1mSv以下，低減措置を実施する目安は空間線量率が毎時1mSv以上とされた。低減措置によって生じた土壌等及び廃棄物の管理については，国のガイドラインなどを踏まえ，適切な方法により保管，管理することになった。

10月には，「県産食材等の安全確保方針」策定された。方針は，生産環境の安全確保，県産食材などの安全確保，農林漁業者等への支援，消費者への県産食材等の安全性に関する情報提供についての基本的な考え方を示したものである。検査・調査対象品目は多岐にわたっている。また，対象区域も，国が示した枠組みにそって設定されたものもあれば，全市町村，全戸，県内全域などを県が独自に設定したものもあった。

8月30日，放射性物質汚染対処特措法が公布され，放射性質により汚染された廃棄物の処理に関する事項が明らかにされた。放射性物質を含む廃棄物は，国が処理をする対策地域内廃棄物，指定廃棄物，廃棄物処理法にもとづき自治体や廃棄物処理事業者が処理をする通常の廃棄物に分類された。環境省は，12月に，汚染された廃棄物の調査，保管，収集・運搬，処分について廃棄物関係ガイドラインを公表した。

岩手県は，2012年11月に，「放射性物質により汚染された廃棄物等の焼却・処分等に係るガイドライン」を公表した。ガイドラインは，汚染廃棄物等の焼却・処分等についての国のガイドライン等の補完，市町村における円滑な処理を促進するための支援策，放射性物資汚染廃棄物等の焼却・埋立等を促進するための基本的な考え方を示したものである[28)]。ガイドラインは，2014年4月に，改定されている。

ガイドラインは，東京都の一般廃棄物焼却施設の飛灰から8,000Bq/kgを超える放射性セシウムが検出されたことを受けて，2011年6月に公表された「一般廃棄物焼却施設における焼却灰の測定及び当面の取扱いについて」に呼応するものであるが，〈放射性物質汚染廃棄物等の処理に向けた基本的な考え方〉と〈放射性物質汚染廃棄物等の種類ごとの市町村等における処理等の指針〉は，注目に値する。

放射性物質汚染廃棄物等の処理に向けた基本的な考え方として,「放射性物質汚染廃棄物等の処理に当たっては,……廃棄物の混焼,希釈などにより放射性物質濃度を8,000Bq/kg以下に抑制しながら既存の廃棄物焼却施設,最終処分場等を活用して埋立てることを基本とし,市町村等が処理を円滑に進められるよう支援する」と述べている。農林業系副産物については,処理の手順を明らかにしている。

処理の手順については,〈①農家・牧草地⇒②保管施設(一時保管,ペレット化等)⇒③前処理施設(裁断等)⇒④一般廃棄物焼却施設(生活系廃棄物と混焼し,焼却灰を8,000Bq/kg以下に管理)⇒⑤一般廃棄物最終処分場(最終処分)〉と指示している。農林業系副産物は,2012年9月末には,保管中だった24市町村のうち,2014年3月末には,焼却処理済が5市町村,焼却処理中が7市町村となった。

一関市の大東清掃センターでは,2012年1月から2013年3月にかけて,放射性セシウム濃度8,000Bq/kgを超える牧草1,202トン(8,000Bq/kg以下を含む)について,一般廃棄物焼却施設において,一般ごみとあわせて焼却する実証事業が行われた。排ガスのモニタリングデータは下限値以下であり,焼却灰の埋立による放射性セシウムの環境への影響も見られず,安全に焼却できることが確認された。

注目すべき点は,農林業系副産物の処理についての考え方である。8,000Bq/kg以下だけでなく,8,000Bq/kgを超えるものについても,「廃棄物の混焼,希釈などにより放射性物質濃度を8,000Bq/kg以下に抑制しながら既存の廃棄物焼却施設,最終処分場等を活用して埋立する」という考え方である。岩手県は,宮城県,栃木県,茨城県とは異なり,農林業系副産物を指定廃棄物から除外した。

⑶ 取り組みと対策

岩手県による原発放射線影響対策の具体的な取り組みは,「岩手県東日本大震災津波復興計画の取組状況等に関する報告書　いわて復興レポート」とは別に,

2013年度（平成25年度）から年度ごとに「岩手県放射線影響対策報告書」として公表されている。報告書は，岩手県及び市町村が年度内に実施した対策の状況及び次年度に実施が予定されている対策を併催して，毎年6月に公表されている。

最初の報告書（2013年度版）は，「原子力発電所事故発生からの取組と平成26年度の対策」という副題を付され，〈第1章　重要課題への取組状況・注目情報，第2章　総合的な対策等に関する報告～原発事故発生から平成25年度～，第3章　各分野の対策等に関する報告～原発事故発生から平成25年度～，第4章　平成26年度に実施する対策等，第5章　資料編〉という構成で，2014年（平成26年）6月に公表された。

2014年度版は，〈第1章　岩手県の現状，重要課題への取組状況・注目情報，第2章　平成26年度に実施した対策等に関する報告，第3章　平成27年度に実施する対策等，第4章　資料編〉となっている。以下では，2017年度版（平成30年6月）に基づいて，「重要課題」と，「放射線量低減に関する取組状況」のうち「放射性物質により汚染された廃棄物の処理に向けた取組」について検討する。

「重要課題」は，2013年度版では，7つの課題について，現状と取り組み状況が明らかにされてきたが，その後，6から5に変更され，2017年度版では5となっている。以下では，5つの課題，〈原木しいたけ生産環境の再生〉，〈牧草地の利用自粛解除及び汚染牧草等の保管〉，〈放射性物質等に汚染された廃棄物処理〉，〈風評被害対策〉，〈東京電力に対する損害賠償請求〉を取り上げ，その現状と課題について検討する[29)]。

〈原木しいたけ生産環境の再生〉は，当初から，困難な状況にあった。事故から1年後の3月に出荷前検査をしたところ，県南部を中心に14市町の露地栽培原木しいいたけで基準値（100Bq/kg）を超過したため，出荷制限が指示された。基準値以内の市町村でも，風評被害による価格下落や取引不調が発生するなど，県内全域で被害を受け，2012年度の乾しいたけ生産量は震災前の約半分（101トン）まで減少した。

現在，出荷制限が指示されている13市町のすべてにおいて出荷制限が一部解除され，187名が生産を再開している。しかし，風評被害による価格下落が続き，指標値を超過したほだ木の処分や，原木価格高騰に伴う新規植菌の見送り，出荷制限などによって，生産量は，2014年には，震災前の約半分（97トン），2015年には，約4割（83トン）まで減少した。近年は，天候不順による品薄感から価格は回復傾向にある。

原木しいたけ生産環境の再生をめぐる県の取り組み，特に，生産者支援については，ほとんど変化がない。主要な支援策は，市町村・関係団体と連携した生産から販売までの対策，消費者や取引先の信頼を回復するための放射性物質濃度検査，原木・ほだ木を処理するための補助，高騰する原木価格に対応するための原木購入に要する経費の補助などである。生産拡大の見通しのないまま，経営支援事業予算は徐々に減額されている。

〈牧草地の利用自粛解除及び汚染牧草等の保管〉は，牧草地の利用自粛，除染，汚染牧草の保管，牛肉の安全性確保等に関するものであった。放射性物質の拡散は，公共牧場や採草地などの自給基盤に大きな影響を及ぼした。2011年から2013年にかけて，暫定許容値（牛：100Bq/kg，乳牛：50Bq/kg）を超過した14市町村に対して牧草の放射性物質モニタリング調査を行ったところ，利用自粛となった牧草地は16,157haであった。

耕起不能箇所等をのぞく12,396haについて除染が行われ，2014年度までに，除染は完了した。飼料にふくまれる放射性物質の暫定許容値（牛：100Bq/kg，乳牛：50Bq/kg）以下であることが確認された圃場から順次利用自粛が解除され，2018年3月末現在，12,343ha（99.6%）が解除された。耕起不能箇所等3,728haについても，2018年3月末現在で，3,728ha（99.1%）が解除された。

暫定許容値を超過したことによって利用できなくなった汚染牧草，稲わら及び牛ふん堆肥は，26市町村で28,111トン発生し，8,000Bq/kgを超過したものについては，放射性物質汚染対処特措法に基づいて，各市町村において保管されている。8,000Bq/kg以下の27,423トンについては，市町村等による焼却処理等により，2018年2月末現在，約8割の21,383トンが処理された。

市町村による焼却処理は，焼却灰を8,000Bq/kg以下に抑える必要があることから，1日あたりの処理量が制限され，保管量の多い県南地域では，処理が終了するまでに数年かかる見通しであり，牧草の腐敗による環境汚染の発生防止等のための中長期保管対策が必要となっている。牛肉については，飼料管理を徹底したことによって，2012年4月以降，基準値を超える事例は発生していない。

〈放射性物質等に汚染された廃棄物処理〉は，牧草，稲わら，堆肥，ほだ木などの農林業系副産物と道路側溝汚泥に関するものである。農林業系副産物は，事故から7年を経過した現時点で，県内に，約28,000トン保管されている。農林業系副産物は，廃棄物として処理する場合は，既存の焼却施設において一般廃棄物と混合焼却し，焼却灰が8,000Bq/kg以下となるように管理しながら処理を進めることになっている。

農林業系副産物の処理は，国からの財政措置，県による技術的支援などによって焼却処理が進められ，2017年度末までに，11市町村において処理が終了し，現在，5市町村において焼却処理が進められている。一関市では，環境省からの委託により，2011年度には「放射性物質を含む焼却灰セメント固化処理等業務」，2011年度から2012年度にかけて「放射性物質を含む可燃性廃棄物（牧草）焼却実証事業」が行われた。

道路については，汚染状況重点調査地域に指定された県南3市町の側溝枡で高濃度の汚泥が確認された。特に，汚泥の発生量が多く，道路維持管理や生活環境に支障が生じている地域については，汚泥の一時保管場所の確保に向けて，住民説明会が開催された。奥州市では，2013年度に，2か所整備され，2016年度末までに最終処分が終了した。一関市で15か所整備され，汚泥の一時保管が実施されている。

〈風評被害対策〉は，2013年度版では，「県産品等に対する風評被害は一定程度縮小してきていますが，全国的な乾しいたけの価格下落や三陸ワカメの関西圏での販路縮小など，いまだ被害の続いている事例もあることから，今後も引き続き風評被害の解消に向けた対策を講じていきます」と記述されていることからも明らかなように，当初は，深刻なものとして課題認識されていなったように思われる。

2014年度には，消費者に対するPR活動等を積極的に展開してきたことが指摘されているが，特記されているのは，ワカメなどの海藻類の関西圏での取引量が回復していないことである。2015年度においても，同様にして，首都圏や関西圏への情報発信，特に，風評被害が続いている乾しいたけ，ワカメの風評被害払拭に向けた取り組みが強化された。関西圏では，ワカメを中心とするフェアも開催された。

2016年度には，事業を統合して，風評被害の払拭と販路回復・拡大に向け，さまざまな媒体を活用した安全・安心のPR活動とともに，事業者の売上増加と経営力向上，販路拡大，新たな購買層の開拓を目的とした事業を行った。特に，売上減少や販路喪失の改善に向けた取り組みの充実・強化に向け，相談会や個別助言・指導を行うなど，販路拡大の前提となる商品開発や販路開拓の支援が行われた。

風評被害についてはさまざまな対策が講じられ，鎮静化し，在庫の調整も進んできたが，生産量は震災以前にまでは回復していない。2017年の生産量は，震災前の3年平均の69.2%にとどまっている。最大の要因は，生産者の減少，高齢化にある。2010年には1,571戸だったのに対して，震災後の2011年には1,065戸と減少した。宮古市の重茂漁業協同組合でも，ワカメ養殖漁家125戸のうち後継者がいない漁家は2割にのぼっている。

〈東京電力に対する損害賠償請求〉は，岩手県と各市町村等が放射線影響対策や風評被害対策に要した費用のうち，東京電力が支払いに応じないものについて，岩手県と市町村等が原子力損害賠償紛争解決センターに対して和解仲介の申立てを行ったというものである。岩手県分については，2018年1月に，和解が成立し，放射線量の測定や道路側溝汚泥の処理に要した費用について賠償金の支払を受けた。

「放射性物質により汚染された廃棄物の処理に向けた取組」は，2017年度版では，第2章第2節第2項において〈(3) 放射性物質により汚染された廃棄物の処理に向けた取組〉として，〈ア　農林業系副産物の焼却処理の取組状況，イ除去土壌の処理の取組状況，ウ　道路側溝汚泥の処理の取組状況，エ　道路法面や河川敷の草木の処理の取組状況，オ　廃棄物の処理に向けた市町村への支援〉という構成である[30)]。

〈ア　農林業系副産物の焼却処理の取組状況〉では，「放射性物質により汚染された廃棄物等の焼却・処分等に係るガイドライン」を再確認したうえで，国の財政措置，県による単独財政支援及び技術支援などによって焼却処理が進められ，2017 年度末までに，24 市町のうち 16 市町で処理を実施し，11 市町において終了した。5 市町においては国の補助事業を活用した焼却処理（一部中断を含め）が現在も進められている。

〈イ　除去土壌の処理の取組状況〉については，汚染状況重点調査地域に指定されている一関市，奥州市，平泉町では，除染実施計画に基づいて計画的に除染を進めた結果，奥州市と平泉町では，2013 年度末までに，一関市においては，2016 年度末までに除染は終了した。汚染された除去土壌は，現場の地中に保管，管理されている。保管箇所数は 312 か所，保管量は 26,459m^3 である。

ガイドラインでは，除去土壌の処理手順について〈①除染対象施設等⇒②土壌除去⇒③保管⇒安全性を確認し再利用等〉と述べられている。具体的な処理方法が国によって示されていないことから保管が継続している状況にあるが，環境省は，2018 年 6 月 1 日，「再生資材化した除去土壌の安全な利用に係る基本的な考え方について」において，再生資材化した除去土壌の安全な利用を進めるための基本的な考え方を示した。

「土壌は本来貴重な資源であるが，放射性物質を含む除去土壌はそのままでは利用が難しいことから，放射能濃度を用途に応じて適切に制限した再生資材を，安全性を確保しつつ地元の理解を得て利用することを目指す。具体的には，管理主体や責任体制が明確となっている公共事業等における盛土材等の構造基盤の部材に限定し，……特措法に基づく基準に従って適切な管理の下で限定的に利用することとする。」

〈ウ　道路側溝汚泥の処理の取組状況〉については，2017 年度末までに，一時保管設備が奥州市で 2 か所，一関市で 15 か所整備された。奥州市は，2016

年10月に，放射性物質を含んだ道路側溝の土砂について，共同の仮置き場から撤去し，水分を抜いて乾燥させ，細かい粒状にしてから，放射性セシウムを5,600Bq/kg以下にしたうえで最終処分場に埋設する方針を示し，2016年度末までに，汚泥の最終処分が終了した。

〈エ　道路法面や河川敷の草木の処理の取組状況〉については，原発事故以前は，現場での切り倒し，粉砕・堆肥化などの処理，家畜飼料として活用されてきたことから，除染実施区域内においては，切り倒しを基本としてきた。2014年2月に，野外焼却の影響に関する検討委員会が開催され，自粛継続の必要性がないという結論にいたり，道路法面や河川敷の草木の処分方法は，原発事故以前と同様の対応となっている。

〈オ　廃棄物の処理に向けた市町村への支援〉については，2012年8月に放射能汚染廃棄物対策連携チームを設置し，11月に「放射性物質により汚染された廃棄物等の焼却・処分等に係る対応ガイドライン」を示したこと，12月には，放射能汚染廃棄物処理等支援チームに改組して，技術的支援，地域住民への説明支援等を行ってきたこと，2014年4月には，ガイドラインの改定を行ったことを述べている。

具体的な取り組みとしては，農林業系副産物の焼却処理を進めるにあたって，2014年度には，各地域における課題や方向性，今後のスケジュール等について市町村等と協議を行い，2015年度から2017年度までは，ほだ木などの処理を進めるため，処理の方向性等について市町村等と協議を行ったこと，道路側溝汚泥の一時保管設備の整備に要した経費の一部について補助を行ったことなどが述べられている。

2017年度版（2018年6月）に基づいて，「重要課題」と「放射性物質により汚染された廃棄物の処理に向けた取組」について検討したが，記述内容は事務的なものにとどまっている。「放射性物質により汚染された廃棄物の処理に向けた取組」においては，「放射性物質により汚染された廃棄物等の焼却・処分等に係るガイドライン」にしたがって市町村等が実施するという方針であることから，進捗状況と県による財政支援，技術支援等の成果について述べるにとどまっている。

2018年度に実施する対策等は，2017年度（平成29年度）の進捗状況を踏まえ，同様の視点から実施されている。大部分は，「重要課題」として取り上げられているものであるが，事業費の点では，県産食材等の安全確保が10%程度，風用被害対策・情報発信・普及啓発・その他が3%程度削減されている。後者については，進空間線量率，農林水産物の出荷制限等の情報発信，東京電力に対する損害賠償請求，原発放射線対策本部等の業務は，2018年度（平成30年度）から，環境生活部に移管された。

原発放射線対策本部等の業務を環境生活部において，環境保全，食の安全安心等に関する施策と一体的に推進するという方針は，復興実施期間の終了もあるが，岩手県における原発放射線対策の転換を示すものである。「岩手県次期総合計画—長期ビジョン—」（素案）においても，循環型地域社会について項目は設けられているが，長期化する可能性のある指定廃棄物の処理についてはまったく触れられていない[31)]。

3．一関市の原発放射線影響対策

(1)　一関市除染実施計画

福島第一原子力発電所から放射性物質が漏洩し，15日の午前には，全国各地で放射性物質が観測された。岩手県で放射性セシウムが検出されたのは，5月13日であった。6月に入って，一関市，藤沢町においても，暫定許容値を超える放射性セシウムが検出された。一関市では，6月から10月にかけて，水道水のモニタリング保育園，幼稚園，小中学校，公園等で放射線量一斉測定が行われた[32)]。

8月30日には，放射性物質汚染対処特措法が公布され，放射性物質汚染対策の枠組みとともに，除染特別地域と汚染状況重点調査地域が規定された。12月28日には，汚染廃棄物対策地域，除染特別地域及び汚染状況重点調査地域が指定された。岩手県では，一関市，奥州市，平泉町が，汚染状況重点調査地域として指定され，除染実施計画を定め，除染区域を決定することになった[33]。

一関市は，2012年5月に，「一関市除染実施計画」を公表した。計画は，放射性物質の分布状況，除染等の措置等の実施方針，除染実施計画の対象区域，除染等の措置等の実施者及び当該実施者が除染等の措置等を実施区域，実施区域内における土壌等の除染等の措置，除染等の着手予定時期及び完了予定時期，発生した廃棄物の収集・運搬・保管及び管理に関する事項の7項目によって構成されている[34]。

航空機モニタリングの結果，追加被ばく線量が年間1mSvを超える地域は，一関市全体に散在していた。除染については，国が示した基本方針にしたがって，2013年8月末までに，追加被ばく線量を年間1mSv以下にするという目標が設定された。除染対象は，汚染の程度，利用状況，緊急性を勘案して，公共施設等のうち学校など子どもが長時間生活する施設が第1順位として最優先された。

第2順位には，公民館・図書館・博物館・文化会館・コミュニティセンター等の教育・文化施設，体育施設，病院，保健センター，庁舎等の公共施設が位置づけられた。第3順位には，住宅，宅地，商業施設，工場，事業場，道路等の生活圏における施設が位置づけられた。第4順位には，その他として，農地，牧草地，生活圏に隣接する森林，河川等が位置づけられた。

除染の対象となる区域は，空間線量率が毎時0.23mSvを超える区域とされた。対象となる区域は，一関市全体に散在していて，それに応じて，対象となる施設も全域にわたっていた。除染の実施者は所管に基づいて決められた。土壌等の除染の実施方針，発生した廃棄物の収集・運搬・保管・管理は，「除染関係ガイドライン」の基づいて実施されることになった。実施期間は，2011年度から2013年度とされた。

実施計画は，その後，改訂が繰り返され，第2版（2013年2月）では，対象区域が追加され，第3版（2013年3月）では，完了予定時期が変更された。第4版（2013年8月）では，期間を2014年3月末までとした。第5版（2014年3

月），第６版（2015年３月），第７版（2016年３月）においても，生活圏（住宅）を除染するという理由で，計画期間と完了予定時期を変更した。

区域の変更，期間及び完了予定時期の変更の主な理由は，ホットスポットにあった。2013年度には，年間被ばく線量1mSvを超えるホットスポットは6,137か所，最高で毎時1.9μSv/hであった。2014年12月の調査では136か所，最高で毎時0.51μSv/hであった。一関市の除染実施計画は，ホットスポットにまで広げたことによって，当初の計画期間，完了予定期間から大幅に遅れた。

一関市の除染実施計画は，追加被ばく線量が年間1mSv以下という目標が達成され，除染の効果が維持されていること，ホットスポットの再測定調査が終了したこと，国が2017年４月以降の除染実施計画期間の延長を認めていないことなどの理由から，2017年３月末をもって終了した。しかし，国による汚染状況重点調査地域の指定は，除去土壌等の処分が完了するまで解除されない。

(2)　農林業系汚染廃棄物の処理

放射性物質によって汚染されたおそれのある災害廃棄物の処理については，2011年６月半ばに，環境省に設置された災害廃棄物安全評価検討会において検討が行われ，当初，避難区域及び計画的避難区域をのぞく福島県の災害廃棄物の処理について方針が示された。ところが，下旬になって，東京都の一般廃棄物焼却施設の飛灰から8,000Bq/ kgを超える放射性セシウムが検出された。

このことを受けて，環境省は，６月28日に，「一般廃棄物焼却施設における焼却灰の測定及び当面の取扱いについて」を整理し，東北地方及び関東地方等の16都県に対して焼却灰の測定を要請するとともに，当面の取扱いとして，放射性セシウム濃度が8,000Bq/kg以下の焼却灰については管理型最終処分場に埋立処分し，8,000Bq/kgを超える焼却灰については管理型最終処分場に一時保管する，という方針を示した。

測定要請を受けた16都県においては，一般廃棄物焼却施設における焼却灰中の放射性セシウムの測定が実施され，８月29日には，「一般廃棄物処理施設における放射性物質に汚染されたおそれのある廃棄物の処理について」において結果が示された。16都県469施設のうち福島県以外の6都県26施設で8,000Bq/kgを超える焼却灰等が確認された。岩手県でも，2施設で確認された。

一関市は，放射性物質汚染対処特措法に基づいて，2011年12月28日付けで，汚染状況重点調査地域に指定された。岩手県の調査によると，8,000Bq/kgを超える廃棄物は一関市だけで1,115トンあり，焼却灰475トンが，セシウム134,137によって汚染された稲わら，堆肥，ほだ木などの農林業系汚染廃棄物が640トンあった。また，8,000Bq/ kg以下の牧草，稲わら，堆肥，乾しいたけ，ほだ木が約18,700トンあった。

環境省は，2011年12月5日，放射性物質を含む可燃性廃棄物（牧草，稲わら等）の試験焼却に関するモデル事業の実施とともに，8,000Bq/kg以下と8,000Bq/kgを超える可燃性廃棄物を適切な排ガス処理設備を備えた既存の一般廃棄物焼却施設において焼却することについての当面の方針を明らかにした。濃度の低い廃棄物の場合，焼焼却灰が8,000Bq/kgを超えないように管理することについても指摘した。

一関市は，「放射性物質を含む可燃性廃棄物（牧草）焼却実証事業」の委託を受け，2012年1月10日から2013年3月29日を実施期間とし，放射性セシウム濃度8,000Bq/kgを超える牧草1,202トン（8,000Bq/kg以下を含む）について，一関地区広域行政組合大東清掃センターの既存の焼却処理施設（流動床式焼却炉）を活用して，一般ごみ13,937トンと合わせて，混焼率平均約8%で焼却を行った[35)]。

牧草の放射性セシウム濃度は，最大で，20,100Bq/kgであったが，主要測定項目の結果はいずれも良好であった。焼却施設，最終処分場及び周辺の空間線量率も焼却前とほぼ同じ水準で推移した。その他についても国の基準値以下の濃度で推移し，安定的な処理が可能であることが確認された。実施結果から，既存の施設を活用して，放射性セシウム濃が8,000Bq/ kgを超える牧草を安全に焼却，処分できることが確認された。

牧草は，焼却実証事業の結果を受け，大東清掃センターにおいて，一般ごみとの混焼によって，1日あたり最大5トンが焼却され，2016年度11月までに，約 6 割が焼却され，2018 年度での全量処理が予定されている。焼却灰は，東山清掃センターにおいて最終処分された。しかし，セシウム濃度が高い稲わらや堆肥，ほだ木などは，現在も，仮設テントで一時保管されている。

一関市ではまた，環境省の委託により，2012 年 1 月から 3 月にかけて，舞川清掃センターにおいて，「放射性物質を含む焼却灰セメント固化処理等業務」が行われた。8,000Bq/kg を超える焼却灰に水とセメントを混合して固形化物を製造する方法と，フレキシブルコンテナに入れた焼却灰をさらに一回り大きなフレキシブルコンテナに入れ，隙間をセメント系材料などで充填して封じ込め固形化物を製造する方法が試された。

実証事業によって発生した焼却灰固化物（セメント固型化物及び封じ込め固型化物）は，環境省の告示に準拠して埋立処分しなければならないが，現在は，舞川清掃センター内に，遮蔽シートを敷いた上に固型化焼却灰を置き，上部を遮水シートで覆い，154 個が保管，管理されている。一関市及び一関地区広域行政組合は，今後の保管方法について何も明らかにしていない[36]。

除去土壌については，福島県以外の 7 県で発生した汚染土壌の処分方法を決めるための，埋立処分方法に関する実証事業案が検討され，2018 年 1 月 31 日，環境省は，茨城県東海村と栃木県那須町で安全性を確かめる処分実験を行うと発表した。栃木県那須町においては，6 月 8 日，住民説明会が開催され，7 月 10 日，環境省と那須町との間で，「除去土壌の埋立処分の実証事業に係る協定書」が交わされた。

一関市では，2018 年 3 月末時点で，除去土壌保管箇所数は 214 か所，保管量は 19,971m^3 である[37]。実証事業の結果を受けて，一関市でも，処分方法について選択を迫られることになる。除去土壌を集約して埋立処分を行う場合には，処分場の確保を含め，国が定める処分方法にしたがって行う必要がある。除去土壌等の処分が完了するまで，汚染状況重点調査地域は解除されない。

(3)　焼却施設・最終処分場をめぐる議論

一時的に保管されている指定廃棄物の処理については，国が必要な処理施設を集約して設置して，減容化（焼却等）等の中間処理を行い，既存の処理施設又は国が設置する最終処分場に搬入することになっている。一関市及び一関地区広域行政組合は，焼却実証事業の結果を受け，環境省との協議の結果，2013年12月，国が仮設焼却施設を設置して，一般廃棄物との混焼方式によって指定廃棄物を焼却することになった。

仮設焼却施設については，設置主体は国（環境省），建設予定年度は2014年度から2016年度，焼却開始予定は2017年度，焼却期間は2021年度までを予定していた。焼却終了後は施設を譲り受け，3年間8,000Bq/ kg以下の農林業系汚染廃棄物と一般ごみとの混焼により焼却する，焼却灰は既存の管理型一般廃棄物最終処分場に埋立てる，焼却終了後は解体する，という方針を確認した[38]。

仮設焼却施設の建設，新焼却施設及び最終処分場の建設が予定されていた一関市狐禅寺地区では，2013年3月から翌年1月までの間に，5回にわたって，狐禅寺地区生活環境対策協議会役員との懇談会が開催され，意見交換が行われた。この間に，「県南地区ごみ処理広域化基本構想」が策定され，狐禅寺地区への仮設焼却施設の建設，新焼却施設及び最終処分場の建設の方針が決定された。

一関市長は，2014年7月，狐禅寺地区説明会において，仮設焼却施設，新焼却施設及び新最終処分場を予定していることを明らかにした。内容は，農林業系放射能汚染廃棄物処理のための仮設焼却施設建設，新焼却施設の建設，新しい埋立施設（最終処分場）の建設，し尿処理施設，地区振興施設（熱エネルギー利用施設等）の建設，地区環境の整備，国際リニアコライダー研究施設と研究者の居住ゾーンであった[39]。

一関市議会においてこの問題が取り上げられ，一関市長は，10月20日，「焼却施設等の設置に関する考え方について」として記者会見を行った。内容は，〈1. 県南地区ごみ処理広域化基本構想，2. 農林業系廃棄物の処理，3. 施設設置の考え方（仮設焼却施設，新焼却施設及び新最終処分場，狐禅寺・舞川地区への提案・住民説明会の開催，覚書，狐禅寺地区への今後の対応），4. 今後の方針〉であった[40]。

考え方は，「岩手県ごみ処理広域化計画」（1999年）と「県南地区ごみ処理広域化基本構想」（2011年）に基づいて，一般廃棄物と農林業系汚染廃棄物を，循環型社会形成推進基本法の体系のなかで一挙に解決しようとするものであった。一関清掃センターの焼却施設は，稼動開始からすでに37年が経過して老朽化が進行していた。最終処分場も埋立終了時期を迎えつつあった。

「岩手県ごみ処理広域化計画」は，１日あたり300トンのごみ処理が可能な施設の確保という点から，県内を６ブロックに分け，各ブロック１施設，計６施設に集約するとしていた。県南ブロックは，1999年の計画策定段階では15市町村３組合であったが，市町村合併をへて，現在では，一関市，奥州市，金ケ崎町，平泉町，一関地区広域行政組合及び奥州金ケ崎行政事務組合の４市町２組合となっている。

「県南地区ごみ処理広域化基本構想」は，2013年５月，「県南ブロック」，一関市，奥州市，金ケ崎町及び平泉町の４市町の区域を対象範囲として策定された。策定の趣旨は，資源循環型社会の形成に向けて，廃棄物の減量化，再利用化，再資源化をはじめ，焼却時に発生する熱エネルギーの活用などを広域的に促進して，安全で適正な廃棄物処理の体制を整備することであった。

ごみ処理の広域化にあたっての基本理念は，「県南地区に最も適したごみ処理広域化を図り循環型社会・低炭素社会の形成を推進する」ものであるとともに，県南地区において共通する課題を解決するためのものであった。課題として，ダイオキシン類の削減，リサイクルの推進，再生可能エネルギーの活用，最終処分場の確保等に加えて，放射性物質に汚染された廃棄物の処理が指摘された。

焼却施設については，ごみの広域的な移動に伴う放射性物質による住民の健康や環境への影響，汚染廃棄物の処理や施設建設への影響などが懸念されたことから，当面の対応として２施設体制（一関市・平泉町地域と奥州市・金ケ崎町地域）で施設整備することになった[41)]。最終処分場についても，用地確保の難しさ，地域住民との合意形成に十分な期間を要することから２施設体制とすることになった。

一関市・平泉町地域においては，「県南地区ごみ処理広域化基本構想」に基づいて，一関清掃センター及び大東清掃センターを統廃合して１つの施設に集約し，一関市・平泉町地域に新たな焼却施設を建設するという基本的方向性が確認され，2014 年度から施設整備関連事業を開始して，2021 年度に新施設稼働を目指すことになった。最終処分場についても，一関市・平泉町地域に，新たな最終処分場を確保する必要があった。

一関市及び一関地区広域行政組合は，「県南地区ごみ処理広域化基本構想」を踏まえ，農林業系副産物のうち牧草については，大東清掃センターを活用することとした。その後，国の暫定許容値が引き下げられたことによって，大東清掃センターにおいて処理する数量が増えたこと，8,000Bq/ kgを超える稲わら，堆肥などの焼却が必要になったことから，国は，仮設焼却施設を設置して，焼却する方針を示した。

記者会見は経緯を踏まえたものであったが，事態は好転しなかった。2015 年 9 月，狐禅寺地区の「狐禅寺の自然環境を守る会」は，提案に対して，2000 年 12 月に，当時の一関市長と狐禅寺地区生活環境対策協議会長とが取り交わした「ごみ焼却施設は，狐禅寺地区に建設しない」という覚書をめぐって，一関市長及び一関地区行政組合管理者に公開質問状を提出した。回答はなされたが，事態は錯綜したままであった。

一関市狐禅寺地区住民との間で仮設焼却施設，新焼却施設，新最終処分場の建設をめぐって事態が動きだしたのは，2017 年 2 月 15 日の 2017 年度当初予算案の記者発表においてであった[42]。一関市長は，牧草以外の農林業系汚染廃棄物については，一時保管施設での安全管理を継続するとともに，ほだ木や落葉草については焼却によらない処理を含めて適切に対応する，と述べるにとどまった。

2017 年 5 月 8 日の記者会見では，さらに踏み込んで，仮設焼却施設については，一関市狐禅寺地区への建設を断念するとともに，新最終処分場の建設についても，候補地から狐禅寺地区を除外する方針を示した。仮設焼却施設と一般廃棄物最終処分場の建設を断念することによって，新焼却施設と余熱活用施設の建設にしぼって，狐禅寺地区住民の理解を得たいという考えであった[43]。

しかし，狐禅寺地区では，推進派，反対派に分かれて誹謗中傷が繰り返され，協議会の正副会長選出も進まず，推進派の幹事が協議打ち切りを市長に要請した。一関市長は，2018年6月21日に，狐禅寺地区に建設を計画している一般廃棄物の新焼却施設についても，建設を断念する意向を示した。一般廃棄物処理施設建設候補地と一般廃棄物最終処分場整備候補地の検討作業は，振り出しにもどった[44]。

事態の錯綜の中で，牧草の焼却及び焼却灰の処分は着々と進んでいる。しかし，茨城県東海村と栃木県那須町で実施されている除去土壌の埋立処分方法に関する実証事業の結果が示されると，除去土壌の埋立処分場をどのように確保するかという問題をめぐって，汚染状況重点調査地域が解除されないまま，事態はさらに混乱する可能性がある。

おわりに

海江田経済産業相が，2011年4月15日の閣議後の記者会見で，「福島第一原子力発電所から敷地外にまき散らされた放射性物質に汚染されたがれきの扱いを，従来の法律では想定しておらず，撤去の大きな障害になりかねない」と述べたように，放射性物質による環境汚染は廃棄物処理法が想定していない問題であった。環境汚染に対処するための根拠法令がなかったため，急遽，議員立法によって対応することになった[45]。

放射性物質汚染対処特措法は，2011年8月に成立・公布され，2012年1月1日に全面施行された。環境汚染に対する対応は，主として，原子力災害対策本部や環境省が，「考え方」や「方針」などを示すことによって対応するとともに，放射性物質汚染対処特措法に基づく仕組みに順次移行していくというものであった。法的根拠に基づかない「考え方」や「方針」などによる対処が先行することになった。

放射性物質汚染対処特措法の所管は環境省であるが，放射性物質による大気の汚染は，環境基本法の前身である公害対策基本法においても想定されてはいたが，放射性物質の外部への大量放出がないことを前提に，放射性物質等についての環境法体系における規制からは除外されていた。原子力法関連法令においては，放射性物質の外部への大量放出は想定されないという前提で制度設計がされていた。

放射性物質汚染対処特措法によって，放射性物質による環境汚染については法的処理が可能になった。その目的は，「事故由来放射性物質による環境の汚染への対処」と「事故由来放射性物質による環境の汚染が人の健康又は生活環境に及ぼす影響を速やかに低減すること」であった。しかし，策定に時間的余裕がなかったこともあって，抜本的な見直しを含む制度改正に関する規定が附則として設けられた。

附則第5条は「この法律の施行後3年を経過した場合において，この法律の施行の状況について検討を加え，その結果に基づいて所要の措置を講ずるものとする」と，第6条は「政府は，放射性物質により汚染された廃棄物，土壌等に関する規制の在り方その他の放射性物質に関する法制度の在り方について抜本的な見直しを含め検討を行い，その結果に基づき，法制の整備その他の所要の措置を講ずるものとする」と規定している。

環境省は，附則第5条の規定「この法律の施行後3年を経過した場合において」を受け，放射性物質汚染対処特措法の施行状況を検討するために，2015年3月31日，放射性物質汚染対処特措法施行状況検討会を設置，開催した。検討結果は，2015年9月30日に，公表された。内容は，除染，中間貯蔵及び汚廃棄物処理の状況等についての検討と今後方向性を取りまとめたものであった。

法制度等の見直しについては，「法制度を含めた総合的な検討」という項目において，「現行の除染実施計画が終了する時期（平成28年度末）を目途に，現行の施策一定の進捗があることを前提として，改めて特措法の施行・進捗状況の点検を行い，特措法に基づく一連の措置の円滑な完了に向け必要な制度的手当て等を行うべきである」と述べている。法制度のあり方についての抜本的な見直しについては何も述べていない[46]。

放射性物質汚染対処特措法施行状況検討会は，「現行の除染実施計画が終了する時期（平成28年度末）を目処に」を受けて，2018年4月に，「放射性物質汚染対処特措法の施行状況に関する取りまとめ」（第二次）を公表した[47]。構成はほぼ同じであるが，「法制度を含めた総合的な検討」は削除され，法制度のあり方の抜本的見直しについては，「3. 課題と今後の方向性」において指摘するにとどまっている。

「現行の枠組みは引き続き維持したうえで，広く関係者の理解を得ながら，施策を更に前進させることに総力を挙げることが重要である。今後，以下の方向性に沿って特措法を施行しつつ，その進捗に照らして必要な場合には改めて点検や検討を行うべきである。」除染，中間貯蔵施設，汚染廃棄物の処理等の実施の方向性を示すにとどまり，法制度のあり方の抜本的見直しについては何も述べていない。

法制度の見直しはなかったが，2016年4月には，放射性物質汚染対処特措法の施行規則が改正され，8,000Bq/ kgを下回った指定廃棄物については，環境大臣が処理責任者等と協議のうえ，指定を解除することができることになった。放射能濃度は自然減衰するが，放射能濃度の将来推計（2016年1月1日現在）によれば，福島県以外では，最大量をかかえる栃木県でも，5年後には5割に，10年後には3割に減少する[48]。

茨城県の方針，「現地保管を継続し，8,000Bq/kg以下に自然減衰後，段階的に既存の処分場等で処理」，「8,000Bq/kg以下となるのに長期間を要する比較的濃度の高いものについては，1か所集約が望ましく，引き続き協力を依頼」，「自然減衰で8,000Bq/kg以下となったものについては指定解除の仕組み等を活用しながら，段階的に既存の処分場等で処理」は，まさにこれに呼応するものである。

宮城県では，最終処分場を整備するという方針のもとに，市町村長会議において議論が重ねられ，2013年11月に，候補地の選定手法を決め，選定作業を行い，2014年1月に，詳細調査を行う候補地を3か所公表した。しかし，加美町では，住民の反対運動によって現地調査が実施できなかった。加美町が市町村長会議で白紙撤回を申し入れたことを受け，調査を容認してきた栗原市，大和町も候補地の返上を表明した。

環境省は，事態を受け，2016年3月に，指定廃棄物の放射能濃度を再測定した結果，宮城県内のすべての指定廃棄物（約3,400トン）の約3分の2（約2,300

トン）がすでに指定基準（8,000Bq/kg）を下回っていることを明らかにするとともに，8,000Bq/kgを超える指定廃棄物の放射能濃度の将来推計を，5年後には約240トン，10年後には約200トンに減少することを報告した[49]。

環境省は，そのうえで，茨城県の現地保管継続・段階的処理の考え方を引証して，8,000Bq/kgを超える指定廃棄物等については，保管の強化，遮蔽の徹底を約束し，8,000Bq/kg以下の農林業系汚染廃棄物の処理を提案した。宮城県においては，自然減衰によって8,000Bq/kgを下回った指定廃棄物を含め，通常の処理方法によって処理が可能な8,000Bq/kg以下の廃棄物の処理を優先して議論することになった。

「放射性物質汚染対処特措法の施行状況に関する取りまとめ」（第二次）は，福島県以外における指定廃棄物の処理について，「処理基準等の根拠となる安全性の評価についての科学的な考え方や，放射性物質を含む廃棄物の処理の実績等も含め，地元に対して丁寧に説明を行い，処理を受け入れてもらうための更なる対話等の努力を続けていくことが重要である」と述べている[50]。

また，「特措法に基づく基本方針にのっとり，地域の意向を踏まえ，また地域の理解を得ながら，指定廃棄物が排出された都県内において国として責任をもって処理を推進すべきである。また，指定解除の制度を活用した廃棄物の処理が着実に実施されるよう，国と自治体等の関係者が密に連携を図りながら，処分先の問題の解決に向けた取組を進めるべきである」と述べている。

放射性物質汚染対処特措法と同法に基づく各種施策は，原子力法関連法令からは切り離され，環境基本法を前提として，土壌汚染対策法や廃棄物処理法といった環境関連法の体系に組み込まれている。放射性物質汚染対処特措法施行状況検討会における検討内容も施行状況に関する取りまとめも，その範囲内での報告であり，附則第5条，第6条における法制度の抜本的見直しに対する問題意識に基づくものではない。

「放射性物質汚染対処特措法の施行状況に関する取りまとめ」（第二次）は，指定廃棄物の最終処分場の選定については，各県の対応状況を述べるにとどまっている。環境省は，市町村との意思疎通と詳細な調査や専門的評価が不足していたこと，状況を踏まえた対応が不十分であったことから，早々に，方針を転換していた。しかし，議論は繰り返されているが，候補地は選定されていない。

宮城県加美町における候補地選定をめぐる議論の展開は，放射性物質汚染廃棄物処理をめぐる議論のまさに縮図である。加美町は，指定廃棄物最終処分場候補地選定の経緯に関する情報（2012年10月25日～2016年3月19日）を公開しているが，加美町長，加美町議会，地域諸団体の動向は，放射性物質汚染廃棄物処理をめぐる議論の根底にあるものの一端を明らかにしていて興味深い[51]。

宮城県では，2012年10月25日に，第1回の市町村長会議が開催された。環境省は，指定廃棄物の処分場候補地の選定手法・提示方法等について説明したうえで，2014年1月20日に開催された第5回の市町村長会議で，詳細調査を行う候補地を3か所公表した。提示を受けて，加美町長は，同日，詳細調査に協力できないとした。翌日に開催された加美町議会全員協議会では，反対意見書を提出することで合意された。

その後，議会だけでなく，各種団体からも反対要請書，意見書が提出され，署名運動が行われ，2月7日には，町議会に，特別委員会が設置された。5月26日には，「第1回宮城県指定廃棄物処分場の詳細調査候補地に係る関係者会談」が開催された。議題は，「詳細調査候補地の選定経緯，詳細調査の内容について」であった。8月20日，加美町長は，環境副大臣と宮城県知事に対してあらためて受け入れ拒否を表明した。

加美町長の主張は，2014年9月1日に発行された「広報　かみまち」において明らかにされている。環境省が実施する詳細調査内容に対する回答とともに，「どうすればいいと考えているのですか？」という質問に対して，「放射性指定廃棄物は，排出者である東京電力に引き取ってもらうしかないと考えています。被害者である私たちに責任を押し付けるべきではないと思います」と回答している[52]。

加美町長はまた，2015年12月13日に開催された市町村長会議において，福島県飯舘村の仮設焼却炉で焼却し，東京電力福島第一原発敷地内の未利用地に処分すべきと提案している。2016年2月1日発行の「広報　かみまち」は，「最終処分場問題の解決策」として同様の趣旨の提案を掲載している[53]。原発事故による汚染廃棄物の処理，処分となると，自治体及び地域住民の理解を得ることはほとんど不可能である。

岩手県一関市の場合，仮設焼却施設，一般廃棄物の新焼却施設及び新最終処分場を一体として建設するということを目指していたため，事態はさらに錯綜している。8,000Bq/ kgを超える指定廃棄物は，一般廃棄物との混焼によって，仮設焼却施設で焼却され，焼却灰は一般廃棄物最終処分場に埋立てられることになっていた。しかし，この議論は，新焼却施設及び新最終処分場の建設をめぐる議論のなかに消失している。

一関市では，8,000Bq/ kgを超える指定廃棄物を一般廃棄物との混焼によって焼却するという方針からして，宮城県を含む5県のように，現地保管継続・段階的処理か最終処分場の整備かという問題はそもそも存在していない。一関市狐禅寺地区の住民にとっては，何よりも，狐禅寺地区に一般廃棄物の新焼却施設を設置するということそのものが問題であった。

狐禅寺地区の住民は，1969年から約30年間，「迷惑施設」を受け入れてきたことに加え，老朽化による建て替え，ダイオキシン対策問題もあって，2000年に，一関地区広域行政組合と狐禅寺地区生活環境対策協議会との間で生活環境保全協定と覚書を締結した。混乱の根はさらに深いところにあった。混乱の最中，一関清掃センターの焼却施設は老朽化がさらに進み，最終処分場も2023年頃には埋立終了時期を迎える。

宮城県加美町長は，「最終処分場が建設されれば，新たな風評被害，実害等の問題を引き起こしてしまうのは必至です。このことからも絶対，田代岳はもとより宮城県内に最終処分場を造るべきではありません。……この美しい自然，清らかな水，生業を子々孫々の代へ引き継ぐため，皆さんと共に政府に訴えてまいりましょう」と訴えている[54]。断固反対を訴える主張としては，ある意味，典型的なものである。

自治体及び地域住民は，放射性物質による環境汚染という複雑な事象とそれによって生みだされた指定廃棄物の処理，処分について責任ある判断と決定を求められているが，自治体及び地域住民からするならば，国による議論のすりかえと責任の回避にすぎなかった。指定廃棄物最終処分場候補地選定をめぐる問題は，自治体及び地域住民にとっては，断固反対すべきものであった。

放射性物質汚染廃棄物処理をめぐる問題は，廃棄物処理法が想定していない「法の空白に生まれた問題」であった。しかし，放射性物質汚染廃棄物は，環境法制，すなわち廃棄物処理法に基づいて「廃棄物」として処理されなければならなかった。放射性物質汚染対処特別措置法は，環境法制の体系において，法的根拠に基づかない「考え方」や「方針」などの積み重ねによって構築された。

一関市長が地域住民に対して示した「焼却施設等の設置に関する考え方について」は，「県南地区ごみ処理広域化基本構想」に基づくものであるのみならず，環境基本法，循環型社会形成推進基本法，循環型社会形成推進計画などの環境法制の枠組みにのなかでの対応策であった。しかし，一関市では，放射性物質汚染廃棄物の処理をめぐる問題の解決以前に，一般廃棄物の焼却施設と最終処分場の問題をかかえていた。

一関市長は，「県南地区ごみ処理広域化基本構想」に基づいて積年の問題を一挙に解決しようとしたが，一関市狐禅寺地区の住民にとっては，一般廃棄物の処理と処分という負担に加えて，放射性物質汚染廃棄物の処理という長期にわたるエコロジカル・リスクを背負うことは，断固として拒否されなければならなかった。地域住民にとって，「循環型社会・低炭素社会の形成」は，擬装にすぎなかった。

放射性物質汚染廃棄物の処理及び処分をめぐる問題は，はからずも，汚染状況重点調査地域に指定された自治体及び地域において，擬装としての「循環型社会・低炭素社会の形成」という問題を再認識されることになった。加美町長の主張及び提案は，自治体及び地域住民の思いを代弁したものであるが，根はさらに深いところにある。根は，環境基本法の制定及び施行にまでたどることができる。

政府にとっては，放射性物質による環境汚染のみならず，放射性物質汚染廃棄物の処理及び処分もまた，原子力規制法制の埒外におかれなければならなかった。放射性物質汚染廃棄物の処理及び処分をめぐる問題は，長期間にわたるエコロジカル・リスクを考えるならば，環境法制において解決できるものではない。しかし，環境法制は将来世代に対する責任ある判断と決定を自治体及び地域住民に求めている。

1)「米情報，避難生かさず　福島原発事故直後，政府が汚染図放置」『朝日新聞』2012年6月18日，朝刊，1頁。

2) 米沢仲四郎・山本洋一「核実験監視用放射性核種観測網による大気中の人工放射性核種の測定」『ぶんせき』日本分析化学会，2011年，8号，451-458頁。

3) 東日本大震災復構想会議「復興への提言～悲惨のなかの希望～」http://www.cas.go.jp/jp/fukkou/pdf/fukkouhenoteigen.pdf

4) 環境省『平成23年版 環境・循環型社会・生物多様性白書』，345頁。

5)「原発新設求める意見，経産審議会で相次ぐ　エネルギー計画見直し」『朝日新聞』2017年8月10日，朝刊，4頁。

6) http://www.meti.go.jp/earthquake/nuclear/decommissioning/committee/osensuitaisakuteam/2018/06/index.html

7) 環境省「指定廃棄物の今後の処理の方針」 http://www.env.go.jp/jishin/rmp/attach/memo20120330_waste-shori.pdf

8) 環境省「指定廃棄物の今後の処理の方針」https://www.env.go.jp/jishin/rmp/attach/waste_fds-candidate_20130225-3.pdf

9) 環境省「指定廃棄物の最終処分場候補地の選定に係る経緯の検証及び今後の方針」http://shiteihaiki.env.go.jp/initiatives_other/tochigi/pdf/conference_tochigi_01_01.pdf

10)「宮城の3候補地，白紙撤回を要求　指定廃棄物処分場問題」『日本経済新聞』2015年12月13日。

11) 諮問書「東日本大震災による被災地域の復興に向けた指針策定のための復興構想について」http://www.kantei.go.jp/jp/singi/fukkou/dai1/siryou3.pdf

12) 東日本大震災復構想会議「復興への提言～悲惨のなかの希望～」http://www.cas.go.jp/jp/fukkou/pdf/fukkouhenoteigen.pdf

13)「原発汚染がれき，法律の想定外　撤去の障害に　福島第一原発事故」『朝日新聞』2011年4月15日，夕刊，2頁。

14) 環境省「福島県内の災害廃棄物の当面の取扱い」https://www.env.go.jp/jishin/saigaihaikibutsu.pdf 「福島県内の災害廃棄物の当面の取扱いについて」http://www.rinsaibou.or.jp/cont04/items116/pdf/230526kianhatsu0511_b1.pdf

15) https://www.env.go.jp/jishin/attach/haikihyouka_kentokai/06-yoshi.pdf

16)「除染に関する緊急実施基本方針」 https://www.env.go.jp/council/10dojo/y100-29/ref02-04.pdf

17)「東京電力福島第一原子力発電所事故に伴う放射性物質による環境汚染の対処において必要な中間貯蔵施設等の基本的考え方について」https://www.env.go.jp/jishin/rmp/attach/roadmap111029_a-0.pdf
18) 環境省「廃棄物関係ガイドライン」http://www.env.go.jp/press/files/jp/18928.pdf
19) 環境省「指定廃棄物の今後の処理の方針」http://www.env.go.jp/jishin/rmp/attach/memo20120330_waste-shori.pdf
20) 環境省「指定廃棄物の最終処分場候補地の選定に係る経緯の検証及び今後の方針」http://shiteihaiki.env.go.jp/initiatives_other/tochigi/pdf/conference_tochigi_01_01.pdf
21) 環境省「指定廃棄物の数量（平成30年6月30日時点）」http://shiteihaiki.env.go.jp/radiological_contaminated_waste/designated_waste/
22)「濃度下げ処分案難航」『毎日新聞』2014年11月23日，朝刊，3頁。
23) http://shiteihaiki.env.go.jp/initiatives_other/disposal_site_safety/
24) http://www.enecho.meti.go.jp/category/electricity_and_gas/nuclear/rw/kagakutekitokuseimap/
25)「エネルギー基本計画」http://www.enecho.meti.go.jp/category/others/basic_plan/#head
26)「岩手県東日本大震災津波復興計画」http://www.pref.iwate.jp/dbps_data/_material_/_files/000/000/008/992/jisshikeikaku.pdf
27)「原発放射線影響対策の基本方針」 http://www.pref.iwate.jp/dbps_data/_material_/_files/000/000/018/968/kihonhoushin.pdf.
28)「放射性物質により汚染された廃棄等の焼却・処分係る対応ガイドラン」（2012年11月）https://www.pref.iwate.jp/dbps_data/_material_/_files/000/000/002/943/h260328guideline.pdf
29)「岩手県放射線影響対策報告書～平成29年度の取組と平成30年度の対策～」http://www.pref.iwate.jp/dbps_data/_material_/_files/000/000/065/678/houkokusyo2018_2.pdf
30)「岩手県放射線影響対策報告書～平成29年度の取組と平成30年度の対策～」http://www.pref.iwate.jp/dbps_data/_material_/_files/000/000/065/678/houkokusyo2018_2.pdf
31)「岩手県次期総合計画次期総合計画（素案）――長期ビジョン――」http://www.pref.iwate.jp/dbps_data/_material_/_files/000/000/065/117/zikisougoukeikaku-soann-tyoukibizyonn.pdf
32) 一関市「東日本大震災に伴う原発事故による放射能の影響と対策（平成25年3月現在）」http://www.city.ichinoseki.iwate.jp/index.cfm/30,74682,c,html/74682/20160301-171748.pdf
33) 環境省「放射性物質汚染対処特措法に基づく汚染状況重点調査地域の指定について（お知らせ）」 http://www.env.go.jp/press/press.php?serial=14879
34)「一関市除染実施計画」http://www.city.ichinoseki.iwate.jp/index.cfm/8,51867,

157,html
35) 環境省「8,000Bq/kg 超の農林業系廃棄物の処理事例【放射性物質を含む可燃性廃棄物（牧草）焼却実証事業の結果概要（岩手県一関市）】」http://shiteihaiki.env.go.jp/initiatives_other/conference/pdf/conference_05_04.pdf
36) 一関広域行政組合「環境省による焼却灰セメント固化処理等業務」 http://www.city.ichinoseki.iwate.jp/kouiki-gyousei/kankyo/index10.html
37) 環境省「汚染状況重点調査地域（福島県外）における保管場所の箇所数及び除去土壌等の保管量［平成 30 年 3 月末現在］」http://josen.env.go.jp/zone/pdf/removing_soil_storage_amount_h30_03.pdf
38) 記者会見資料「焼却施設等の設置に関する考え方」2014 年 10 月 20 日 http://www.city.ichinoseki.iwate.jp/kouiki-yousei/kankyo/file/20/20141020.pdf
39) 狐禅寺地区説明会資料「仮設焼却施設及び新焼却施設，新最終処分場等の建設について」 http://www.city.ichinoseki.iwate.jp/kouiki-gyousei/kankyo/file/19/1-0.pdf
40) 記者会見資料「焼却施設等の設置に関する考え方」2014 年 10 月 20 日。http://www.city.ichinoseki.iwate.jp/kouiki-yousei/kankyo/file/20/20141020.pdf
41) 県南地区ごみ処理広域化検討協議会「県南地区ごみ処理広域化基本構想（平成 25 年 11 月）」http://www.city.ichinoseki.iwate.jp/kouiki-gyousei/kankyo/file/20131101_kouikika.pdf
42)「一関市 17 年度当初予算案」『岩手日日新聞』2017 年 2 月 16 日。
43)「狐禅寺以外で検討——新・最終処分場建設他——」『岩手日日新聞』2017 年 5 月 9 日。
44)「新施設建設を断念」『岩手日日新聞』2018 年 6 月 22 日。「新廃棄物処理施設県建設の行方（上）（中）（下）」『岩手日日新聞』2018 年 6 月 27 日，28 日，29 日。
45) 以下の文献を参照のこと。高橋滋「原子力規制法制の現状と課題」高橋滋・大塚直編『震災・原発事故と環境法』民事研究会，2013 年，2 頁-35 頁。田中良弘「放射性物質汚染対処特措法の立法経過と環境法上の問題点」『一橋法学』第 13 巻，263 頁-298 頁。
46) 放射性物質汚染対処特措法施行状況検討会「放射性物質汚染対処特措法の施行状況に関する取りまとめ」https://www.env.go.jp/jishin/rmp/conf/law-jokyo05/lj05_mat01_1.pdf
47) 放射性物質汚染対処特措法施行状況検討会「放射性物質汚染対処特措法の施行状況に関する取りまとめ（第二次）」https://www.env.go.jp/press/files/jp/109042.pdf
48) 環境省「5 県の指定廃棄物等の放射能濃度に関する将来推計」http://shiteihaiki.env.go.jp/initiatives_other/others_materials/pdf/others_materials_info_1602.pdf
49) 環境省「宮城県の指定廃棄物の放射能濃度の再測定結果及び処理に関する環境省の考え方について」http://shiteihaiki.env.go.jp/initiatives_other/miyagi/pdf/

conference_miyagi_09_01.pdf
50）放射性物質汚染対処特措法施行状況検討会「放射性物質汚染対処特措法の施行状況に関する取りまとめ（第二次）」https://www.env.go.jp/press/files/jp/109042.pdf
51）加美町「指定廃棄物最終処分場候補地選定について」http://www.town.kami.miyagi.jp/index.cfm/10,3763,html
52）加美町「広報　かみまち　号外」（第4号，平成26年9月1日発行）http://www.town.kami.miyagi.jp/index.cfm/6,1544，c，html/1544/20141226-104903.pdf
53）加美町「広報　かみまち　号外」（第8号，平成28年2月1日発行）http://www.town.kami.miyagi.jp/index.cfm/10,3763,c,html/3763/20160128-153737.pdf
54）加美町「広報　かみまち　号外」（第4号，平成26年9月1日発行）http://www.town.kami.miyagi.jp/index.cfm/6,1544,c,html/1544/20141226-104903.pdf

執筆者紹介（執筆順）

星野　智　中央大学社会科学研究所研究員，中央大学法学部教授
滝田賢治　中央大学社会科学研究所客員研究員，中央大学名誉教授
臼井久和　中央大学社会科学研究所客員研究員，獨協大学・フェリス女学院大学名誉教授
鈴木洋一　中央大学社会科学研究所客員研究員
上原史子　中央大学社会科学研究所客員研究員，中央大学経済学部兼任講師
松波淳也　法政大学経済学部教授
飯嶋佑美　中央大学社会科学研究所準研究員，中央大学大学院法学研究科博士課程後期課程
齋藤俊明　中央大学社会科学研究所客員研究員，岩手県立大学研究・地域連携本部特任教授

グローバル・エコロジー
中央大学社会科学研究所研究叢書 37

2019年3月22日　初版第1刷発行

編著者　星野　智
発行者　中央大学出版部
代表者　間島進吾

〒192-0393　東京都八王子市東中野742-1
発行所　中央大学出版部
電話 042(674)2351　FAX 042(674)2354
http://www2.chuo-u.ac.jp/up/

㈱遊文舎

ISBN978-4-8057-1338-9

中央大学社会科学研究所研究叢書

坂本正弘・滝田賢治編著

7 現代アメリカ外交の研究

A 5 判264頁・2900円

冷戦終結後のアメリカ外交に焦点を当て，21 世紀，アメリカはパクス・アメリカーナⅡを享受できるのか，それとも「黄金の帝国」になっていくのかを多面的に検討。

鶴田満彦・渡辺俊彦編著

8 グローバル化のなかの現代国家

A 5 判316頁・3500円

情報や金融におけるグローバル化が現代国家の社会システムに矛盾や軋轢を生じさせている。諸分野の専門家が変容を遂げようとする現代国家像の核心に迫る。

林　茂樹編著

9 日本の地方ＣＡＴＶ

A 5 判256頁・2900円

自主製作番組を核として地域住民の連帯やコミュニティ意識の醸成さらには地域の活性化に結び付けている地域情報化の実態を地方の CATV システムを通して実証的に解明。

池庄司敬信編

10 体制擁護と変革の思想

A 5 判520頁・5800円

A. スミス，E. バーク，J.S. ミル，J.J. ルソー，P.J. プルードン，Φ.N. チュッチェフ，安藤昌益，中江兆民，梯明秀，P. ゴベッティなどの思想と体制との関わりを究明。

園田茂人編著

11 現代中国の階層変動

A 5 判216頁・2500円

改革・開放後の中国社会の変貌を，中間層，階層移動，階層意識などのキーワードから読み解く試み。大規模サンプル調査をもとにした，本格的な中国階層研究の誕生。

早川善治郎編著

12 現代社会理論とメディアの諸相

A 5 判448頁・5000円

21 世紀の社会学の課題を明らかにし，文化とコミュニケーション関係を解明し，さらに日本の各種メディアの現状を分析する。

中央大学社会科学研究所研究叢書

石川晃弘編著

13 体制移行期チェコの雇用と労働

A５判162頁・1800円

体制転換後のチェコにおける雇用と労働生活の現実を実証的に解明した日本とチェコの社会学者の共同労作。日本チェコ比較も興味深い。

内田孟男・川原　彰編著

14 グローバル・ガバナンスの理論と政策

A５判320頁・3600円

グローバル・ガバナンスは世界的問題の解決を目指す国家，国際機構，市民社会の共同を可能にさせる。その理論と政策の考察。

園田茂人編著

15 東アジアの階層比較

A５判264頁・3000円

職業評価，社会移動，中産階級を切り口に，欧米発の階層研究を現地化しようとした労作。比較の視点から東アジアの階層実態に迫る。

矢島正見編著

16 戦後日本女装・同性愛研究

A５判628頁・7200円

新宿アマチュア女装世界を彩った女装者・女装者愛好男性のライフヒストリー研究と，戦後日本の女装・同性愛社会史研究の大著。

林　茂樹編著

17 地域メディアの新展開
－CATVを中心として－

A５判376頁・4300円

『日本の地方CATV』（叢書９号）に続くCATV研究の第２弾。地域情報，地域メディアの状況と実態をCATVを通して実証的に展開する。

川崎嘉元編著

18 エスニック・アイデンティティの研究
－流転するスロヴァキアの民－

A５判320頁・3500円

多民族が共生する本国および離散・移民・殖民・難民として他国に住むスロヴァキア人のエスニック・アイデンティティの実証研究。

中央大学社会科学研究所研究叢書

菅原彬州編

19 連続と非連続の日本政治

A 5 判328頁・3700円

近現代の日本政治の展開を「連続」と「非連続」という分析視角を導入し，日本の政治的転換の歴史的意味を捉え直す問題提起の書。

斉藤　孝編著

20 社会科学情報のオントロジ
－社会科学の知識構造を探る－

A 5 判416頁・4700円

オントロジは，知識の知識を研究するものであることから「メタ知識論」といえる。本書は，そのオントロジを社会科学の情報化に活用した。

一井　昭・渡辺俊彦編著

21 現代資本主義と国民国家の変容

A 5 判320頁・3700円

共同研究チーム「グローバル化と国家」の研究成果の第 3 弾。世界経済危機のさなか，現代資本主義の構造を解明し，併せて日本・中国・ハンガリーの現状に経済学と政治学の領域から接近する。

宮野　勝編著

22 選挙の基礎的研究

A 5 判152頁・1700円

外国人参政権への態度・自民党の候補者公認基準・選挙運動・住民投票・投票率など，選挙の基礎的な問題に関する主として実証的な論集。

礒崎初仁編著

23 変革の中の地方政府
－自治・分権の制度設計－

A 5 判292頁・3400円

分権改革とNPM改革の中で，日本の自治体が自立した「地方政府」になるために何をしなければならないか，実務と理論の両面から解明。

石川晃弘・リュボミール・ファルチャン・川崎嘉元編著

24 体制転換と地域社会の変容
－スロヴァキア地方小都市定点追跡調査－

A 5 判352頁・4000円

スロヴァキアの二つの地方小都市に定点を据えて，社会主義崩壊から今日までの社会変動と生活動態を 3 時点で実証的に追跡した研究成果。

中央大学社会科学研究所研究叢書

石川晃弘・佐々木正道・白石利政・ニコライ・ドリャフロフ編著

25 **グローバル化のなかの企業文化**
－国際比較調査から－

A５判400頁・4600円

グローバル経済下の企業文化の動態を「企業の社会的責任」や「労働生活の質」とのかかわりで追究した日中欧露の国際共同研究の成果。

佐々木正道編著

26 **信頼感の国際比較研究**

A５判324頁・3700円

グローバル化，情報化，そしてリスク社会が拡大する現代に，相互の信頼の構築のための国際比較意識調査の研究結果を中心に論述。

新原道信編著

27 **“境界領域”のフィールドワーク**
－“惑星社会の諸問題”に応答するために－

A５判482頁・5600円

3.11以降の地域社会や個々人が直面する惑星社会の諸問題に応答するため，“境界領域”のフィールドワークを世界各地で行う。

星野　智編著

28 **グローバル化と現代世界**

A５判460頁・5300円

グローバル化の影響を社会科学の変容，気候変動，水資源，麻薬戦争，犯罪，裁判規範，公共的理性などさまざまな側面から考察する。

川崎嘉元・新原道信編

29 **東京の社会変動**

A５判232頁・2600円

盛り場や銭湯など，匿名の諸個人が交錯する文化空間の集積として大都市東京を社会学的に実証分析。東京都ローマの都市生活比較もある。

安野智子編著

30 **民意と社会**

A５判144頁・1600円

民意をどのように測り，解釈すべきか。世論調査の選択肢や選挙制度，地域の文脈が民意に及ぼす影響を論じる。

中央大学社会科学研究所研究叢書

新原道信編著

31 うごきの場に居合わせる
－公営団地におけるリフレクシヴな調査研究－
A 5 判590頁・6700円

日本の公営団地を舞台に，異境の地で生きる在住外国人たちの「草の根のどよめき」についての長期のフィールドワークによる作品。

西海真樹・都留康子編著

32 変容する地球社会と平和への仮題
A 5 判422頁・4800円

平和とは何か？という根源的な問いから始め，核拡散，テロ，難民，環境など多様な問題を検討。国際機関や外交の意味を改めて考える。

石川晃弘・佐々木正道・リュボミール・ファルチャン編著

33 グローバル化と地域社会の変容
－スロヴァキア地方都市定点追跡調査Ⅱ－
A 5 判552頁・6300円

社会主義崩壊後四半世紀を経て今グローバル化の渦中にある東欧小国スロヴァキアの住民生活の変容と市民活動の模索を実証的に追究。

宮野　勝編著

34 有権者・選挙・政治の基礎的研究
A 5 判188頁・2100円

有権者の政治的関心・政策理解・政党支持の変容，選挙の分析，政党間競争の論理など，日本政治の重要テーマの理解を深める論集。

三船　毅編著

35 政治的空間における有権者・政党・政策
A 5 判 188 頁・2100 円

1990 年代後半から日本政治は政治改革のもとで混乱をきたしながら今日の状況となっている。この状況を政治的空間として再構成し，有権者と政策の問題点を実証的に分析する。

佐々木正道・吉野諒三・矢野善郎編著

36 現代社会の信頼感
－国際比較研究（Ⅱ）－
A 5 判229頁・2600円

グローバル化する現代社会における信頼感の国際比較について，社会学・データ科学・社会心理学・国際関係論の視点からの問題提起。

＊価格は本体価格です。別途消費税が必要です。